元防衛省情報分析官
上田篤盛

戦略的インテリジェンス入門

分析手法の手引き

並木書房

はじめに

　中国の軍事的台頭、北朝鮮の不透明な内外政策の継続、再び大国主義を復活させているロシアなど、わが国を取り巻く周辺環境は厳しさが増している。
　こうした情勢推移に対し、安倍政権は国家安全保障会議の創設、国家安全保障戦略の策定、秘密保護法の制定、集団的自衛権の限定容認のための憲法解釈の見直しなど、安全保障分野における強化策を続々と打ち出している。
　わが国の情報態勢・体制についても整備が進展しており、国家安全保障会議の下に国家安全保障局を設置し、各省庁の情報を一元的に集約・処理する情報中枢機能の強化が目指されている。自衛隊においては新たな情報収集部隊の新設が決定されるなど、とくに収集部門の機能強化が目覚しい。
　ただし、現段階はわが国にとって必要不可欠な情報態勢・体制の確立に向けた整備がようやく始動した段階であり、わが国の安全保障上、なお一層の取り組み努力が必要であることは論を俟たないであろう。
　こうしたなか、巷ではインテリジェンス議論が俄かに高まりをみせている。米国発のインテリジェンス本の翻訳や、わが国仕様の理論書が続々と登場するようになり、これらは国民に対する「インテリジェンス・リテラシー[1]（知識）」の啓蒙書となっている。
　本書は、これらと同様に先輩諸賢がメスを入れたインテリジェンスを取り扱うものであるが、これら理論書とはやや異なりインテリジェンスを実務に役立つようさらに抉り出したものである。
　筆者は長い間、防衛省の情報分析官として安全保障戦略や防衛戦略に資することを目的にインテリジェンスの作成に奉職してきた。よって本書では戦略に

---

[1]（国民の）インテリジェンス問題に関する知識と理解（小谷賢編『世界のインテリジェンス』PHP研究所、2007年、中西輝政まえがきより）
　情報を十分に使いこなせる能力。大量の情報の中から必要なものを収集し、分析・活用するための知識や技能のこと。（デジタル大辞泉）

資するインテリジェンスを主として取り扱うものとし、それを「戦略的インテリジェンス」と呼ぶこととする。

しかし、本書は国家や各省庁の情報機関や情報活動の在り方を論じるものではなく、またインテリジェンスの理論書といえるようなものでもない。かかる役割は一介の情報分析官であった筆者には荷が重過ぎる。そこで組織に属する若手情報分析官を対象にした実務書(ハウ・トゥー本)たることを目指した。

筆者の長年にわたる研究ノートと、誰もが比較的に容易に入手できるさまざまな公開資料(書籍)を基に、情報分析官が知っておくべき最低限の事項を精選・抽出して、体系的に整理することに心がけた。

本書は次のような構成になっている。

第1章では、インテリジェンスの作成を行なううえでの必要な基礎的知識を理解することを狙いに「戦略的インテリジェンスの概念」について論じた。

第2章では、インテリジェンスが生成される過程である「インテリジェンス・サイクル」について解説した。

第3章では、「インテリジェンスの分析・作成」と題し、米CIA、DIAなどの分析手法を基に筆者の研究成果などを加味して独自仕様の分析手法論を展開した。

第4章では、「情報活動」と題し、主として相手国等の情報活動から我の戦略的インテリジェンスを守るという観点から、諜報、カウンターインテリジェンス、秘密工作などの各種活動について言及した。

第5章では、「情報機関」と題し、旧日本軍と諸外国の情報機関について簡潔に言及することとした。

なお本書の最大の売りは若手情報分析官にとって役立つと確信する分析手法に関する記述である。米国、英国の国家・軍事機関においてはインテリジェンスの分析手法の研究が盛んで、それらを紹介するマニュアルがインターネットサイトで多く公開されているが、一方のわが国では各情報機関ともに分析手法に関する研究や教育の取り組みが本格化していないと推察される。

こうしたなか、本書で紹介する分析手法は、筆者が公開のマニュアル書に基づいて、その適用法などを独自に研究したものであり、例示した事象の分析についても筆者個人の見解によるものである。したがって「独善性」は否めない

が、分析手法を主題として扱ったという点では斬新であり、今後の分析手法研究のための「たたき台」にはなろうと思う。

　わが国の周辺環境が厳しさを増すなかで、対外情報機関の創設も検討されているようであるが、そもそも安全保障や国防に万全を期すためには、国家としての「インテリジェンス・リテラシー」の向上と、各情報機関に所属する情報分析官個人の分析能力の向上が不可欠であることは論を俟たない。本書が少しでもインテリジェンスの必要性に対する認識を促し、若手情報分析官による戦略的インテリジェンス生成の手助けとなれば、情報分析官という一隅を照らす我が人生も、まさに価値があったというものである。

目　次

はじめに　1

第1章　戦略的インテリジェンスの概念　9

第1節　インテリジェンスとは何か？　10
「情報」の語源／インテリジェンスとインフォメーションの区分／インテリジェンスの3つの定義／情報とインテリジェンスの対等な関係／インテリジェンスに必要な3つの知識／戦略的インテリジェンスと作戦（戦術）的インテリジェンス

第2節　戦略とは何か？　15
拡大する戦略の概念／戦略の3つの区分／日本の戦略体系

第3節　戦略的インテリジェンスとは何か？　18
脅威とリスク／脅威を構成する2つの要素／意図と能力の関係／意図見積と行動予測見積

第4節　戦略的インテリジェンスの作成　22
プロダクトの作成と種類／動態インテリジェンス／トレンド分析／長期分析／見積インテリジェンス／情勢見積と可能行動見積／可能行動見積に必要な3つの分析

第5節　戦略的インテリジェンスの構成要素　25

第6節　日本の戦略的インテリジェンス　27
「国家安全保障戦略」の特徴と思考体系／日本の安全保障上のリスクと脅威／同盟国に対するインテリジェンス

第2章　インテリジェンス・サイクル　33

第1節　循環するインテリジェンス・サイクル　34

第2節　計画・指示の目的と手順　36
「目標指向」で優先順位を決める／情報収集計画を作成する／目標指向の弊害と解決策

第3節　情報収集の目的と手順　39
1　情報源と収集手段　39
収集の手順／第一次情報源と数次情報源／情報収集手段の区分／オシント／シギント／イミント／ジオイント／ヒューミント／マシント／各種収集手段の総合的

な活用
　2　情報収集のプラットフォーム　54
　　　人工衛星／成層圏プラットフォーム／偵察機／情報収集艦

第4節　情報の処理とその手順　60
処理の必要性／処理の手順／情報源および情報の評価

第5節　インテリジェンスの分析・作成とその手順　66
とくに重要な分析・作成／問題の定義／問題の概観／情報の収集・評価（証拠の分類・整理）／分析（仮説の立案と証明／統合／解釈／プロダクトの作成／論理的なプロダクトの作成／文書の作成／口頭報告や発表資料の作成

第6節　インテリジェンスの配布　74
適時性の重視／新たな情報要求への対応と反証の用意／保全の重要性／秘密区分の指定／サード・パーティ・ルール（第三者への情報秘匿原則）／ニード・トゥ・ノウ／サニタイズ

第3章　インテリジェンスの分析と作成　79

第1節　分析・作成上の着眼　80
適時性か？正確性か？／4つの分析視点／背景分析／相関分析／予測分析／影響分析／意図見積か？能力評価か？／意図見積上の着眼／能力評価上の着眼／白紙的能力／実質的能力／現実的能力／戦略環境を考察するうえでの着眼／戦略環境の変化に対応する

第2節　情報分析官に求められる資質と心構え　88
使用者のニーズに答える／組織人としての協調性を保持する／専門性を高める／客観性・論理性を修養する／継続的観察により変化を察知する／推理力を働かせ、一片の兆候から真実を読み取る／観察眼を養い本質を見抜く／先見洞察力を磨き変化の先をとらえる

第3節　分析・作成上の各種阻害要因　96
各種の阻害要因（致命的な7つの罪）／ミラー・イメージング（鏡像効果）／ヒューリスティックにおけるバイアス／典型のヒューリスティック／利用可能性のヒューリスティック／因果関係のヒューリスティック／アンカーリングのヒューリスティック／後知恵のヒューリスティック／政策決定者の思い込み（誤ったマインドセット）／政策決定者による圧力／真実を歪める情報操作／各種阻害要因の克服に向けて

第4節　分析的思考法　102
氷山分析／地政学的視点／歴史的視点／文化的視点／アリソン・モデル（複眼的思考）／相関関係と因果関係／兆候（予兆）と妥当性／パズルとミステリー／定

性的分析と定量的分析／有効性と有用性／「縦の比較」と「横の比較」／論理的思考と創造的思考／拡散的（発散的）思考と収束的思考／帰納法と演繹法

第5節 分析手法 117

1 分析手法が持つ9つの効用 117

2 分析テーマを具体化し、切り口を明確にする 118

「問題の具体化」／基本的な分析手法「MECE（ミッシー）」／「ＭＥＣＥ」を応用した階層ツリー法

3 事象の背後関係、相関・因果関係を明らかにする 123

分類分析／リンクチャート／米駆逐艦コールに対する自爆テロのタイムライン／テロリストの人物像／クロノロジー／なぜなぜ分析／特性要因図（魚の骨）／マトリックス分析

4 現在の特性、傾向を探る 139

定量的比較分析／同一事象比較分析／キーワード分析

5 相手国の戦略的意図を分析する 148

関連樹木法／ＳＷＯＴ（スオット）分析／敵の意図マトリックス

6 未来予測を行なう 156

未来予測法の種類／デルファイ法／時系列回帰分析／タイムライン／シナリオ法／4つの仮説／ロジック・ツリー／イベント・ツリー／兆候と警報の変化

7 仮説などの見直しを行なう 173

仮説などの見直し手法／重要な前提の見直し／代替分析／仮説の検証／反対の主張／チームＡ／チームＢ／レッドチーム／競合仮説分析

第4章 情報活動 195

第1節 情報活動の区分 196

「積極的情報活動」と「消極的情報活動」／情報保全とカウンターインテリジェンス

第2節 諜報活動 199

諜報活動の指揮系統／身分偽装（カバー・ストーリー）／スパイの潜入手口／内通者の獲得と運用

第3節 情報保全 203

情報保全の特性と区分／要員の保全／秘密文書等の保全／施設の保全／情報保全の本質とは？

第4節 カウンターインテリジェンス 209
カウンターインテリジェンスの必要性／カウンターインテリジェンスの特性／不適格者の排除／活動の無力化

第5節 秘密工作 213
秘密工作の特性／宣伝（プロパガンダ）／政治活動／経済活動／クーデター／準軍事作戦／謀略とは何か？／秘密工作の留意点

第6節 スパイ（諜報員、工作員）の活用 220
スパイの区分／スパイの人物像／スパイによる積極工作／二重スパイとは

第7節 注目すべき歴史的事例 224
ＣＩＡによるキューバ工作／イスラエル・モサドの工作／旧日本軍の工作／チャーチルの工作／日本に対するソ連の積極工作

第5章 情報機関 231

第1節 情報機関の研究 232
情報機関の研究意義／情報機関の理想的な在り方／研究上の考慮事項

第2節 日本の情報体制の歴史 234
国民性と情報活動の歴史／明治時代の情報体制／特務機関の設立と活動／戦時の情報体制／日本軍のインテリジェンスの問題点／戦後の情報体制の整備

第3節 日本の情報機関と体制 240
英国型と米国型／内閣情報会議／合同情報会議／省庁間の縦割り体制／秘密保全規則／秘密保全と情報公開／カウンターインテリジェンス機能の強化

第4節 米国の情報機関 247
ＯＳＳからＣＩＡへ／情報コミュニティ（ＩＣ）／中央情報局（ＣＩＡ）／国防省系統／国防情報局（ＤＩＡ）／国家安全保障局（ＮＳＡ）／国家偵察局（ＮＲＯ）／国家地球空間情報局（ＮＧＡ）／国務省系統／情報調査局（ＩＮＲ）／司法省系統／連邦捜査局（ＦＢＩ）／麻薬取締局／国土安全保障系統／沿岸警備隊／情報・コミュニティの管理・監督機関／国家安全保障会議（ＮＳＣ）／情報コミュニティの諮問機関／国家情報会議（ＮＩＣ）

第5節 諸外国の情報機関 255
英国の情報機関／フランスの情報機関／ドイツの情報機関／イスラエルの情報機関／ロシアの情報機関／中国の情報機関／北朝鮮の情報機関

第6節 日本が参考とすべき点 275

情報活動の独立性の保持／取りまとめ・調整機能の強化／政策サイドとの適切な関係の維持／カウンターインテリジェンス機能の強化／長期分析の重視

付録1　インテリジェンスに関する格言　280
　　　　情報活動／情報収集／情報分析と処理／情報の配布／情報の保全とカウンターインテリジェンス
付録2　各情報手段の利点と欠点　283
付録3　情報源の信頼性評価における着意事項　284
付録4　情報の正確性評価（着意事項）　285

主な参考文献　286
おわりに　289

コラム

中国語の「情報」は日本からの外来語　12
オシントの重要性　44
イミントの落とし穴　48
ヒューミントかテキントか　50
江ノ島虚偽通報事件　65
フェルミ推定　67
コヴェントリー爆破事件　78
ヨムキプール戦争でのイスラエルの失策　84
よい情報官（情報分析官）の資質とは　90
情報分析官としてのゾルゲ　91
定点観測　93
バックファイヤー論争　100
中国報道を扱ううえでの注意　101
文化・風習を知ることの重要性　106
首脳会談における双方の思惑を分析　113
ヒューリスティック・アルゴリズム　114
習近平政権の現状維持シナリオ　164
敵対派勢力の首謀者は誰か？　193
日本軍における諜報活動の定義　200
情報は隠せば秘密が守れるのか？　206
ペルー事件は甘い施設保全が奏効した？　208
日本軍における防諜の定義　212
インターネットによる宣伝戦、心理戦　214
中国兵法書『李衛公問対』にみるスパイの区分　220
明石大佐と福島少佐　228
エシュロンの世界的活動　253
第三次中東戦争でのイスラエル情報機関の活躍　266

第1章
戦略的インテリジェンスの概念

©Fotosearch

第1節　インテリジェンスとは何か？

■「情報」の語源

　情報がわが国で初めて定義されたのは1876年（明治9年）に酒井忠恕陸軍少佐が翻訳した『佛國歩兵陣中要務實地演習軌典』（内外兵事新聞局）においてである。同書では情報は「情状の知らせ、ないし様子」という意味で使用された。つまり、情報は敵の「情状の報知」を縮めたものであった[1]。

　同書では仏語の「Renseignement」の訳語として「情報」があてられた。「Renseignement」は、人や物を知るうえで助けになる資料や調べで、「Information」は、さらに明確な、突っ込んだ情報やニュースである。たとえば、人を雇い入れる場合にはその人に関して「Renseignement」を求めるが、取引の際に疑わしい相手方については「Information」を求める（『仏和大辞典』白水社）。つまり、最初の情報の原語は「Information」よりも確度の低い資料の意味で用いられていることに注目する必要があろう[2]。

　その後1882年に『野外陣中軌典』（陸軍省）において「情報」が初めて陸軍の軍事用語（兵語）として採用された。1901年にはドイツから帰国した森鴎外が、ナポレオンの軍事将校として勤務したカール・フォン・クラウゼヴィッツの『戦争論』を翻訳（大戦学理）した際、情報とは「敵と敵国に関する我が知識の全体をいう」と定義した。また鴎外は情報とは「これ、我が諸想定及び諸作業の根底なり。敵の情報とは『敵の状・情』に関するものなり。『状』とは、敵の兵力や装備等の状況（事実）を明らかにするもの。『情』とは、敵の感情の動きや内部のそれぞれの事情を含めた士気・規律・団結の状況を示すもの」と解説した。

　つまり、わが国の情報の語源は敵および地域に関する知識ということになる。

---

[1] 小野厚夫「情報という言葉を尋ねて（1）」（『情報処理』46巻4号、2005年4月）348－349頁
[2] 小野「情報という言葉を尋ねて（1）」349頁

■インテリジェンスとインフォメーションの区分

　わが国の情報に相当する米軍用語には Intelligence（インテリジェンス）と Information（インフォメーション）という2つがある。インフォメーションとは第一義的にはインテリジェンスを作成する材料（素材）を意味する。一方のインテリジェンスはインフォメーションから生成されるものである。

　わが国では第二次世界大戦後に情報理論が日本に導入された時にインフォメーションの訳語として「情報」が充当された[3]。そして今日、情報は「①あることがらについての知らせ、②判断を下したり行動を起こしたりするために必要な種々の媒体を介しての知識」と定義されている（1998年版『広辞苑』ほか）。

　米軍用語に即すれば、①がインフォメーション、②がインテリジェンスにあたる。つまり日本語の情報という言葉はインテリジェンスまたはインフォメーションの2つの異なる意味を指している。

　そのため両概念が混同しないよう、英語のインフォメーションとインテリジェンスをそのまま使用し、前者はインテリジェンスを生成する生材料、後者は組織において比較・弁別・統合という思考作用を加味して処理した生成物、として区別する場合が多い。あるいはインテリジェンスを情報、インフォメーションを情報資料として区別している[4]。

　最近ではインテリジェンスという言葉が先輩諸賢の努力により定着してきていることを踏まえ、本書においてはインフォメーションを情報と呼称し、インテリジェンスの方はそのまま英語読みすることで両者を区別することとする。

　ところで実務の段階においては、情報なのかインテリジェンスなのか、簡単に割り切れない場面に出くわすことがある。たとえば「外務省および米軍などのインテリジェンスが防衛省にとってもインテリジェンスなのか？」という問題である。これに関しては、どのように優れた分析がなされ、体系的に整理されたインテリジェンスも、防衛省にとっては防衛力整備などの独自の観点から再処理・再定義されなければインテリジェンスとはいえない。つまり、インテリジェンスとは「情報を組織がそれぞれの立場や観点から専門的に処理してえた知識」ということになる。

3　『日本経済新聞』（1990年9月15日）
4　陸上自衛隊のかつての情報関係者であった松本重夫らは、シャーマン・ケント著『米国の世界政策のための戦略的インテリジェンス』を参考に、陸自の情報教範の作成に取り組み、1957年の陸上幕僚監部発行の『情報教範（草案）』を作成した。同教範では「インフォメーション」を情報資料、「インテリジェンス」を情報と区分し、情報を「情報を処理して得た知識」などと定義した。「軍事用語のミニ知識」（『軍事研究』2012年7月号）および松本重夫『自衛隊「影の部隊」情報戦秘録』（アスペクト、2008年12月）120-134頁。

> **中国語の「情報」は日本からの外来語**
>
> 　中国において初めて「情報」という用語が使用されたのは、1915年に出版された『辞源』である。その後、いくつかの辞典で「情報」の定義が試みられ、79年に出版された『辞海』では、「軍事的角度から解釈される情報とは、偵察手段あるいはその他の方法で獲得される敵の軍事、政治、経済等の各方面に関する状況、ならびにこの状況を研究、分析してえた成果であり、軍事行動の重要な依拠の一つである」と定義した（中国軍事科学出版社『軍事情報学』より）。
>
> 　中国では英語の「Information」を「信息」「消息」という用語を当てており、「情報」は主として軍事情報に使用される。わが国の「情報」は中国からの外来語ではなく、逆に中国語の「情報」が日本からの輸出語になる。なお中国では分析以前の情報を「情報材料」という。

■インテリジェンスの３つの定義

　インテリジェンスの語義は第一に、上述のように国家機関に準ずる組織が処理してえた知識である。すなわち国策や政策に役立てるために、生のインフォメーションを受け止めて、それが自国の国益とか政府の立場に対して「どのような意味を持つのか」というところまで、信憑性を吟味したうえで解釈をほどこしたものである。第二に、「インテリジェンス」にはそういうものを入手するための活動自体を指す場合もある。したがって日本語でいえば「情報活動」という言葉が「インテリジェンス」という一語で表現される場合もある。第三に、そのような活動をする機関あるいは組織、つまり「情報機関」そのものを指す場合もある[5]。

　この点に関し、イェール大学歴史学部教授からＣＩＡ情報分析官となったシャーマン・ケントは、インテリジェンスは「知識であり、活動であり、組織である[6]」といっている。

　本書では、インテリジェンスは「知識」の意味で使用することとし、そのほかのインテリジェンス語義（活動、組織）については情報活動および情報機関と呼称して、語義解釈の混乱に留意することとする。

■情報とインテリジェンスの対等な関係

　情報とインテリジェンスとの関係は、料理と素材との関係とよく似ている。料理人は素材を調理して一品の料理に仕立てて客に提供する。

5　中西輝政『情報亡国の危機』（東洋経済新報社、2010年10月）5-6頁
6　シャーマン・ケント『米国の世界政策のための戦略情報』（プリンストン大学、法務府特別審査局翻訳、1952年6月）

収集機関が収集した情報は料理の素材同様に「生もの」であり、刻々と鮮度が薄れるため時間が勝負である。そのため、収集機関は処理（分析）機関に情報を急いで届け、処理機関は情報が劣化・変質しない間に、それをインテリジェンスに転換して使用者（政策決定者、運用者、指揮官等のインテリジェンスを利用する者をいう。ユーザー、クライアントなどとも呼ぶ）に提供しなければならない。

「料理の出来は素材で決まる」といわれる。インテリジェンスについてもまったく同様であり、たしかな情報がなければ、どんなに処理機関や情報分析官が優れていても有用なインテリジェンスを生成することはできない。

元内閣情報調査室長の大森義夫は「インフォメーションとインテリジェンスを対立的にとらえ、インテリジェンスを上位に置くのは間違いだと考える。インフォメーションを種々組み立てることによってターゲットの概念図を描くことができる。その上で、足りないものは何か？　それを追求するのがインテリジェンスである。インテリジェンスを志す者はインフォメーションを粗末にしてはならない」と述べている。

一般的に情報を収集する収集員、それを分類・整理する資料員はインテリジェンスを作成する情報分析官よりも格下に扱われる傾向にあるが、インテリジェンスの出来・不出来は情報によって決まる。情報とインテリジェンスとの適切な関係が保持されなければ使用者が満足するインテリジェンスは生成できないのである。

■インテリジェンスに必要な３つの知識

インテリジェンスを「情報を処理してえた知識」であると定義した場合、どのような知識が必要とされるのだろうか？　これに関しては相手に関する知識、自分に関する知識および地域に関する知識の３つに区分できよう[8]。

相手に関する知識とは相手国などに関する政治、経済、社会、軍事などのさまざまな知識を指す。一方、自分に関する知識とはわが国の特性、周辺国からみたわが国の能力・戦略的価値・脆弱性などに関する知識である。地域に関する知識とはわが国と相手国とが相互に関与し、影響を受ける地域の特性や、それが彼我の戦略に及ぼす影響などに関する知識である。

相手に関する知識の重要性は十分に認識されているが、自分に関する知識は比較的容易にいつでも収集できると考えるために軽視されやすい。ただし『孫子』が「彼（敵）を知り、己を知れば百戦危うからず。彼を知らずして己を知れば、一勝一負す。彼を知らず己を知らざれば、戦う毎に必ず敗れる」（謀攻篇）

7　大森義夫『日本のインテリジェンス機関』（文藝春秋、2005年9月）22-23頁
8　志方俊之『世界を読み解く鍵、現代の軍事学入門』（PHP研究所、1998年6月）93頁

と述べているように自分に関する知識が重要であることは論を俟たない。
　地域に関する知識も無視できない。『孫子』においては「戦争は国の大事である」ので、「之を経する（筋道をつけるの意）に五事をもってする」とし「将、天、地、道、法」の５つの要素を挙げている。そのなかの天（陰陽・寒暑・時制）とは気象、地（遠近、険易・広狭・死生）とは地形を指す。気象と地形を合わせたものが地域である。さらに『孫子』では「彼を知り己を知れば、勝すなわち危うからず。天を知り、地を知れば、勝すなわち窮（きわま）らず」（地形篇）と述べている。つまり、彼我に加えて地域に関する知識をえることで戦勝が確実になるといっているのである。

■戦略的インテリジェンスと作戦（戦術）的インテリジェンス

　インテリジェンスは、使用者と使用目的のレベルによって戦略的インテリジェンスと作戦的インテリジェンスまたは戦術的インテリジェンスに区分できる[9]。戦略的インテリジェンスは国家戦略等の決定者が同戦略等を決定するために使用し、作戦的インテリジェンスは作戦指揮官が作戦・戦闘のために使用するということになる[10]。

　こうした区分は主要国共通であり、米国では Strategic intelligence（戦略的インテリジェンス）、Tactical intelligence（戦術的インテリジェンス）に区分され、Tactical intelligence は Operation intelligence（作戦的インテリジェンス）または Combat intelligence（戦闘インテリジェンス）ともいう[11]。米国防省では戦略的インテリジェンスを「国家および軍団レベルにおける戦略、政策、軍事計画および作戦を策定するために必要なインテリジェンス[12]」と定義している。中国は軍事情報を戦略情報、戦役（作戦）情報および戦術情報の三段階に区分している[13]。

　しかし、戦略的インテリジェンスと作戦的インテリジェンス等には明確な区分はない。たとえば自衛隊が海外に派遣されたことを想定しよう。そこで「テ

9　旧軍では戦略的情報と戦術的情報に区分し、「方面軍司令官が主として戦略的情報、軍内師団が主として戦術的情報を収集する」としている。『統帥綱領』大橋武夫解説（建帛社、1972年２月）113-115頁。
10　「軍事用語のミニ知識」『軍事研究』2012年６月号、180－181頁。このほか戦略的インテリジェンスと作戦（戦術的）インテリジェンスの関係については吉田一彦『知られざるインテリジェンスの世界』（PHP、1986年12月）239-242頁、加藤千幸『国際情勢の読み方』（講談社、2008年12月）21-22頁などに記述。
11　Global.britannica.com
12　Central intelligence agency Library
13　軍事科学院出版『中国軍事百科全書』によれば「軍事情報は使用範囲により戦略情報、戦役情報および戦術情報の３段階に区分されるが、一方でこれらを明確に区分する境界線はない」と記述している。

ロリストが自衛隊を迫撃砲で攻撃する可能性がある」というインテリジェンスを生成した。ここに「これが戦略的か作戦的（戦術的）か」という疑問が生じる。

その答えは「いずれでもある」である。なぜならば現地指揮官が駐屯地外周に土嚢（土を入れた袋）を積み上げてテロリストによる迫撃弾攻撃からの防護措置をとったとすれば、それは作戦的（戦術的）インテリジェンスである。他方、日本政府や防衛省が「自衛隊の駐留を続けるべきか、撤収すべきか」の決断に資するためにそのインテリジェンスを使用したとすれば、それは戦略的インテリジェンスということになる。

このように1つのインテリジェンスが使用目的により戦略的にもなり、作戦的（戦術的）にもなりえるのである。

第2節　戦略とは何か？

■拡大する戦略の概念

戦略的インテリジェンスの概念をより明確に理解するために「戦略」という言葉の意味を理解しておく必要があろう。

現在、わが国においては戦略（Strategy）という言葉はいたるところで使用されているが[14]、戦略という言葉が近代的概念として一般化したのは19世紀初頭のナポレオン戦争後である。当時、著名なカール・フォン・クラウゼヴィッツの『戦争論』において戦略と戦術に区分することで戦略が明確になった。その後、『戦略概論』を書いたアントワーヌ・アンリ・ジョミニは戦略、大戦術および戦術に区分[15]することで、戦略の意義を浮き彫りにした。

第一次世界大戦以降、軍事力のみならず国家総力で戦争に応ずる必要性が認識され、その一方で戦禍の犠牲を最小限にするため軍備管理などの重要性が高まった。このため、戦略は単なる戦場の兵法から国家の向かうべき方向性や対応策まで含む幅広い概念へと拡大するようになった。

今日、戦略は軍事だけでなく非軍事の分野へと拡大し、国家戦略、外交戦略および経済戦略などの用語が定着している。つまり、戦略の概念は武力戦のみならず外交・経済・心理・技術などの非武力戦を包含したものに拡大した。

14　元来、戦略という言葉は、紀元前約50年頃のギリシャのクセノフォンによって使用された。また、その語源は将軍を意味する古代ギリシャ「Strategos」から派生。
　　杉之尾孝生「軍事戦略思想の系譜」（防衛大学校安全保障学研究会編『安全保障学入門』亜紀書房、1998年2月）191頁。Lawrence Freedman,The Evolution of Nuclear Strategy (New York: St.Matins' Press,1981), xvi.
15　杉之尾「軍事戦略思想の系譜」（『安全保障学入門』）194頁

戦略の概念拡大にともない、戦略と戦術との関係も複雑化している。しかし、少なくとも戦略は戦術に上位し、戦術に一定の方向性を与えるものであることに違いはない。こうした関係性について筆者は、戦略とは「環境条件の変化に対応して物事がいかにあるべきかを決定する学（Science）と術（Art）」、これに対し、戦術は「固定的な状況から物事をいかになすべきかを決定する学と術」であると理解している。
　戦略は戦術に比して幅広い考察と長期的な予測を必要とする。そして、戦略が戦術の方向性を規定する関係上、戦略の失敗は戦術の成功では挽回できない。よって戦略的インテリジェンスは幅広い見識と深い洞察力に立脚した知識であらねばならないのである。

■戦略の３つの区分

　今日では戦略は運用レベルに基づき、国家戦略（大戦略）、軍事戦略および作戦戦略に区分されている。それぞれの定義は以下のとおりである[16]。

① 国家戦略
　　国家目標の達成、とくに国家の安全を保障するため、平戦両時を通じて、国家の政治的・軍事的・経済的・心理的等の諸力を総合的に発展させ、かつ、これを効果的に運用する方策

② 軍事戦略または単に戦略
　　一般に戦争の発生を抑制阻止するため、およびいったん戦争が開始された場合、その戦争目的を達成するため、国の軍事力その他の諸力を準備し、計画し、運用する方策

③ 作戦戦略
　　作戦目的を達成するため、高次の観点から大規模に作戦部隊を運用する方策、個々の戦闘における我が部隊の運用する方策

　このように、「戦略」とひと言でいっても、それには国家戦略から作戦戦略までの幅がある。①と②は平戦両時を対象とする概念であり、③は有事を対象とする概念である。方策段階から考察すれば、①は準備、②は準備と計画および運用、③は運用ということになろう。それをイメージ化すれば次頁のとおりとなる。

16　この区分は防衛研究所発行『国防関係用語集』115頁によるほか、菊池宏『戦略基礎理論』（内外出版、1980年9月）71頁による。

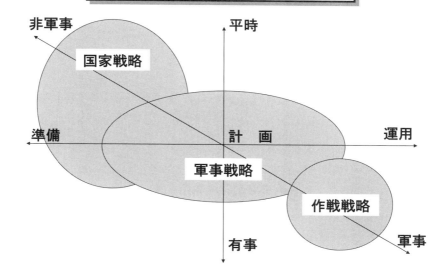

出典：各戦略の定義に基づき筆者作成

① 国家戦略は軍事のみならず政治・外交、経済、心理等の非軍事的領域を含めた多種多様な要素を包含し、幅広い知識が要求される。
② 軍事戦略は軍事を中核とする専門的知識が要求される。
③ 作戦戦略には部隊運用に関わる特別な専門的知識が要求される。

こうした各レベルの戦略を支える戦略的インテリジェンスは、いうまでもなく広範多岐かつ専門的な知識であらねばならない。

■日本の戦略体系

上述のように、理論的には国家戦略、軍事（防衛）戦略および作戦戦略に区分され、それぞれの戦略が定義されるが、わが国においては明文化された「国家戦略」は存在してこなかった[17]。

これまで安全保障政策の基本方針は「国防の基本方針[18]」に基づき、「防衛計

---

17 米国では、大統領が制定する「国家安全保障戦略」が最高位にあり、その下位に国防長官が制定する「国家防衛戦略」、その下位に統合参謀本部議長が制定する「国家軍事戦略」が位置する。
18 1957年（昭和32年5月20日）、国防会議および閣議決定。

画の大綱[19]」および「中期防衛力整備計画[20]」などによって規定されてきた。その後の紆余曲折を経て第二次安倍政権になり、日本版ＮＳＣである国家安全保障会議の創設とともに2013（平成23）年12月17日に「国家安全保障戦略」が策定された。同時に「平成26年度以降に係る防衛計画の大綱」（平成25年12月17日国家安全保障会議及び閣議決定、以下25大綱又は大綱という）および「中期防衛力整備計画（平成26年度～平成30年度）」（以下26中期防又は中期防という）がそれぞれ策定（改定）された。

　これにより安全保障分野における戦略は、国家戦略に相当する「国家安全保障戦略」、国家戦略から軍事（防衛）戦略に相当する「大綱」および「中期防」、防衛戦略から作戦戦略に相当する統合幕僚監部や陸・海・空自衛隊が保有する諸計画などとの関係が体系的に整理された。

「国家安全保障戦略」等の概要

	地　位	内　容	対象期間
国家安全保障戦略	国家安全保障に関する基本方針	国益および国家安全保障の目標やわが国がとるべき戦略的アプローチ	おおむね10年
25大綱	国家安全保障戦略を踏まえて策定	わが国の防衛力の在り方、整備目標、維持、運用に関する基本方針	同　上
26中期防	大綱を踏まえて策定	具体的な防衛力の整備目標、維持、運用	5年間

出典：公表文書を基に筆者が整理

第3節　戦略的インテリジェンスとは何か？

■脅威とリスク

　戦略的インテリジェンスとは何を解明し、いかなる判断をするための知識で

19　1976年（51大綱）、95年（07大綱）、2004年（16大綱）、10年に（22大綱）制定。
20　1985年（61中期防）、90年（03中期防）、95年（08中期防）、04年（17中期防）、10年（23中期防）に策定。

あるか？　これに関して元自衛隊情報将校の大辻隆三[21]は「安全保障政策、防衛戦略とは相手国の脅威に対処することにほかならないことから、戦略情報（戦略的インテリジェンス）の対象は脅威の存在を意識することで明確になる。脅威の存在しないところに戦略情報は無用であり、安全保障政策も必要ない。つまり脅威を認識することによって戦略情報の対象を限定化し、体系化することが可能となる[22]」と述べている。

　ここでの脅威とは国家安全保障上、軍事上の見地からみた脅威であり、脅威は「敵、潜在的な敵」という意味も有し[23]、一般に侵略の可能性についての認識に基礎をおく。つまり、侵略行動を行なう国家等（客体）の存在を意識した概念である[24]。

　一方で、リスクとは危険な状況や生起の可能性であり、客体が明確ではない場合に使用する[25]。いってみれば脅威を引き起こす源である。今日のグローバルな戦略環境において脅威は独立して出現するものではない。相互依存体制の深化と、それにともなう人、物、金、情報などの国家間を越えての流通（ボーダレス化）により、国際社会は決定的な対立を回避するようになり、冷戦期のような全面核戦争の蓋然性は低下した。その反面、いつ、どの分野で生起するかわからない不透明なリスクが国境を越えて飛び火し、それが現前の脅威を形成する可能性が大きくなっている。

　このため、各国ともに国家主体の脅威を明確にすることに加え、世界のトレンドに幅広く目を向け、脅威の源になっているリスクを見極めることも今日の戦略的インテリジェンスの重要な課題となっている。

■脅威を構成する２つの要素

　安全保障上または軍事上の脅威は通常、客体（相手国）が与える意図（意志、企図ともいう）と能力からなる。つまり、我に対し「侵略しよう」とする意図と「侵略できる」という能力によって、脅威が生起する可能性、様相などが規定される[26]。

21　陸軍士官学校卒、中央資料隊科長、陸幕第２部班長、通信学校長など歴任。元陸将。
22　大辻隆三『生き抜くための戦略情報』（防衛教育研究会、1981年12月）82頁
23　佐島直子ほか『現代安全保障用語事典』（信山社出版、2004年）3頁
24　ただし、純軍事的な意味に限らず、経済的、政治・思想・心理的な場面からなる。防衛研究所『防衛関係用語集』44頁。
25　リスクにはさまざまな概念と定義があり、「リスク管理」等として企業、経営上の用語として使われることが多い。わが国の『国家安全保障戦略』では、リスクは安全保障上の不安定要因と同等の意味で用いられているとみられる。
26　意図とは我の国家的基本的価値を収奪し、または我の価値創造の作用を闘争的に妨害、または破壊しようとする心理的機能。能力とは、相手側がその意図を具現・実行するために起用できる物理的・心理的一切の力。大辻『生き抜くための戦略情報』88頁。

ここで注意すべき点は脅威には「脅かす」という脅迫あるいは威嚇の能動的側面と、「脅かされ、恐れ慄く」という受動的な２つの側面があるということである[27]。つまり脅威を与える客体（相手国）と、それを脅威として受け取る主体（わが国）の双方が認識することで、はじめて脅威は現実のものとなる。

　このように脅威は相対的なものであるため、たとえ軍事的に対峙する関係があり、我に対し侵略を意図する国があっても、明らかに我が優勢で侵略を阻止できる場合には脅威は発生しない。また強大な力を有し、侵略・侵攻が可能な国であっても友好関係が存在すれば脅威は生じないのである[28]。

　また、我が方が有する脅威認識は、我の物理的・心理的な脆弱性[29]の大小によっても左右される。たとえば、北朝鮮のノドン・ミサイルがわが国を射程圏内にとらえており、わが国のミサイル防衛能力が不十分であれば、わが国は非常に大きな軍事的脅威を感じることになる。しかし、米国は北朝鮮とは遠く離隔しており、いざとなれば北朝鮮の核ミサイル施設を攻撃できる物理的能力も保有しているので、日本ほどには北朝鮮ミサイルを物理的・心理的な脅威としてみなしていない。

　脅威は意図、能力および脆弱性がそれぞれ大きくなれば比例的に増大する。他方、時間と空間距離に反比例しており、時間と空間距離が大きくなればなるほど脅威に対する認識は低下する。わが国においても戦後の平和時期が長くなればなるほど心理的な軍事的脅威は薄らいでいく。中東やアフリカにおいては激しい内戦が続いておりテロ活動も頻繁であるが、わが国は地理的に離隔していることから欧米ほどの脅威は認識されていない[30]。

　脅識は彼我のおかれている戦略環境に影響を受ける。たとえば、経済成長による中国軍近代化への後押し、東アジア地域からの米国の撤退、経済不況によるわが国の防衛力の弱体化などの環境が形成されれば、中国が当該地域の問題を軍事力で解決する意図と、そのための軍事能力が相対的に高まることになる。

　このように脅威は相手国の意図と能力を主体に、わが国の脆弱性、彼我の戦略環境からなる（これを図化すれば次頁のとおりとなろう）。戦略的インテリジェンスの対象である脅威の程度を正確に見積るためには、相手国の意図および

27　わが国の国語辞典では脅威を「脅かし、脅すこと」（広辞苑）、「威力による脅し、また脅かされる」（岩波国語辞典）、「（威力・実力などで）、脅かされ、脅かされ感じる恐れ」（学研国語大辞典）などと定義している。
28　佐島ほか『現代安全保障用語事典』４頁
29　「脆弱性は弱点とは異なる。たとえ世界最強の米国であれ、米大統領であっても弱点はある。しかし、弱点を補完する手段を持ち合わせていれば、それは単なる弱点であって脆弱性とはならない」。大辻『生き抜くための戦略情報』82頁。
30　ただし、中東・アフリカへの旅行者や在アフリカ日系企業におけるテロ被害、アフリカへの自衛隊ＰＫＯ派遣の可能性増大などに伴い、最近ではわが国における認識も変化しつつある。

能力の見積に加え、彼我がおかれている地域の戦略環境、とくに我の物理的・心理的能力やその脆弱性を忖度することが必要となる。この際、地域の戦略環境を変化させる大きな要因は米国、中国、ロシアなどの大国の動向であり、わが国の戦略環境を考察するうえで、中・ロなどに加えて米国情勢を注視することは戦略的インテリジェンスの重要な課題になっている（30頁参照）。

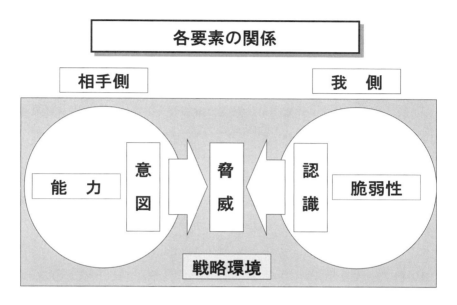

出典：筆者作成

■意図と能力の関係

　意図と能力の関係については一般に意図が増大すれば能力も増大する（比例関係）。たとえば、中国が台湾を武力併合する意図が高まれば、このための軍事能力が必要となるから自然と軍事力整備に拍車がかかる。

　逆に能力の増強は必ずしも意図の増強を促すものではない。これに関して、中台軍事関係を例に説明を加えよう。中国経済が発展して国防予算が増加すれば軍事能力が増大する。それにともない対台湾軍事作戦の成功率が向上するため、中国の政治・軍指導部による台湾併合の意図が増大する。このような論理展開は十分にありえるであろう。

　しかし、軍事能力のさらなる増大のため国防予算が「雪だるま式」に増え、「国防費が経済成長の足かせとなり、国民生活を圧迫するのではないか」という懸念が生じれば、「中国指導部が台湾併合の意図を抑制する」という、別の論理展

開もあろう。
　つまり、軍事能力の増大は必ずしも軍事意図の増大につながらない。この点に留意し、意図見積は能力見積の延長だという短絡的思考に陥ることは戒めなければならない。

■意図見積と行動予測見積

　戦略的インテリジェンスの要諦は相手国の意図と能力を正しく見積もることであるが、その最終目標は相手国が「いつ、何をするか」の行動を予測することである。「何をするつもりか（意図）」でもなければ、「何ができるか（能力）」でもない。すなわち能力や意図の見積で終わってはならない。
　日中戦争時、日本軍が中国大陸での作戦中に次のような実例があった。
　「日本軍は中国軍の作戦命令の傍受に成功し、中国軍の企図を完全に承知し、予想戦場に先行して赴き、中国軍を待ち伏せした。しかし、中国軍は戦場になかなか現れなかった。ようやく、中国軍が戦場に到着した時には日本軍は配備を解いて次の行動に移っていた。この理由は中国軍の心理戦でもなんでもなく、天候悪化のため劣等装備であった中国軍の機動力不振にあった」[31]
　これは、意図見積は正しかったものの行動予測見積を誤ったことを示唆している。つまり意図の解明は行動を予測する重要な思考過程の1つではあるが、意図見積が完璧であったとしても相手の行動を必ずしも正確に予測できないのである。したがって相手の意図を承知したあとでも、相手が「いつ」「どこで」「何を」「いかにするか」という行動予測を見積るまでは、決して安閑としてはいられないのである。

第4節　戦略的インテリジェンスの作成

■プロダクトの作成と種類

　戦略的インテリジェンスは最終的にインテリジェンスという成果物（一般的にプロダクトという）を作成し、戦略の策定を支援することが目的である。そこでいかなるプロダクトを作成するのかを明確にしておく必要がある。
　『2009 NATIONAL INTELLIGENCE: a Consumer's Guide』によれば米国の情報機関では、それぞれの組織において呼称は異なるものの、基本的には次頁のとおりのプロダクトを発出する。

31　大辻『生き抜くための戦略情報』217－218頁

1）動態インテリジェンス(current intelligence)

　第一段階の報告である。時期的に緊急を要するインテリジェンスや最近の事象または新たにえられたインテリジェンスに関する分析であり、発生した事象について、または進行中の事象について速やかに知らせるものである。
　この報告には、単独の情報源からの情報が及ぼす影響に対する簡単な分析、またはその重要性、差し迫る脅威に対する警告（警告インテリジェンス、Warning Intelligence）[32]も含まれる。
例：「X国が昨夜ミサイルを発射。これは今年に入って3回目のX国によるミサイル発射である」のように、読者に簡単な背景などを付け加えて知らせるもの。

2）トレンド分析（trend analysis）

　第二段階の報告である。この報告には、このインテリジェンスが確実かどうかの判断も含まれる。また同様な事象に関するインテリジェンス、この件に関してよく知ってもらうための背景事項も含まれる。時間的には、第一段階の報告から数週間またはそれ以上かけてプロダクトを作成する。
例：この報告書には、X国は20XX年○発のミサイルを発射したという事実、X国のミサイル開発計画の経緯の説明、20XX年以降いかに開発計画が変化したかなどの分析が含まれる。

3）長期分析（long-term assessment）

　第三段階の報告である。この報告には、今後の動向や進展に関し幅広く記述されたもの、または特定の事象や現在進展している事象について、細部にわたる総合的な分析を記述する。情報コミュニティの専門家による調整された意見を記述し、作成には数カ月を要する。
例：過去10年にわたるX国のミサイル開発の変遷。X国への国外からのミサイル技術の導入、X国がミサイル開発を行なう動機。さらに5年以内のミサイル技術の国外への流出やその場合の影響といった要素も含まれる。

4）見積インテリジェンス（Estimative Intelligence）

　将来の「〜かもしれないこと」「起こるかもしれないこと」を取り扱うインテリジェンスである。
例：米国の「国家インテリジェンス見積」（National Intelligence Estimate）は最高度の体系的な見積インテリジェンスであり、一般的に文書形式で発行される。わが国の見積インテリジェンスとしては、たとえば防衛省情報本部が作

32　使用者に対して警鐘をならしたり、注意を喚起したりするもので、緊急性を有して政策的な対応の必要性を示唆するインテリジェンスをいう。

成する統合長期情報見積と統合中期情報見積などがある[33]。

このなかで最も発出頻度が高いのが、1）動態インテリジェンスであり、これは現在生起している事象を取り上げ、「その背景は何か？」「近い将来いかなる展開をみせるか？」などについて、速やかに使用者に周知させるべきインテリジェンスである。逆にさまざまな分野に及ぶ長期分析を体系的に網羅して、国家政策や安全保障戦略を総合的に補佐するのが、4）見積インテリジェンスである。これらは相互に関連しており、動態インテリジェンスの日々の蓄積が、最高度の体系的なインテリジェンスである見積インテリジェンスを生成することになる。

よって個々の情報分析官は、自らが日々直面している動態インテリジェンスの分析が、国家としての最高度のインテリジェンスを生成していることを誇りとし、日々の業務を決しておろそかにしてはならないのである。

■情勢見積と可能行動見積

わが国の見積インテリジェンスは情勢見積と可能行動見積[34]の二段階からなる。情勢見積は脅威の対象に限定することなく、我が方の戦略を選定するという立場から、広く一般情勢の推移を見通して、その変化傾向や変化を促す支配的要因などを明らかにする[35]。つまり、対象とする敵が不明確であり、可能行動を絞る必要がない場合、情勢推移の見通し、変化傾向、支配要因、我に及ぼす影響などについて考察する。この見積は主として紛争を中心とした世界情勢やわが国をめぐる一般情勢を広く考察し、国内外の動静と相互関係を明らかにし、紛争生起の可能性、可能性のある侵略事態の特性・性格や、これが我に及ぼす影響性を明らかにする[36]。

一方の可能行動見積は国内外諸勢力の可能行動の形態とそれがわが国の戦略にいかなる影響を及ぼすのかを明らかにするものである。これは対象とする敵が明確で、敵の将来の行動を予測する必要がある場合に行なうものである。主として相手側の戦略的能力、特殊な脆弱点、予想行動方針、可能行動などを幅広く統合、集約して提示する[37]。

一般的にはまず情勢見積を実施し、その結果を踏まえて特定国を対象とする

33　防衛庁訓令第 21 号「情報業務の実施に関する訓令」第 18 条、大辻『生き抜くための戦略情報』193 頁。
34　『生き抜くための戦略情報』192-193 頁では、見積形式の情報（インテリジェンス）を戦略情勢見積と戦略情報見積という両用語により区分しているが、ここでの情報の意味は英語でのインフォメーション、インテリジェンスのいずれにも該当しない。同書の記述内容に基づき、ここでは戦略情報見積を可能行動見積と呼称することにする。
35　大辻『生き抜くための戦略情報』192-193 頁
36　大辻『生き抜くための戦略情報』192-193 頁
37　大辻『生き抜くための戦略情報』192-193 頁

可能行動見積を実施することになる。

■可能行動見積に必要な３つの分析

可能行動見積においては、相手国の可能行動を分析（行動予測）し、「その蓋然性があるのか」「その可能行動がわが国の政策や防衛戦略にいかなる影響があるのか」などを評価する[38]。

可能性とは「ある事象が起こるか否か」という意味であり、一方の蓋然性は公算ともいい、「ある事象が起こる度合い、ある事柄が真実として認められる確実性の度合い」という意味である。

一般的に可能性は能力分析に基づいて評価し、蓋然性は能力に加えて意図を忖度して評価する。その用法は「Ｘ国によるミサイル発射の可能性はあるが、その蓋然性は低い。核実験の可能性はない」というように、可能性は「ある、ない」、蓋然性は「高い、低い」で評価するのが一般的である。

次に問題となるのが蓋然性と影響度との関係である。一般社会を例にすれば窃盗や詐欺などの一般犯罪の蓋然性は高いが、強盗や殺人などの凶悪犯罪の蓋然性は低く、さらにはクーデターや戦争の蓋然性はさらに低い。しかし、国家安全保障の観点からは、クーデターや戦争の影響度が最も大きいことは自明の理であろう。このように蓋然性と影響度はしばしば反比例の関係にある。

そこで可能行動見積では、まず可能性のある事象についてはすべて分析・処理の対象として扱い、次いで可能性のある事象が生起する度合い、すなわち蓋然性を評価する。そして蓋然性は低くても我の国益や政策に重大な影響を及ぼす（影響度の大きい）事象については、さらに分析・処理を深化させることが重要となる。

現在、尖閣諸島に対する中国軍の侵攻の可能性や蓋然性が大いに注目されている。これに関しては、侵攻の蓋然性がたとえ低かろうとも、侵攻の可能性がある以上、それが、わが国の安全保障に重大な影響を及ぼすことは自明であるので、その分析には最大限の資源を傾注しなければならないということになる。

第５節　戦略的インテリジェンスの構成要素

戦略的インテリジェンスにおいて取り扱う知識の内容は広範・多岐に及ぶため、多種多様な知識を体系的に分類し、整理しなければならない。一般に分類された各要素を「戦略的インテリジェンスの構成要素」（以下、構成要素という）

38　大辻『生き抜くための戦略情報』192頁

と呼称する[39]。

　たとえば相手国のことを知るためには軍事力、経済力、科学技術力、政治力、社会力、心理力、地理的条件、その他のありとあらゆる事項が必要となる。これらを限定し、体系化したものが「構成要素」である。

　シャーマン・ケントは構成要素を①基礎的・叙述的要素（一般的特性、国土の特性、国民、経済、運輸、軍事地理、現有軍事施設等）、②常時報道的要素（人物、軍事、経済、政治、社会、道徳等）、③推理・評価的要素（客観情勢、非軍事的手段、潜在戦力）の３つに区分[40]した。

　『戦略情報[41]』の著者ワシントン・プラット准将は、①科学的情報、②気象、気候、海洋学を含む地理、③輸送、道路、電気通信、④産業、金融、雇用を含む経済情報、⑤軍事情報（戦闘情報を除く）、⑥人口、宗教社会、⑦政治、⑧人物に分類[42]している。

　米国情報機関では構成要素を、Biographic（人物）、Economic（経済）、Sociological（社会）、Transportations＆Telecommunications（運輸・通信）、Military Geographic（軍事地誌）、Armed Force（軍隊）に区分し、その頭文字をとってBESTMAPS（豪州では、Historical（歴史）を加えてBESTMAPSH）としている[43]。

　わが国においても諸外国と同様に、「構成要素」を体系的に整理する試みが行なわれてきた。ここでは『生き抜くための戦略情報』などを参考に「構成要素」を８項目に分類し、その内容を次頁にて紹介する。

39　大辻『生き抜くための戦略情報』54頁
40　シャーマン・ケント『戦略情報』82頁
41　原書『STRATEGIC INTELLIGENCE PRODUCTION』（1957年）を東洋政治経済研究所が1963年７月に『戦略情報』のタイトルで翻訳した。以下、本書では、ワシントン・プラット『戦略情報』（東洋政治経済研究所、1963年７月）またはプラット『戦略情報』と記述する。
42　プラット『戦略情報』46頁
43　最近では、Social（社会）、Technological（科学）、Environmental（環境）、Military（軍事）、Political（政治）、Legal（法律）、Economic（経済）、Security（治安）の頭文字をとった「STEMPLES」やDiplomatic（外交）、Information（情報）、Military（軍事）、Economic（経済）の頭文字を取った「DIME」なども使用されている。

戦略的インテリジェンスの構成要素

区　　分	内　　容
地　理	自然地理（位置、大きさ・形状および境界、気象・地象、水文、植生）、人文地理（民族構成、人口）
社　会	福利厚生、世論、マスコミ・宣伝、宗教、風俗・習慣、思想・観念
政　治	国家体制、イデオロギー、政党組織、国家機構、行政・情報機関、国内政局、対外政策、外交関係、
経　済	国民経済、ＧＤＰ、生産、財政金融、対外投資・貿易、エネルギー、工業生産力、脆弱性、経済制裁政策、経済力の源泉
運輸・通信	陸運（鉄道、道路、パイプライン）、海運（内陸水路、海洋水路）空運（国内空路、国際空路）
科学技術	研究開発体制、基礎・応用科学、先端技術、軍事技術、発明装備体系、分野（陸上、海・空、ミサイル・宇宙、核・生物・化学、サイバー）
軍　事	戦略・戦術、戦力組成、装備、兵站、訓練、編成、兵員、軍種（陸軍、海軍、空軍、防空軍）
人　物	現指導者・潜在人物（経歴、業績、特異体質、習慣、影響力、個性、趣味、人脈）

出典：『生き抜くための戦略情報』基に米軍教範等で内容を加筆・修正

第6節　日本の戦略的インテリジェンス

■「国家安全保障戦略」の特徴と思考体系

　これまで戦略的インテリジェンスの一般的概念について考察してきたが、わが国の戦略的インテリジェンスは具体的に「何を対象として、いかなる行動や判断の準拠となる知識を生成する」のであろうか？　これを明らかにするため、新たに策定されたわが国の「国家安全保障戦略」の特徴と思考体系を改めて考察してみよう。

　まず国家安全保障の抽象的定義であるが、これは「ある主体」が、「その主体にとってかけがえのないなんらかの価値」を「なんらかの対象」から「なんらかの手段によって守る」ということである。しかし、これら概念の具体化をめ

戦略的インテリジェンスの概念　27

ぐっては、各学派の価値観や世界観により大きく左右される[44]。

伝統的なリアリズム学派は「国家が自国の領土、独立および国民の生命・財産を、外敵による軍事的侵略から、守る」と定義する。しかし、リベラリズム学派はこれを過度に軍事中心的であると批判し、「非軍事的側面にも目を向けるべきだ」と主張する。グローバリズム学派は人類の福祉の向上や環境維持などを重視し、「国家安全保障よりも人間の安全保障、地球の安全保障の追求といったことが重要だ」との考え方を提示する[45]。

こうした学説を踏まえて、日本の「国家安全保障戦略」の特徴をあらためてみた場合、第一に国家安全保障の基本理念として国際協調主義に基づく「積極的平和主義」を掲げ、国際社会の平和と安定および繁栄にこれまで以上に積極的に寄与する方針を明らかにしている。第二に日本の国益として①わが国の平和と安全の維持、②わが国と国民のさらなる繁栄の実現、③普遍的価値やルールに基づく国際秩序を掲げ、「抑止」と「対処」の両面からの取り組みが必要であることを明らかにしている。

以上からわが国の「国家安全保障戦略」は、伝統的な国家安全保障観を基礎としながらも、リベラリズム学派やグローバリズム学派の意見も吸収した、包括的な国家戦略であると総合評価できる。

その思考体系については、まずわが国の特性（地理、歴史、文化など）と安全保障環境から安全保障の基本理念を定め、それに基づき国益と国家目標を導き出している。安全保障環境についてはグローバルな視点とアジア・太平洋地域に焦点を当てて、それぞれのリスクや脅威を明らかにしたうえで具体的に取り組むべき課題と、そのための戦略的アプローチを案出している[46]。一方の「大綱」はわが国周辺の安全保障環境の現状分析を踏まえて、防衛の基本方針、防衛力の在り方、防衛力の基盤整備などを、「中期防」は「大綱」を踏まえて防衛力の造成、運用の方針などを提示している。

以上の思考体系を整理して図式化すると次頁のとおりとなる。

44　神谷万丈「安全保障の概念」（『安全保障学入門』）1頁
45　神谷「安全保障の概念」6－10頁
46　わが国の能力・役割の強化・拡大、日米同盟の強化などの計6項目を案出している。

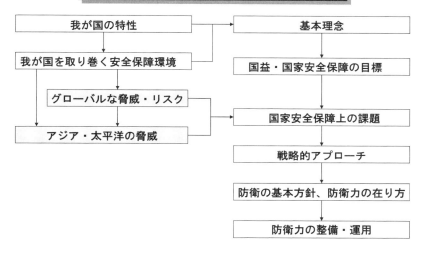

出典:公表資料より筆者作成

■日本の安全保障上のリスクと脅威

 ではグローバルな脅威やリスク、アジア・太平洋の脅威・リスクについて「国家安全保障戦略」では、どのように認識しているのだろうか。
 まずグローバルな安全保障環境上のリスクとして、国際公共財(グローバル・コモンズ)、環境・食料安全・貧困、グローバル経済の各リスクを挙げ、脅威については大量核兵器の拡散および国際テロを取り上げている。
 アジア太平洋地域の戦略環境ではパワーバランスの変化にともない生じる問題や緊張に加え、領域主権や権益などをめぐる純然たる平時でも有事でもない事態、いわばグレーゾーンの事態を「重大な事態に転じかねないリスク」と認識している。そして、北朝鮮の軍事力の増強と挑発行為について言及し、とくに「核兵器の小型化及び弾道ミサイルへの搭載の試みはわが国を含む地域の安全保障に対する脅威」としている。また、中国の急速な台頭とさまざまな領域への積極的進出について「脅威」の文言こそ用いてはいないが、「軍事力の広範かつ急速な強化、領海侵犯及び領空侵犯を始めとするわが国周辺海域における活動の急速な拡大・活発化、独自の防空識別圏(ADIZ)の設定による公海上空の飛行の自由の妨害」などに言及し、これらの動向を「わが国を含む国際社会の懸念事項だ」としている。『25大綱』ではアジア・太平洋の戦略環境について北朝鮮、中国に加えてロシアを抽出して言及している。

これらの記述から汲み取るべき要点は、米・中・ロの超大国の接点に位置し、朝鮮およびインドシナの両半島が両翼包囲を形成するかのごとく突き出すという、世界上比類のない地理的環境におかれているわが国としては、国家主体による軍事的侵略の可能性を常に脅威認識の基礎におくべきだということである。
　つまり、北朝鮮、中国、ロシアの意図と能力を分析し、その相乗が我の脆弱性にいかに指向され、そこから現出した脅威がわが国の安全保障戦略や防衛戦略にどのように影響するのかを明らかすることが重要なのである。
　ただし、これらの脅威はグローバルな戦略環境において独立して出現するものではない。国際社会の"ボーダレス化"により世界の某所に出現するリスクが、どのような形でわが国の脅威となって波及するかは一層不透明になっている。そのため、世界の動向に目を向け、その変化の傾向や変化を促す影響要因を見定めることも戦略的インテリジェンスの重要な課題となろう。
　また、わが国は「安定かつ見通しがつきやすい国際環境」を創設することを目的として「積極的平和主義」を掲げ、ＰＫＯ活動に積極的に参加し、脅威を未然に防ぐ努力を継続していくことになる。したがってＰＫＯ活動の派遣地域に対するリスク分析や、派遣部隊に対する脅威がどのような形で生起するかなどについても注目してインテリジェンスを生成しなければならない。

■同盟国に対するインテリジェンス

　わが国が脅威やグローバルなリスクに対処するためには、彼我の戦略環境に影響を及ぼす関係国のことを知らなければならない。わが国にとっては、とくに同盟国である米国の情勢や戦略意図などに関するインテリジェンスは必要不可欠である。
　これに関しては、1999年のコソボ紛争を事例に説明しよう。米国は同紛争に人道的理由から介入し、ユーゴを空爆した。これにより、北朝鮮や中国は激しく反発したが、これについては北朝鮮が米国による同国への空爆作戦がありえると恐れ、中国は「人道や人権を口実に台湾問題に軍事介入することもありえる」と認識した可能性を指摘しえる。他方、台湾の李登輝総統は米国の人道介入に意を強くし、「国と国との関係[47]」発言を意識的に行なった可能性がある。
　このように、コソボは地理的に大きく離隔しているが、世界に影響力を持つ米国が地域紛争に関与することで、東アジアの安全保障情勢に波紋を起こした。
　将来、米国が地域紛争に介入するとした場合、米国はわが国が同盟国であるからといって、介入決定や介入時期をぎりぎりまで明らかにはしない。つまり、

47　1999年7月9日、李登輝総統（当時）がドイツのテレビ局幹部に対して、台湾と中国の関係は「国と国の関係」「特殊な国と国との関係」だと発言。中国側はこれを台湾独立を目指す「二国論」だとして猛反発した。『知恵蔵2015』

わが国としては「米国が地域紛争へ関与するのかどうか？」の情報要求に対し、先行的にリスクの拡大や脅威の形成を見積り、安全保障政策などに役立つ有用なインテリジェンスを生成する必要がある。

また、コソボ紛争においてはアジア太平洋地域の安全保障に"力の空白"が生じたことも見逃せない。当時、朝鮮半島の「５月危機」（テポドン再発射）が取り沙汰されている緊要時期にもかかわらず、アジア太平洋地域には米軍空母は不在という事態になった[48]。ペルシャ湾に派遣されるはずであった空母ルーズベルトがアドリア海に急派されたため、第７艦隊の空母キティホークがペルシャに急遽派遣されたからである。

中・ロは、"力の空白"を突いて領土を拡張してきた。近い将来、両国が米国に対し正面から挑戦する蓋然性は低いと考えられるものの、"力の空白"が生じれば、ロシアはチェチェンやウクライナなどにおいて、中国は新疆・チベット、台湾、南シナ海、そして尖閣諸島などにおいて"力による現状変更"に出てくる可能性がある。わが国としては、「アジア・太平洋の勢力バランスに変化はないか？」「"力の空白"は生じないか？」という視点で米国の意図に関するインテリジェンスを生成しなければならない。

イスラム原理主義勢力による反米テロは近年、ますます増大している。これに対し、米国が"報復攻撃"をする流れが典型となっている。米国の同盟国であり、「積極的平和主義」を掲げるわが国としては、米国が主導する対テロに協調することは当然のことである。この意味からも、「米国が対テロにどのような意図を有しているか？」を見積ることも重要なインテリジェンスの課題であるといえよう。

---

48 『防衛研究所紀要』上野英詞「冷戦後における通常戦力計画の見直し」脚注ほか

第2章
インテリジェンス・サイクル

第1節　循環するインテリジェンス・サイクル

　政策および戦略を決定する使用者（消費者）は情報機関に対し「これ、これを明らかにして欲しい」という情報要求（使用者が政策および戦略を立案・決定するために「知っておくべきこと」。ニーズ、リクワイアメント、情報指令ともいう）を出す。
　収集機関は情報要求を解明するために情報を収集し、処理機関または情報分析官が、収集機関から提示された情報に必要な処理を加えてインテリジェンスに転換し、それを使用者に提供する。
　情報要求の発出からインテリジェンスを生成し、提供するまでの循環が情報機関では絶え間なく繰り返されている。この循環をインテリジェンス・サイクル（あるいはインテリジェンス・プロセス）という。
　インテリジェンス・サイクルは、①情報とインテリジェンスとの差異を理解する、②情報機関の機能および役割を理解する、③情報機関と政策組織との関係を考察する、④情報機関が直面しているさまざまな問題点を案出し解決する[1]など、戦略的インテリジェンスに携わる者にとっては最初に理解すべき基礎的知識である。
　米ＣＩＡでは情報サイクルを、①計画・指示、②収集、③処理、④分析・作成、⑤配布に区分している[2]。ここで①～⑤までの循環が順序よく行なわれるわ

---

[1] たとえば、計画・指示上の問題、収集上の問題、処理上の問題など、問題点を区分して考えることで、効率かつ効果的な問題分析が可能となる。
[2] http://www.cia.gov/cia/ほか。大辻『生き抜くための戦略情報』では、インテリジェンス・サイクルを①目標指向、②情報の収集、③情報の処理、④情報の使用の各段階に区分している。このほか、H.E.マイヤー『CIA流戦略情報読本』中川十郎、米田健二訳（ダイヤモンド社、1990年9月）では、①知らなければならないことを選択する、②情報を収集する、③収集した情報を最終製品に仕立て上げる、④これらの製品を政策決定者に報告する、と簡潔に説明している。

けではないことに注意を要する。緊急を要する情報については、③の処理を経ずに、直ちに⑤の配布に向かうことがある。①の計画・指示が行なわれていなくても②の収集が開始されることもある。④の分析・作成を経ていてもインテリジェンスとしての価値が不十分であれば、再び②の収集に立ち返ることがある。

こうしたサイクルは一般生活でも無意識のなかで繰り返されている。たとえば、客（使用者）が料理を注文（情報要求）し、料理人（処理機関・情報分析官）が客の注文を基に素材を仲買人（収集機関）に依頼し、仲買人は生産者（情報源）から必要な素材を集め、集めた素材を料理人に渡す。料理人は素材を調理し、客に料理として差し出す。客はその料理に満足すれば、再び来店し、また新たな料理を注文する。こうして客と料理人の良好な関係が半永久的に続くことになる。

インテリジェンス・サイクルにおいても同様に、情報分析官がインテリジェンスを作成して使用者に提供すれば、使用者はいったん満足するものの必然的により多くの疑問を覚え、再び疑問を発出することになる。かくして、インテリジェンス・サイクルは絶え間なく循環するのである。

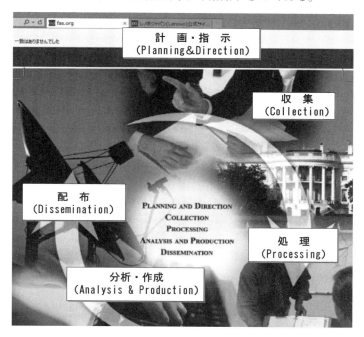

出典:ODNI IC Intelligence Consumer's Guide 2009 を参照

第2節　計画・指示の目的と手順

■「目標指向」で優先順位を決める

　インテリジェンス・サイクルの第一段階は計画・指示である。計画・指示とは使用者の情報要求に基づき、「どのような情報をいかなる手段を用いて収集するのか」を決定し、収集機関に収集命令を付与することである。

　計画・指示の目的は情報収集に1つの方向性を付与することにある。このことを「目標指向」という。使用者の情報要求は無数にある一方、収集機関、収集員の収集能力には限界があるため、効率的な情報活動が行なわれるよう収集の優先順位を定めるのである。『生き抜くための戦略情報』では「目標指向はあらゆる情報活動に一定の方向性を付与し、有用性という価値基準に従って、一切の活動が効率的に機能するよう、情報活動を強力に推進し、コントロールする役割を担っている[3]」と解説されている。

　計画・指示の一般的手順は次のとおりである[4]。
　　1）使用者の情報要求に基づき、情報機関が収集すべき目標指向を定める。
　　2）具体的な収集項目を明らかにし、各収集機関に収集任務を割りふる。
　　3）各収集機関が情報収集計画などを示し、個人やグループによる収集活動を統制・管理する。

　目標指向は情報要求を具体化することで明確になる。情報要求は使用者から情報機関に対して示されるものであり、一般には抽象的・包括的な表現で示され、しばしば具体性を欠くものが多い。たとえば、「中国の対日侵攻能力は？」といった具合である。

　これは情報機関に対し自主裁量の余地を付与し、情報活動の柔軟性を保持させる一方、活動の遺漏を防止する配慮が働いているためである[5]。しかし、これを情報機関やその所属員に、そのまま示しても効果的な情報活動を期待することは難しい。そこで情報機関の責任者などは情報要求の内容を軍事的側面、その他の側面から検討・分析し、その結果をより具体的な情報要素[6]として収集機

3　大辻『生き抜くための戦略情報』119頁
4　大辻『生き抜くための戦略情報』117-129頁
5　情報機関は使用者から指示された以外の事項は収集しないため、指示が具体的であることにより、実情を知る情報機関の自主・柔軟性が発揮されず、遺漏という問題も生じる。
6　情報要素についても優先順位がある。作戦的インテリジェンスにおいては量・質が限定され、特に重要なものを情報主要素（ＥＥＩ：エッセンシャル・エレメンタリィ・インフォーメーション）という。これは軍隊では「指揮官自らが決定する」とされており、情報部隊の全精力を傾注すべきものである。大辻『生き抜くための戦略情報』125頁。

関に指示する。

　情報要素は情報要求と同一の表現をとることもあるが、多くの場合はより細分化、特殊化された表現となる。上述の例では「中国の対台湾一次侵攻における海上輸送能力と空輸能力は？」とか「中国の尖閣諸島奪取における航空優勢の確保能力は？」といった要素が示されることになろう。

■情報収集計画を作成する

　目標指向が明確になったならば、収集任務を各収集機関に割りふり、収集活動を統制・管理する。収集活動の統制・管理においては情報収集計画が大きな意義を持つ。情報収集計画はそれぞれの情報機関により、一定の型式が定められているが、一般的に次の要素を含む。

　まず情報要素である。すなわち「何を知りたいのか」「何を知らなければならないか」ということを明確にする。次にそれを解明するための情報源（情報の出所）あるいは収集手段を特定する。そして特定した情報要素を解明する情報源・収集手段を収集機関に割り当てる。これらの要素を組み合わせた簡単な情報収集計画とは以下のようなものである。

情 報 収 集 計 画

情報源・収集機関 情報要素	人 的 CIA	信 号 NSA	画 像 NRO	外 交 国務省	軍 事 DIA	同盟国 米英同盟国、NATO等	公 開 CNN 新聞
敵の攻撃はどこにあるか？			✔	✔	✔		
爆弾を運んだ証拠はあるか？	✔		✔				
パイロットは週末不在か？	✔			✔		✔	✔
船員が船に乗っているか？		✔	✔		✔		
政府の主要ラインは何か？		✔		✔		✔	✔
民間人の動員を示す証拠はあるか？	✔	✔	✔	✔			✔

出典：『なぜ、正しく伝わらないのか』23頁　一部修正

■**目標指向の弊害と解決策**

　目標指向は情報機関の限られた能力を最大限に有効活用するための方策であるが、使用者が必要とする特定トピック以外の分野で生起している事項を見逃してしまうという弊害がある。

　1998年5月11日から13日にかけてインドは5回の核実験を行なった。しかし、米国情報機関はインドの核実験の準備を事前に探知するのに失敗した。その原因を独立情報調査委員会は「米政府が情報機関に対して「無頼国家」（ローグ・ステイト）に集中して大量破壊兵器秘密開発の調査を行なうよう指示していたため」と判断した[7]。つまり、ある特定トピックやイラン、イラク、リビアおよび北朝鮮といった特定国に対する情報収集と分析が長期間続けられると、ほかの分野に対する専門性が失われがちになるのである。

　使用者による情報要求の欠如により、情報機関の適切な情報活動が阻害されているという問題もある。冷戦中は西側諸国にとっては共産圏という明確な情報収集対象があったので目標指向の問題は生じなかった。しかし、冷戦後は脅威が多様化し、『情報機関を立て直すには[8]』の著者、ブルース・バーコウィックのいう「鶏と卵」という問題が顕在化した。つまり使用者が情報要求を出さない限り、情報機関は情報収集できないし、インテリジェンスも生成できない。一方、使用者の方もインテリジェンスの提示がなければ、事態の深刻さが理解できないため情報要求を発することはできないというジレンマである。

　その解決策としてバーコウィックは情報サイドと政策サイドとの交流強化を提唱している。伝統的な情報サイドと政策サイドの関係は情報の客観性の確保と「政治化されたインテリジェンス[9]」（Politicized Intelligence）という問題を避けるために、情報機関の要員は使用者から適切な距離を置くべきというものであった（276頁参照）。しかし、彼は「情報分析官は極端に言えば積極的に外に出て、顧客（使用者）を直接知り、自らのプロダクトを売り込むくらいでなければならない」と主張する。もっともこのようなことは、ビジネス・インテリジェンスの世界でなければできないが、情報機関の要員の意識としては必要であろう。

7　江畑謙介『情報と国家』（講談社、2004年10月）67頁
8　Bruce Berkowits, Better Ways of Fix Intelligence, Obis, fall 2001, vol.45, No4.
9　本来客観的であるべきインテリジェンスが政策決定者の選好する選択肢や結果を支持するために修正されることを「インテリジェンスの政治化」といい、修正されたインテリジェンスを「政治化されたインテリジェンス」いう。これが最終的に政策決定者の利害を損なうことになる。詳しくは、LOWENTHAL『Intelligence from Secrets of Policy』140-142頁。マーク・M・ローエンタール『インテリジェンス』、茂田宏監訳（慶應義塾大学、2011年5月）173～175頁。このほか北岡『インテリジェンス入門』85頁など。

第3節　情報収集の目的と手順

1　情報源と収集手段

■収集の手順

　収集は次段階の処理および分析の前提となる活動である。処理機関や情報分析官は特定の情報源に対し過度に依存してはならず、あらゆる情報源からの情報を処理（オールソース・アナリシス）し、正確度の高いインテリジェンスを生成し、使用者に提供しなければならない。

　そのため収集機関は可能な限りの手段を駆使して広範な情報源を開拓し、多種多様な情報の収集に努めなければならない。情報の収集が不十分であれば、じ後の処理などの活動がいかにたしかであっても、有用なインテリジェンスを生成することはできない。そのため収集は情報機関にとって最も重要な活動である。

　収集は収集機関によって行なわれるが、一般的には以下の手順となる[10]。
1 ）情報収集計画を作成し、収集すべき情報要素と収集項目を具体化する。
2 ）収集項目の解明に適した情報源を選択する。
3 ）個人およびグループが各種の収集手段を駆使して情報源から情報を収集する。
4 ）収集機関が上級の情報機関およびそのほかの関係組織に情報を報告・通報する。

　この時、既存の情報源から期待する情報が収集できない場合には、新たな情報源を開拓しなければならない。

■第一次情報源と数次情報源

　情報源（資料源ともいう）は情報の出所のことであり、情報源には人、物（文書、地図、写真等）、行為または現象がある[11]。

　人の情報源として最も古典的なものは諜報員（スパイ）と捕虜である。スパイとは我が方の要求や指示に従って情報を非公然に入手し、我が方に提供する者をいう。我が方の要求に従い情報を提供するという点に関しては、スパイは我が方の収集機関とまったく異なるところがない。しかし、スパイは相手国の情報機関と取り引きしている可能性もあるし、相手国の意図で働いている二重スパイの可能性さえある。したがって、スパイは収集機関とは違って、完全に

10　大辻『生き抜くための戦略情報』130-134 頁
11　大辻『生き抜くための戦略情報』132 頁

我が方の運用上の統制下にあるとは限らない[12]。

　他方、捕虜とは戦争などにおいて投降し、敵の権力内（軍門）に下った者をいう。捕虜の活用は戦争の歴史とともに始まり、古くから情報収集や偽情報を流すために活用された[13]。第二次世界大戦、朝鮮戦争においても捕虜は有力な情報源となった[14]。第二次世界大戦では連合軍は旧日本軍の戦争捕虜から貴重な情報を入手して活用した。

　もう一つの重要な情報源は文書である。第二次世界大戦では膨大な重要文書が捕獲され、戦争遂行に甚大な影響を与えた。日本軍は日誌をつけるのに非常に熱心であり、同大戦では数千冊の日誌が米軍の手に渡り、そのなかには将軍たちが書いたものもあった[15]。よって相手側に戦争の趨勢を決定づける情報が伝わったことは想像にかたくない。

　情報源は第一次情報源と数次情報源に区分される。第一次情報源は最初の情報の出所である。これに対し、第一次情報源から情報を受けた情報源を数次情報源という。第一次情報源からの情報が、我が収集機関あるいは別の情報源を経由して伝えられたものを数次情報源に基づく情報という[16]。

　一般的に数次情報源に基づく情報は内容がしばしば変更・歪曲されるために正確性が低下する。この点に関しては伝言ゲームにおいて最初の伝言が最終の人に伝わる時にはもはや原型をとどめない別物に変化することを想起すればよいだろう。したがって情報の収集に当たってはできる限り第一次情報源に遡る努力が必要となる。

■情報収集手段の区分

　米国では、特定の情報源から情報を収集する手段を収集方法もしくは INTｓ（Intelligence の略、イント）と呼んでいる[17]。ただし、INTｓが特定の情報源からえられたインテリジェンスを意味する場合もしばしばある[18]。

　情報源は公開情報源および非公開情報源に分けられる。非公開情報源は相手側が重要だと判断し、特別に秘匿・管理する。したがって、我がこれに接することで情報要求の解明に直接つながる重要な情報を入手できる可能性がある。

12　大辻『生き抜くための戦略情報』132 頁
13　捕虜を情報源として活用した最初の戦争は、ファラオレミーゼス 2 世とヒティツのハッツシリッシュ王 3 世との戦い（紀元前 13 世紀）に生起したとされる。ラディスラス・ファラゴー『知恵の戦い』（日刊労働通信社、1956 年 4 月）88 頁。
14　たとえば、中国情報機関は米軍人捕虜から情報を収集した。
15　ファラゴー『知恵の戦い』93 頁
16　大辻『生き抜くための戦略情報』133 頁
17　LOWENTHAL『Intelligence from Secrets of Policy』69 頁。茂田『インテリジェンス』85 頁
18　北岡元『インテリジェンスの歴史』12 頁

しかし、非公開情報源については相手等が意図的に二重三重のトリックを仕掛け、こちらの情報活動の意図を解明しようとする場合がある。よって収集機関が非公開情報源から情報を収集する場合には、情報源の秘匿、情報そのものの保全などに最大限の配慮を払わなければならない。
　公開情報源から収集する手段がオシント（OSINT、公開インテリジェンス）である。
　非公開情報源は「人間か、技術か」により人的情報源と技術的情報源に区分される。人的情報源から収集する手段がヒューミント（HUMINT、人的インテリジェンス）、技術的情報源から収集する手段がテキント（TECHINT、テクノロジカルインテリジェンス、技術的インテリジェンス）である。さらにテキントはシギント（信号インテリジェンス）、イミント（画像インテリジェンス）あるいはジオイント（地理空間インテリジェンス）、マシント（計測・痕跡インテリジェンス）に区分される[19]。それらの関係は以下のとおりに図化できる。
　なお、巻末に各収集手段の利点および欠点を一表で纏めたので参照されたい。

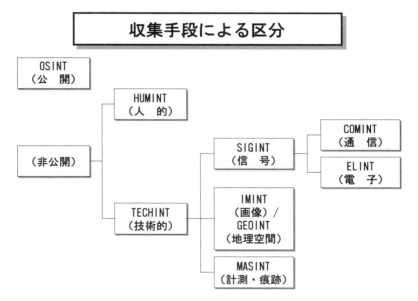

出典：小谷『インテリジェンス』68頁などを基に筆者が作成

---

[19] 『イスラエル情報戦史』佐藤優監訳（並木書房、2015年6月）第5部「イスラエル情報機関の活動」では、シギント、ビジント（イミント、ジオイントに相当）、ヒューミント、オシントに区分し、その特性、イスラエル情報機関の過去の活用事例などを詳細に説明しており、とくにオシントについての記述は興味深い。

1）オシント（OSINT:Open source Intelligence）

　オシントは、公表資料、地図、通信社、新聞、ネット、ＴＶ、雑誌などの誰もが手にする公開情報源からの収集手段、あるいは公開情報源からえられたインテリジェンスを指す[20]。今日ではグーグルアースの商用画像衛星、政府刊行物なども公開されているためオシントの活用範囲は拡大している。

　オシントは活動目標に近接する必要がないため安全に収集できる。相手側から我が方の収集意図を察知されることもない。経済的にも安上がりであり、近年のインターネットの普及と検索機能の充実により、必要とする情報が瞬時に入手できるようになった。

　「オシントでは重要な情報がえられない」との既成概念はまったくの誤解である。英国の歴史家Ａ．Ｊ．Ｐテイラーはかつて「情報機関が使用するインフォメーション（情報）の90％はオシントからえられる」と述べ、シャーマン・ケントは「米国では情報公開が進んだことからその比率は95％にまで増加した[21]」と述べた。これらの発言が物語るように各国情報機関は一様にオシントに対して高い評価を与えている。

　オシントはとくに科学技術に関するインテリジェンスにおいて効力を発揮している。なぜならば科学者や技術者は、自らの発見をほかの研究者等に追試・再認してもらうために研究成果を公開する必要があるため、我々としては重要な秘密事項に接する機会がえられるからだ。

　オシントを丹念に蓄積することで秘密事項に近づくこともできるし、運がよければ秘密事項が誤って公開されることもある。その好例が『ウィキリークス』であり、同ウェブサイトは2006年、政府、企業、宗教などに関する各国の秘密情報を匿名で公開した。

　実際にオシントから価値あるインテリジェンスがえられた事例は多い。ケネディ米大統領は1962年のキューバ危機において『タス通信』を根拠にソ連がキューバからミサイルを撤去したか否かを判断した。1990年の湾岸戦争時、米国はイラクの内部事情を把握するにあたりＣＮＮの報道を参考にした。

　かつて陸上幕僚監部第２部長（情報部長）であった塚本勝一は著書『現代の諜報戦争』のなかで、「当時の米軍は『自衛隊から得るものがない』との理由で日本との情報交換に乗り気ではなかったが、日本のオシントの実力から認識を

20　オシントには公刊インフォメーション（オシンフ）と公刊インテリジェンス（オシント）がある。前者は印刷物、電子ファイル、音声などの生情報であり、これが情報機関などによって処理、分析されたものがオシントとなる。江畑『情報と国家』28頁。
21　Norman polmar and Tomas B. Allen, Spy book The encycolopedia of espionage, 2nd Edition （New York :Random House, 2004）P. 476。トルーマン大統領も「米国の秘密情報の95％は新聞その他の刊行物に発表されている」と述べた。

改めた」という逸話を紹介している。

　同書によれば「米軍の情報責任者（将軍）が極東視察の途次、陸上自衛隊を訪問し、中央資料隊（当時）に立ち寄った。将軍はまずその施設の粗末さに驚いたが、資料隊長が蓄積した公開資料を展示しながらブリーフィングを始めると、だんだんと将軍の目つきが変わってきた。将軍が帰国してからは米軍の態度が一変し、それからは熱の帯びた情報交換が行なわれるようになった」という[22]。

　オシントをめぐる今日的問題は膨大な量の公開資料が"ノイズの氾濫"の状況を呈していることである。オシントの背後には正義目的の告発、利益誘導、悪戯まで千差万別の意図が存在する。国家が意図的に自らの立場を有利に仕向けるように情報操作や虚偽情報（ディス・インフォーメーション）を行なうことも少なくない（100頁参照）。たとえば、中国の官製メディアは意図的に国家のフィルターがかかった情報操作を行なうことを常套手段としているし（101頁参照）、わが国でも意図的に視聴者の関心度を高める目的でメディアによる「やらせ報道」、都合のいい部分だけの「切り売り報道」が横行している。

　現在、「ノイズからシグナルを選り分ける」「もみ殻から小麦を選り分ける」（Separate wheat from the chaff）[23]との喩えで、膨大な情報の渦から有用な情報を選別することの重要性が説明されている。このためには過去に蓄積した情報と新たに入手した情報を比較して共通事項や相違点を見出すことが有効である。すなわち長年のデータ蓄積こそがオシントの正確性を左右する鍵となる。

　オシントはほかの情報源と照合、融合して活用する必要がある。一般的に安価なオシントにより、必要とする関連情報を収集し、それを既存の蓄積データと照合する。その際に抽出される重要事項についてシギント、イミントなどのコストのかかる情報源と照合、融合する。この過程において新たな事象や重要兆候が発見されたならば再びオシントに戻るといった連関作業が重要となる。

　オシントを蓄積することで価値あるインテリジェンスに高めることができるため、すべてのオシントが無制限に利用できるわけではない。9.11同時多発テロ事件以後、米軍では重要防護施設、化学物質に関する情報事項などのテロに通じるオシントには制限が加えられた[24]。中国のような共産主義国家ではオシントといえども厳重に管理されており、共産党批判の書物、文献などはたちどころに発禁処分になる。わが国の情報機関がオシントを基に作成するインテリジェンスに対しても情報公開制度の下で一部公開、非公開の処置が設けられている。

22　塚本勝一『現代の諜報戦争』（三天書房、1986年3月）79-80頁
23　LOWENTHAL『Intelligence from Secrets of Policy』（※原書はこのように表示）72-73頁、茂田『インテリジェンス』（※LOWENTHAL『Intelligence from Secrets of Policy』の邦訳本について、以下このように表示）90頁
24　江畑『情報と国家』32頁

オシントは各種収集手段の中で最も主体的な地位を占めている。ただし、公開が建前であるので、利益競合の相手方も入手して活用していることを前提に、オシントの活用は最低限の「やって当たり前」であると心得て、「競合の相手方が持っていない情報を処理してインテリジェンスを生成することが情報業務の本質だ[25]」という考え方も根強い。

オシントの重要性

オシントだけでドイツ軍の組織の全貌が明らかになった著名な事例としてヤコブ事件が挙げられる。当時、ナチスから追放され、スイスに亡命中のドイツ人医師ヤコブが書いたドイツ軍に関する小説のなかで、ドイツの軍事組織の詳細が明らかになった。

これに激怒したヒトラーは、ドイツ軍の何者かがヤコブに情報を漏洩したと考えて情報機関に調査を命じた。情報機関はヤコブを誘拐し、スイスからドイツに連れ出し、ドイツ調査委員会においてヤコブに尋問した。しかし彼は「すべての情報はドイツの新聞からえたものだ」とし、スパイ容疑を否認した。実は彼はドイツ軍の結婚式や葬儀の出席者を丹念に調査し、ここからドイツ軍の指揮官名や編成組織を解明したのであった。

出典：『知恵の戦い-諜報、情報活動の解剖-』ほか

2）シギント（SIGINT: Signals Intelligence）

シギント（信号インテリジェンス）は「通信用電波か、非通信用電波か」により、大きくコミント（通信インテリジェンス）とエリント（電子インテリジェンス）に分けられる。

コミントとは地上局相互間、地上局と艦艇、航空機相互間などの間で交信される生文、モールス交信、ファックス通信などの通信用電波を収集する手段や、それら手段によってえられたインテリジェンスをいう。コミントは大きくは会話内容などを分析する内容分析（content analysis）と通信量の変化を監視するトラフィック分析（traffic analysis）に分かれる[26]。

コミントは近代的な収集手段であり、両大戦中に多くの成果を収めてきた。第一次世界大戦においては1941年の「タンネンブルクの戦い」で、ドイツがロシアの無線通話を傍受して戦いに勝利した。第二次世界大戦においては英国がドイツのエニグマ暗号の解読に成功し、ドイツ軍の裏をかく作戦で戦勝を積み

25　北岡『インテリジェンス入門』112頁
26　MARK M. LOWENTHAL『Intelligence from Secrets of Policy』91頁。茂田『インテリジェンス』112頁

重ねた。太平洋戦争では米軍は日本軍の暗号を解読し、ミッドウェー海戦に勝利した[27]。

　大戦後、米国国家安全保障局（NSA）や英国政府通信本部（GCHQ）などの協力によりコミントは東欧の通信を傍受するための効果的な手段として飛躍的な発展をとげた。当時、通信は海底ケーブル経由の国際通信を除けば、軍事用および民間用ともに短波（HF）、超／極短波（U／VHF）などの周波数帯の無線が主体であった。これらの周波数は到達距離が短いため、NSAは世界中に多数の傍受施設を必要とした。1960年、ソ連に亡命したNSA職員のバーノ・ミッチェル、ウィリアム・マーチンの両名は「NSAは世界中の 2,000 カ所に拠点を置き、職員が同盟国を含めた世界40カ国の機密通信を傍受、分析している[28]」と組織の実態を暴露した。

　米国は1962年、通信衛星の試験運用に成功した。その後、静止衛星が登場し、1965年に大西洋上にインテルサット１号を、1967年に太平洋上にインテルサット２号を打ち上げ[29]、これによって国際衛星電話が開通した。通信における高周波（SHF）通信が占める割合が逐次増加し、これを介したデータ通信、ファクシミリによる大容量のデータ送受信が行なわれるようになった。

　データ通信や衛星通信が登場し、データの送受信量の増大や暗号解読技術が飛躍的に向上したことにともない、シギントにより貴重なインテリジェンスがえられる可能性は高まっている。その一方で、バースト通信（短時間、通常１秒未満の通信）、スペクトル拡散などの出現により通信秘匿技術が向上しており、今日のコミントは通信傍受と通信秘匿の「いたちごっこ」という厳しい局面に立たされている。

　エリント[30]とはレーダー、ビーコン（無線標識）、ジャマー（妨害電波）、テレメトリーなどの非通信用電波からの収集手段、あるいは処理してえられたインテリジェンスを指す。電波はシギント衛星、艦艇、情報収集機および地上レーダーサイトにより収集・処理することができる。これらレーダーから艦艇および航空機の動向、搭載した電子兵器の性能、さらに相手国の技術力や技術開発の趨勢などが把握できる。

　テレメトリーは人工衛星、弾道ミサイルなどの飛翔体が地上のレーダーサイトに送信する信号である。テレメトリーは地上受信基地や情報収集機、艦艇な

27　1921年の「ワシントン海軍軍縮会議」においても米国は、日本全権団への秘密訓電を盗聴し、わが国に対し「対米６割」を受諾させることに成功した。
28　産経新聞特別取材班『エシュロン』（角川書店、2001年12月10日）37-38頁
29　同『エシュロン』39頁
30　エリントは米国では一般的にフィシント（FISINT: Foreign Instrumentation Signals Intelligence）と言われている。LOWENTHAL『Intelligence from Secrets of Policy』91頁。

どで捕捉するが、これにより相手国の弾道ミサイルの飛行速度、飛行時の姿勢、飛行高度、飛行距離などが把握できる。また偵察衛星から発信されるテレメトリーを分析することで偵察衛星の撮影時間・場所、送信時間などを把握でき、相手国の偵察目標などを分析することができる。

　シギントの最大の利点は、相手国から離隔した安全な場所で秘密裏に多様な情報を収集することができる点である。収集した情報はリアルタイム性に優れ、相手国の艦艇、航空機などの現在の動向（動態、カレント）を把握できる。さらに生文の会話を解読することにより、相手国の計画、意図および目的などに関連するインテリジェンスがえられる可能性がある（ただし、エリントは生文の傍受ではないので、直接的に敵の意図に関するインテリジェンスをえることはできない）。

　シギントは受動であることが欠点である。つまり相手国が意図的に通信・電波封鎖の措置を講じれば傍受することはできないし、相手国が意図的に偽情報を流布すれば、我にはそれを見破る効果的な対応策はない。またシギント機器は大変に高価であり、傍受要員や翻訳要員の育成には莫大な費用と期間を要する。

　シギントは今日、非常に重要な収集手段と認識されており、いずれの国家も国家組織が直接に管轄し、長い年月と膨大な費用を費やしてシギント要員、傍受装備などの基盤整備を行なっている。

3）イミント（IMINT:Imagery Intelligence）

　イミント（画像インテリジェンス）とは、偵察衛星、航空機などからの偵察写真を用いて情報を収集する手段、あるいは処理してえられたインテリジェンスを指す。

　画像には大きく光学画像とレーダー画像がある。光学画像は一般的には可視光線を用いた画像であり、通常のカメラと同様の原理である。レーダー画像よりも解像度（分解能）に優れ、地上の広範囲をカバーできるが、雲、霧および雨のなかでは役に立たない。一方、レーダー画像は天候の影響を受けずに夜間でも利用できる。さらに偽装網や非金属屋根の建物の内部を透視する能力もある。

　近年、偵察衛星の開発によりイミントは国家の意思決定に大きな影響を持つようになった。とくに商用衛星画像の発達が著しく、国家イミント組織が運用する軍用衛星画像との垣根を急速に縮めている。テレビ、インターネット上には商用衛星画像が溢れている。商用衛星画像が発達したことにより、軍用衛星画像のダミーとして用いるというメリットも出てきた。つまり軍用衛星で確認した詳細情報に基づいて分析した結果を、商用衛星を用いることで情報源と収

集方法を秘匿して、必要とするレベルまで内容を省略して同盟国に対する情報提供を行なうのである[31]。

米国が自国に有利とならないと判断した場合、軍事偵察衛星が撮影する特定の写真を第三国に配布しないのは当然だが、商用衛星画像といえどもその所属する国家による秘密保全上の制約を受けるため、完全にオープンではない。たとえば、米国の国家秘密上の施設に関連する商用画像衛星などは、たとえ存在したとしても購入することはできない。これをシャッター・コントロールという[32]。米国はアフガン、イラク戦争では、イコノスの商用画像を特定期間、優先的かつ独占的に買い占め、軍事情報の流出に歯止めをかけていたという[33]。なおシャッター・コントロールはわが国の情報収集衛星の導入のための理由付けとなった。

イミントの利点は全世界を広範囲にカバーして、相手国の軍隊の展開、航空基地における航空機の配備状況、港湾施設の規模および施設配備状況、ミサイル発射基地におけるミサイル組み立ておよび支援車両の停車状況など、各種の活動状況を把握できることである。北朝鮮のミサイル発射に関する情報も偵察衛星画像からえられる。偵察衛星は北朝鮮のミサイル発射場を映し出し、ミサイル本体の据え付け状況、ミサイル本体のカバーの取り外しの有無、発射場の燃料車両の状況など、我々に対し発射準備の状況を克明に提示してくれる。

イミントの最大の利点は写実的で説得力があることである。話や文書よりも、目で見ることは「百聞は一見にしかず」のことわざどおりに大きな説得力を持つ。しかし、イミントにおいては、画像の作成時期が曖昧になり過去のことを現在のこととして誤認識する、相手側が古い画像をあたかも現在の画像のように装う、あるいは意図的に改竄することによって、我が誤った分析に陥るケースが多々ある。

イミントはすでに起こった事象については有力な証拠を提示するが、画像処理に一定の時間を要することから、現在進行形の事象や将来の事象の証拠にはならない。たとえばＸ国の情報収集機が現在どの方向に飛行しているのかなどについて明らかにすることはできず、これらの情報についてはシギントまたは目視に委ねるほかはない。米国国家安全保障局のある長官は「イミントは何が起こったかを示すが、シギントは今後何が起こるかを示す[34]」と指摘した。

このほかのイミントの欠点は、天候状況に左右されやすく、相手側が偽装・隠蔽による欺騙を施した場合は撮像判読が困難となり、誤った分析をしてしま

31 　茂田『インテリジェンス』106－107頁ほか。
32 　江畑『情報と国家』50頁
33 　春原『誕生　国産スパイ衛星　独自情報網と日米同盟』124－125頁
34 　LOWENTHAL『Intelligence from Secrets of Policy』92頁、茂田『インテリジェンス』113頁

う、イミントは喋らないので、ヒューミントやシギントのように相手国の意図を直接的に判明することができない、などがある。またシギントと同様に、各種偵察機や偵察衛星の運用には膨大な予算がかかる。なお米国がU-2偵察機を1回飛ばして、北朝鮮の状況を撮影するためにかかる費用は100万ドル（約1億円）といわれている[35]。

> **イミントの落とし穴**
>
> 　2003年2月5日、国連安全保障理事会においてイラク・フセイン政権が大量破壊兵器を保有していることを立証するために、パウエル米国務長官が何枚かの衛星写真を使用した。これはイラクのアル・ムサイーブという場所にある化学兵器貯蔵所から化学兵器が運び出されているところを示す証拠写真であった。しかし、この衛星写真の作成時期は明確にされず、のちにイラクと大量破壊兵器との関係は複数の捏造によるものであったことが明らかとなった。イミントが持つ説得力が、捏造の仕込みのために重要な役割を果たしたことは疑いない[36]。
> 　映像が与える効果は大きい。それゆえに人は誰しも「イミントの落とし穴」にはまってしまう。イミントもほかの情報源と融合してこそ、真実に近づけることを忘れるべきではないだろう。

4）ジオイント（GEOINT：Geospatial Intelligence）

　近年、米国情報機関ではイミントのほかにジオイント（地理空間インテリジェンス）という概念が普及している。

　ジオイントとは、地球空間に存在する自然、人工物などの地形や地誌情報を指し、その最も簡単なものが地図である。しかし、それは平板な地図とは異なり、用途に応じて立体地図化され、それに現在起こっている事象の解説などが加わったものである[37]。

　ジオイントはイミントが基盤になることからイミントを吸収した情報源としてのとらえ方があるが、一方でイミントとは異なる新たな概念だとされる。米国の国家地理空間情報局（NGA[38]）は、すべての事象はある地理・空間（三次元）において生起していることから、地理空間を基盤にデータベースを構築し、そこにほかの手段からえられたインテリジェンスを融合させ、コンピュータ上

35　佐藤優、高永喆『国家情報戦略』（講談社、2007年7月）80頁
36　江畑『情報と国家』116-122頁
37　小谷『インテリジェンス』95-96頁を参照。
38　1996年10月、米ＣＩＡの地理情報部を基に、ジオイントを扱う国家画像地理局（NIMA）が設立、ＮＩＭＡは2003年にＮＧＡに改編された。

でシミュレーション化して作戦に役立てている。最近のテロ戦争などにおいては、三次元立体地図や建物の内部にわたるインテリジェンスの必要性が高まっている。またＩＴ技術の発展がジオイントの活用の幅を広げている。

5）ヒューミント（HUMINT: Human Intelligence）

　ヒューミントとは人を介して情報を収集する手段、あるいはその情報を処理してえられたインテリジェンスである。外交官が赴任国で現地要人などから会話を通じてえるインテリジェンスがこれに当たる。主な媒介手段には大使館職員、スパイ、非政府組織、協力的な民間人、亡命者や離脱者、難民、捕虜などがある。米軍においては戦闘員が戦場において直接監視する行動もヒューミントとして扱っている。

　ヒューミントのなかでも諜報（スパイ活動）は最も古い手法である。歴史上、各国情報機関は競ってスパイを運用し、相手国の政府組織のみならず情報機関までにスパイを浸透させることを画策してきた。その活動には相手国や活動地域における語学、歴史、文化などに対する深い造詣や地縁、血縁、友人関係などの幅広い人脈が不可欠である。

　ヒューミントは相手国の計画および意図に関わるインテリジェンスを直接えることができる。また公刊資料ではえられない貴重な秘密情報がえられるなどの利点がある。他方、情報源に直接接触して情報をえる必要があるため、情報源を獲得するために多大な時間を要し、その行動には危険をともなう。さらに人という情報源との接触であることから、情報操作を受けやすいという欠点も指摘される。

　今日、科学技術の進歩によってシギントやイミントなどのテキントの価値が上昇するにつれて、ヒューミントの価値に対する疑問が生じている。今では米国の情報の「８〜９割がテキントだ」といわれる。また米国の情報機関研究の最高権威とされるリッチェルソンは、その著書で「過去数十年間にわたる技術的手段による情報収集能力の発達によって、ヒューミントへの依存度が低下してきた[39]」と述べている。

　その一方で湾岸戦争以降、テキントには限界があることが再認識され、テロリストなどの意図を知りえるヒューミントが再び脚光を浴びるようになった。2001年９月11日に米国を襲った大規模テロのあと「米国の情報体制はハイテクによる情報収集を強調しすぎて、ヒューミントを軽視しているのではないか」との批判が生じた。

　2003年のイラク戦争では、米・英・豪連合軍によるイラク戦争の開始はフセイン政権が「大量破壊兵器を保有し、その完全な破棄を拒否している」という

39　北岡『インテリジェンス入門』94頁

状況証拠に基づくものであった。しかし結局、米国はイラクが大量破壊兵器を保有している事実を立証できなかった。情報調査委員会は情報活動の失敗原因に関する調査結果を2004年7月9日に公表し、「1998年12月、イラクから国連特別査察団（UNSCOM）が追放されて以後、CIAがイラク国内に大量破壊兵器に関する情報を提供してくれる、信頼に足る協力者を確保できていなかった」点を失敗原因として挙げた[40]。

イラク戦争ではサダム・フセインが何を考えているかについては、ヒューミントによって側近からその情報を集めるしかなかった。イラク軍の航空機格納庫を爆弾で破壊しても、「そのなかに飛行機が何機あって、何機が破壊されたのか」を知ることは偵察衛星では困難であり、やはりヒューミントが重要であるとの再認識に至った。

北朝鮮問題においても「金正日が何を考えているのか」「彼は誰を後継者にしようとしていたか」などはテキントでは解明できなかった。「金正恩が後継者に最も近い」との情報を提供したのは金正日の元料理人（日本人）であった。まさにヒューミントが決定力を持ったのである。

ヒューミントかテキントか

近年、シギントやイミントなどのテキントが増大するにつれて、ヒューミントの価値に対する疑問が生じている。これに関して、北岡元は著書『インテリジェンス入門』のなかで、米国のインテリジェンス研究家による研究成果を基にヒューミントの重要性について解説している。

米国のインテリジェンス研究家であるジョンソンは米国情報コミュニティの情報担当官400人以上にインタビューし、CIAが設立された1947年から98年までの間を対象期間として研究した結果、「偵察機U-2の登場（1954年）や、シギント部署のNSAの設立（1964年）を契機にテキントの成果は急速に高まったが、ヒューミントの評価は減少していない。冷戦の終結に関係なくヒューミントは評価され続けた」ことが明らかとなった。

北岡は「テキントは評価を高めてきたが、ヒューミントも評価を高めてきた。両者の間に重大な補完関係があることを考えると、両者の重要性を単純に比較することはできない。情報機関は、時と場合に応じて、両者を使い分け、場合によっては両者を併せることで補完関係を最大限に利用することが必要だ」と総括している。

40　江畑『情報と国家』84頁

6）マシント（MASINT: Measurement and Signatures intelligence）

　マシントは、比較的最近になって認識された収集手段であり、これはシギント、イミント以外のテキントのことをいう。

　マシントはメジャーメント（計測）とシグネーチャーズ（痕跡）からなる。メジャーメントとは技術的にえられたデータであり、シグネーチャーズは主として現象、装備および対象物の特徴を示すものである。つまりマシントはレーダー、音響・地震、核爆発、電磁波、電子光学、レーザー、材料、化学・生物、廃棄物・破片などからえられるインテリジェンスであり、目的物の位置を特定し、特定物の特徴をとらえることができる。

　マシントは科学技術分野で主として使用され、条約履行の監視、装備の特定、材料の組成、動力の特定、航空機・船舶・ミサイルの形状などを判明するために使用されてきた。人工や自然の偽装を見破り、地中の変化や地雷などの目標を探知し、ＮＢＣ兵器の素材などを探知することができるという利点がある。イミントは偽装や地形の影響を受けやすく、建造物の内部や地中に対しては役に立たないため、マシントがイミントの欠点を補完する役割を担っている。

　マシントの歴史は決して浅くない。米国は1948年にはソ連の原子兵器実験を探知するため、航空機による大気の常時点検を開始し、ソ連の原子爆弾実験の最初の証拠を1949年9月に探知した[41]。また自らの核兵器やミサイル実験の結果を観測、測定するなかで、測定機器の進展をもたらし、他国の実験の観測に役立てた。

　イラク戦争では、米国は目標物体が発する赤外線の特徴などを把握し、スマート爆弾により目標を攻撃し、敵の通信機を探知して破壊した。アフガニスタンの作戦では米陸軍情報部副部長のヌーラン中将がマシントについて「非常に価値がある。アフガニスタンの、どの洞窟が利用されているかを判定し、どの道が通常使用されているかを明らかにするのに役立った」と述べた。このようにアフガンニスタン・イラクにおける対テロ戦争においてマシントは大いに重用された。

　わが国では専門のマシント部署もないが、その重要性に対する認識は高まっている。2013年の北朝鮮の核実験に対しては、実験の実施を特定するために航空自衛隊が北朝鮮上空の大気を収集してその実施の有無を分析したという。元内閣情報調査室長の大森義夫は「シギントが耳、イミントが目とすればマシントとは鼻の機能である[42]」と述べている。シギントやイミントで獲得したインテリジェンスの精度を高めるうえでも、技術立国であるわが国はマシントに力を入れ、情報機関にその専門部署を作る意義は十分にあろう。

41　アレン・ダレス『諜報の技術』鹿島守之助訳（1965年11月）95頁
42　大森『日本のインテリジェンス機関』109頁

■**各種収集手段の総合的な活用**

　今日、大多数の国家においては情報源および収集手段の区分に基づき情報機関が組織、運営されている。そこでは高度な専門性が要求され、所属員も専門性に対して誇りを持っている。しかしながら、この専門性のゆえに「ストーブ・パイプス」（ストーブの煙突）となる。これは「相互に連絡がないこと」「連絡が悪いこと」の意味であり、情報機関は予算などの問題をめぐり、激しい競合関係にあり、しばしば「ストーブ・パイプス」に陥るという[43]（242頁参照）。

　しかし、一つの情報源から正しい結論を見出すことは困難であり、複数の情報源を融合することでインテリジェンスの正確性を高めることが必要である。各種の情報源を総合的に活用することで新たな発見も可能となる。そのため、情報機関は「ストーブ・パイプス」を排除し、情報分析官は各種情報源の利点、欠点を把握したうえで、これらを融合することで確度の高いインテリジェンスを生成しなければならない。

　近年はテキントの発達により各種収集手段の総合的な活用が行なわれている。1962年のキューバ危機ではスパイやキューバからの亡命者によるヒューミントとU-2偵察機によるイミントの活用により、ソ連が中距離弾道ミサイルをキューバ国内に配置した決定的な証拠がえられた[44]。

　ここでは各種収集手段の総合的な活用を北朝鮮のミサイル発射を一例として説明しよう。

　北朝鮮は近年、3年に1回の頻度で長距離弾道ミサイルを発射してきた。わが国および米国などはその関連情報の収集・分析に多大な労力と資源を尽くした。筆者は在職時それらの活動を知りえる立場になかったが、その後の公刊報道、米国防情報局（DIA）の公開『分析手法入門』[45]などを基にすれば（161頁参照）、関係国の情報活動は以下のようなものであったと推測される。

　「北朝鮮が近々弾道ミサイルを発射する可能性あり」とのマスコミの第一報はヒューミントからもたらされたのかもしれない。ヒューミントは地域的に隣接し、民族的にも共通性のある中国および韓国が独擅場であるといわれている。中国の国家安全部や総参謀部第2部、韓国の国家情報院、これらの情報機関が北朝鮮の内部に通じたエージェントを運用し、効果的なヒューミント活動を展開していると推測される[46]。中国は中朝国境からの越境者、吉林省朝鮮族自治区の北朝鮮親族などから北朝鮮政権に関わる情報を獲得しているほか、中朝貿易を利用し、貿易商などに扮したスパイが北朝鮮の内部情報を収集しているとい

43　北岡元『インテリジェンス入門』（慶應義塾大学出版会、2003年4月）194頁ほか
44　ダレス『諜報の技術』（1965年11月）97-98頁
45　『A Tradecraft Primer: Basic Structured Annalistic Techniques』38頁
46　佐藤、高『国家情報戦略』85-87頁

う。

　マスコミ報道とほぼ同時期、あるいはそれに先行してもたらされるのが偵察衛星による画像である。2006年および2009年の北朝鮮のミサイル発射事件では、商業衛星によるミサイル発射の兆候がマスコミで報じられ、これがミサイル発射に関する最初の端緒となった。最近は、商業衛星の発達により商業目的で収集した衛星画像を、マスコミが他に先んじて報道する例が多くなっている[47]。

　米国などの偵察衛星は常時、北朝鮮のミサイル研究施設および発射施設などを常続的に監視しているという[48]。研究施設から発射施設へのミサイルの運搬・搬入、発射場におけるミサイルの組み立て、ミサイルの発射台への取り付け、燃料の注入などの実施状況を刻々と分析し、発射時期を見積もっているのであろう。

　韓国の元情報将校によれば、在韓米軍は韓国中部の烏山にあるアメリカ第7空軍基地に配置された最新型のU－2偵察機3機を運用し、24時間、DMZ（非武装地帯）付近近隣の2万5000メートル上空から北朝鮮の軍事施設などの監視撮影を行なっている。こうした情報は、米太平洋統合軍（PACOM）と在韓米軍と韓国国防省情報本部に提供され、処理された情報を基礎に在韓米軍のデフコン（警戒段階）が決定される仕組みになっている[49]。

　ミサイルが実験発射であれば、発射時の飛翔状況を確認するために一般的にはレーダーの事前点検などが実施されよう[50]（161頁のタイムライン参照）。発射直前になれば、ミサイル発射地域にミサイル観測船が出航し観測態勢をとることになり、その活動を航空機によって視認することもある[51]。

　ミサイルの飛翔後の状況は主としてシギント、マシントの分野によって解明する。偵察衛星は周回衛星であるため発射状況を瞬時に確認することはできない。そこで活躍するのが米国の早期警戒衛星（DPS）である。DPSは高度3万6000メートルの上空で監視する静止衛星である。これはミサイル発射の熱（赤外線）を感知する衛星であり、情報源でいえばマシントに該当する[52]。わが国は、早期警戒衛星は保有していないので発射段階でのミサイル偵知能力はなく、米国からの通報に依存するほかはない。

47　北朝鮮は2012年12月12日にミサイルを発射したが、CNNは11月27日、米商業衛星企業「デジタル・グローブ」が11月23日に撮影した衛星写真の分析結果「発射準備活動が活発化している」「数週間以内に発射可能な状態になる恐れあり」を報じた。
48　2012年12月6日『中央日報／日本語訳』
49　佐藤、髙『国家情報戦略』80-83頁
50　米『DIA分析手法入門』
51　江畑『情報と国家』183頁
52　早期警戒衛星は監視対象地域を24時間監視する必要がある。よって、36,000Kmの静止軌道に打ち上げなければならないが、こんな遠方からではレーダーは届かないので、熱線で探知する。江畑謙介『強い軍隊、弱い軍隊』（並木書房、2001年3月）354頁。

ミサイル発射後については、北朝鮮が弾道ミサイルの発射状況を確認するために発しているレーダーおよび弾道ミサイルから発するテレメトリー信号に対して、周辺国のＵＡＶ・情報収集機搭載のレーダー、イージス艦のレーダー、地上のＦＰＳレーダーなどで確認することになる[53]。報道によれば米国は沖縄の嘉手納基地にＲＣ－１３５Ｓコブラ・ボール偵察機を派遣した。日本も日本海側および太平洋側にイージス艦を派遣し、イージス・レーダーによるミサイル追尾態勢をとった。日本のＦＰＳレーダーも発射方向に指向されたという[54]。

　このように北朝鮮のミサイル発射に関して、各種のテキントが有機的に融合され、ミサイル発射の時期、飛翔状況などの情報収集と分析が行なわれたと推察される。しかし、「北朝鮮がなぜミサイルを発射するのか」などの意図の解明はテキントではできない。ミサイルが実射であれば、北朝鮮がじ後のデータ取得のために行なうテレメトリー信号の実験を行なわないので、我が実射準備の兆候を捕捉する機会は限定されよう。また、ミサイルが地下格納庫から直接発射されるならばイミントも役に立たない。

　そのためヒューミントやオシントを丹念に蓄積し、ミサイル以外の関連事象と照合して総合的に判断し、北朝鮮の意図を解明することが必要となる。すなわち真実の解明にはあらゆる情報源と収集手段を融合した総合的分析が必要なのである。

2　情報収集のプラットフォーム

■人工衛星

　クラウゼヴィッツは「戦争とは不確定性に満ちた領域である。戦争中の行動が依拠する状況の４分の３は、ちょうど霧に隠れているようなものであり、多かれ少なかれ不確実なものである」と述べ、敵情が自らの能力で探知できない状況を「戦場の霧」と呼んだ。ナポレオンを「ワーテルローの戦い」で破ったイギリスのウェリントン公爵は「軍人として過ごした歳月の半分は、あの丘の向こうに何があるのだろうと悩む繰り返しであった[55]」と回顧している。しかし、偵察衛星の出現による宇宙からの監視能力の発達は、かつての「戦場の霧」を晴らそうとしている。

　人類最初の人工衛星は１９５７年１０月にソ連が打ち上げた「スプートニク１号」

53　江畑『日本に足りない軍事力』31頁ほか。
54　2012年12月6日『中央日報／日本語訳』。なお日本には現在、旧型のFPS－3が7基新型のFPS－5が4基ある。新型のFPS－5はレドームが怪獣ガメラに似ていることから通称「ガメラレーダー」と呼ばれている。『軍事研究』2012年5月号。
55　江畑『情報と戦争』11頁

である。一方の米国も 1958 年 1 月「エクスプローラ 1 号」を打ち上げ、人工衛星の開発合戦の夜明けとなった。しかし、当時のイミントは偵察機が主流であり、米国は 1962 年 10 月 14 日（米国時間）、キューバにミサイル基地ができあがりつつあることをU-2偵察機により写真撮影し、これによりケネディ大統領はキューバ危機を切り抜けた。

　冷戦期の 1950 年代、米国はソ連からミサイル・ギャップ[56]をつけられたという認識から、ロッキード社で開発されたU-2偵察機による高高度偵察飛行により、ソ連領内の戦略ミサイル配備の動向を探っていた。米国はこの高高度飛行に自信を持っていたが、1960 年 5 月、ソ連の地対空ミサイルによってU-2偵察機が撃墜され、さらにパイロットのゲーリー・パワーズが捕虜になった。そこで米国では空軍とＣＩＡが共同で衛星軌道上の高高度から地上を偵察する人工衛星の開発プロジェクト「コロナ」計画を本格化させた。

　1970 年代から米国のランドサットやフランスのスポットといった地表を観測する衛星が打ち上げられた。当初の映像の分解能（2つの点を2つとして識別できる画像の精度）はモノクロ写真が 10〜60 メートル程度であった。カラー画像の解像度はさらに悪く、建物の形状、道路の幅などの詳細な情報をえることはできなかった。

　しかし 1999 年秋に米スペース・イメージング社のイコノス衛星の打ち上げにより、モノクロで1メートルの解像度が達成された。その後、デジタル・グローブ社（クイックバード衛星）、オービタル・イメージング社（オーブビュー3衛星）、イメージサット・インターナショナル社（ＥＲＯＳ-Ａ）が相次ぎ、解像度の高い画像衛星を打ち上げた。開発当初の偵察衛星は撮影したフィルムを地上で回収する方式であったが、まもなく撮影した映像データをリアルタイムで地上局に伝送することができるようになった。現在、軍事偵察衛星はさらに高性能化が進んでおり、たとえば米国の発展型ＫＨ-11 などは解像度が 15 センチ、商業衛星においても解像度はすでに1メートル以下という時代になっている[57]。

　人工衛星は大気圏外で地球を1周以上、周回して所定の任務を達成するものであり、軌道により周回衛星と制止衛星に区分される。周回衛星は地球の周りを周軌道または長楕円軌道（モルニヤ軌道）で周回する。周軌道では低い高度（100〜500km）は1時間半くらいで地球を一周する。モルニヤ（Molniya）軌道

56　ソ連は 1957 年、世界初の大陸間弾道弾（ICBM）であるR-7を開発した。当時、中距離弾道弾しか保有していなかった米国は、ソ連のミサイル配備の進展がどれほどかわからない状況であった。米国の議会等では「防衛できない弾道弾の分野でソ連が先んじている」との警告的発言が行なわれ、それが一般化して「ミサイル・ギャップ」が存在したと騒がれた。（ブリタニカ国際大百科事典ほか）
57　春原『誕生　国産スパイ衛星　独自情報網と日米同盟』55 頁

[58]では、衛星は地球を1日に2回周回する。北半球上空を低速で飛翔し、1回の周期にあたる12時間のうち、約8時間は北半球に滞在し、1地点10分程度の収集が可能となる。静止衛星は赤道上3万6000メートル上空を地球の自転と同じ周期で回るため、あたかも人工衛星が止まっているように見える。

人工衛星は利用分野により商用衛星と軍事衛星に分けられる。商用衛星には通信衛星、資源探査衛星、測位衛星（GPS衛星）[59]などがある。一方の軍事衛星は偵察衛星、早期警戒衛星、信号情報収集衛星、海洋監視衛星、宇宙監視衛星などに区分される。

偵察衛星は搭載物により光学センサー衛星、合成開口レーダー（SAR）衛星に分けられる。光学センサー衛星は、太陽の反射光を衛星が搭載するセンサーで収集する。一方のSAR衛星は衛星自身がレーダー派を放射し、地上で反射した電波を再び衛星で捕捉して画像処理を行なう[60]。解像度は光学センサーが優れているが、SAR衛星は雲などの気象条件に左右されず目標物を撮像できる。

早期警戒衛星は赤外線センサーを搭載した衛星である。すべての物体は必ず赤外線を放射するが、温度の高い物体ほど、赤外線の放射量が増加する。早期警戒衛星は赤外線の温度を識別しているため、昼夜の区別なく監視することができる。これまで米国とロシアのみが保有していたが、近年、フランスも技術実証衛星を打ち上げた。

電子偵察衛星は電波を通じて情報を収集する。衛星が電波を受信することで部隊の位置や行動の把握、ミサイル実験におけるテレメトリーの捕捉によるミサイル精度の把握などが行なわれる。電子偵察衛星については米国とロシアのみが保有してきたが、近年は中国も同衛星の分野に参入しようとしている。

人工衛星の長所は相手国の重要目標を撮影し、ミサイルが発射された際の早期警戒（赤外線捜索追尾システム、IRST：infra－red search and track system）等による通信傍受などを行なうことができる点にある。しかも高高度

58　最初に使用されたソ連の通信衛星から名前が付けられた。LOWENTHAL『Intelligence from Secrets of Policy』77頁、茂田『インテリジェンス』95-96頁。
59　米国が開発した全地球測位システム。湾岸戦争で使用。常時、自分の位置を知ることができるようになった。GPS開発以前は、特徴ある地形や建物との相対位置関係、太陽や星の位置を測定して知る方法、電波の来る方向から位置を知る電波航法、ある方向に動く時の加速度を測定して知る慣性航法などがあった。江畑『強い軍隊、弱い軍隊』220、290頁。
60　レーダー画像には航空機搭載側方監視レーダー（SLAR）と合成開口レーダー（SAR）がある。SLARは現在では古い技術となってしまったが、SARは航空機や衛星に搭載され、ドップラー効果を利用し、短いアンテナでもって非常に長いアンテナに匹敵する「合成アンテナ」を形成するものであり、その分解能は近年に急速に向上している。なおカナダはランドサット経由で市販のSAR画像を海外に提供している。

に位置するため、航空法の制約を受けることなく、相手国の内陸部まで進出することができる。しかし、人工衛星は常に軌道していることから画像収集範囲は限定的であり、地上までの距離が遠いことから、データ伝送のリアルタイム性に欠ける。しかも、非常に高価で耐用年数が短く、整備・更新が困難であるために運用費用が膨大にならざるをえない。たとえば、わが国の情報収集衛星は約430億円、耐久年数が5年程度といわれている[61]。このほか静止軌道衛星では軌道割り当てに制限がある。

　また最近は人工衛星の破壊という問題も出てきた。2007年1月、中国が対衛星破壊兵器（ＡＳＡＴ）の実験に成功した。中国は米国の宇宙空間における優越状況を打破する試みを持っているとみられる[62]。この実験で対象物の衛星を破壊する際に宇宙デブリ（ごみ）が生じたことを世界的に批判されたこともあり、中国はＡＳＡＴ実験を今後は行なわないと宣言したが、2010年1月の弾道ミサイル迎撃実験（ＡＢＭ実験）、2013年5月13日のロケット発射[63]については宇宙デブリを生じない形でのＡＳＡＴ実験だとの見方もある。こうした対応策としては、米国はＴＡＣＳＡＴ（Tactical Satellite、戦術衛星）のような小型・即応型衛星の開発にも力を入れている。ＴＡＣＳＡＴは従来型の衛星に比較して、打ち上げ所要時間が短い、安価である点が優れている。

■成層圏プラットフォーム

　成層圏プラットフォームは偵察衛星を補うものであり、気象条件が安定している高度2万メートル程度の成層圏に通信器材、観測センサーなどを搭載した飛行船やソーラープレーンを滞空させて、通信、観測などを行なうものである。わが国でも1998年から文部科学省および総務省がその研究を行った。

　成層圏プラットフォームには高高度飛行船、気球ロボット、ソーラープレーンなどがある。これらのプラットフォームは光学センサー、早期警戒センサー、シギントセンサーなどを搭載することで軍事目的も含めた幅広い運用を可能とする。

　成層圏プラットフォームは探知範囲が広く、偵察衛星よりも低高度であるた

61　『朝日新聞』（2015年3月15日）、『産経新聞』（2007年4月2日）
62　この対衛星破壊兵器の実験を行なう2年前から中国は米国の偵察衛星に対して地上からレーダー照射を行ない、光学衛星装置の機能の妨害もしていたと米国防省は発表している。江畑『日本に足りない軍事力』258頁。
63　ロイター通信は15日、中国による13日のロケット打ち上げについて新型の衛星攻撃兵器をテストするためのミサイル発射だったと米政府がみなしていると報じた。新華社電によれば、中国は13日、地球の磁気圏を観測するため、四川省の西昌衛星発射センターからロケットを打ち上げた。
64　ここは、主として「情報通信研究機構」HP（www.Nict.Go.jp/publication/NICT-News/）を中心に記述した。

め収集画像の解像度が優れており、また大容量かつ高速の通信伝送が可能である。価格についても衛星の10分の1の程度であり、故障したら整備ができ、太陽電池を交換すれば半永久的に使用できる（3年ごとに整備が必要）。

　他方、全天候型の合成開口レーダーは搭載できないなどの技術的な欠点を有するほか、最大の問題は電波取得および航空法上の法的許可などの行政的制約が大きく、成層圏で使用するため他国領域に侵入はできないという運用上の制約がある。プラットフォームを格納するための土地および格納施設も必要である。

■偵察機

　偵察機は大きくは有人機と無人機に区分される。有人機は大きくシギント機とイミント機（写真偵察機）に分けられる。シギント機は一般に電子偵察機と呼ばれ、相手国の通信、敵部隊のレーダー、電子信号などを探知する。こうした相手国の通信状況などを解明することで敵航空機の位置、発信源などを特定する。対潜哨戒機も電子偵察機の一種であり、これは潜水艦や艦船が発する電波を探知し、潜水艦の位置情報などを特定する。

　電子偵察機では米国製のＥＰ－３、ＲＣ－135が有名であり、ＥＰ－３については日本の海上自衛隊も運用している。2001年、米軍のＥＰ－３は海南島近海で中国空軍のＪ－８と空中衝突し、強制着陸させられた。その際、中国人民解放軍が小躍りして、航空機内部の電子機器を調査したという。このほかＲＣ－135にはコンバット・セント、コブラ・ボールなどの種類があり、北朝鮮のミサイル発射時には沖縄の嘉手納基地に展開しミサイル監視任務に従事する[65]。

　一方の写真偵察機は軍用機のなかでは最も古い歴史があり、すでに第一次世界大戦に登場した。写真偵察機は偵察衛星よりも高度が低いため、収集画像の解像度が高く、現在の解像度は50センチ程度であるとされる。またデータ送信のリアルタイム性に優れており、故障しても整備が可能であり、更新が容易であるという利点を有している。

　偵察機では米国のＵ－２偵察機がキューバ危機で脚光を浴びたが、その後、Ｕ－２がソ連により迎撃されたことから、その後継機としてＳＲ－71、通称ブラックバードが開発された。同機は高高度でマッハ3級の超音速飛行を行なうことで、ミサイル迎撃を回避しようとした。しかし莫大な費用と敵上空の飛行というリスクがあり、一方の偵察衛星の精度向上により1989年に退役が決定され、現在では全機が退役した。その後、湾岸戦争では偵察衛星の能力不足や北朝鮮の核査察拒否問題からＳＲ－71の復活配備が計画されたが、現在のところ実行には至っていない。

65　『中央日報／日本語訳』（2012年12月6日）

一方、1970年頃から電子誘導装備の発達により無人機の開発が本格化した。無人機は飛行程度により滞空型、中距離型、短距離型に分けられる。搭載センサーとして光学センサー、レーダー、合成開口レーダー、警戒センサー、シギントセンサーなどを搭載することができる。無人機は探知範囲が比較的大きく、有人機よりも軽量であるため、滞空時間および航続距離が長いという利点があり、滞空時間36時間、後続距離2万キロメートルという無人機も存在する。また被撃墜による戦死・戦傷を防ぐことができるという点は無人機の最大の利点といえる。現在の世界最大のUAVは米国のグローバルホークRQ－4Bで、全長14.5メートル、翼幅39.8メートルであり高高度偵察、最大34時間以上の作戦運用が可能である。

ＵＡＶ（グローバルホーク）

出典：ノースロップ・グラマン社ＨＰ

■情報収集艦

　情報収集艦、音響測定艦、海洋観測艦、測量艦などがある。情報収集艦は主として各国の海軍が運用している。電子偵察機と同様の任務を有するが、長期の継続的な監視能力を保有し、地上波の収集能力は電子偵察機よりも優れている。相手国の地上レーダーサイトの電波の到達距離を測ることで相手国の防空能力の解明などに資することができる。

　音響測定艦（海洋監視艦）は聴音アレイシステムを搭載し、パッシブソナーにより潜水艦の音紋を採集することが主たる任務である。米海軍はビクトリアス級、インペカブル級、アーレイバーク級などの音響測定艦を保有し、これら測定艦はわが国の周辺海域に出没している。

海洋観測艦は海底地形や底質、潮流、地磁気、水質などの対潜戦、機雷戦に影響を及ぼす自然環境のデータなどを収集している。
　測量艦はGPS、音響測定器、レーザー測距儀などを搭載し、海底地形図を作成している。測量艦は海軍以外の研究機関や法執行機関が、海軍の海洋観測艦と同様な目的で運用することがある。測量艦には海洋調査船、水路調査船、漁業調査船、極地調査船などがある。

第4節　情報の処理とその手順

■処理の必要性

　処理とは、情報から戦略的意義を有するインテリジェンスの作成が効率的に行なえるよう、収集した情報を分類、整理することである。
　具体的な活動には映像・画像の解析、メッセージの解読、外国語放送の翻訳、テレメトリー信号の解析、暗号の解読などがある。これら活動にはコンピュータによる解析・処理、データの蓄積、データを検索可能ができるように分類・整理、そしてヒューミントからえた情報をわかりやすい形や文脈に整理することなどが含まれる。
　すべての情報機関はこの処理段階に関係しており、処理はインテリジェンス・サイクルのなかでも最も多くの時間を要する。高度情報化社会においては、真偽が混在した情報が氾濫している一方で、使用者から直ちにインテリジェンスの提供を求められることが少なくない。そのため情報をインテリジェンスに迅速に転換できるように、既存の情報あるいはインテリジェンスをデータベース化しておく必要がある。ベトナム戦争においては米国が撮影した航空写真は引き出しいっぱいに膨れ上がり、その結果一度も使用されなかったという。もし整理が十分であれば、重大な事態を警告し、兵士の命を救えた可能性があると指摘された[66]。

■処理の手順

　処理は大きく選別、分類、評価および保管の活動に区分できる[67]。選別とは、情報のなかで必要と思われるものを抜き出す作業である。この際、確実に誤りであるもの、すでに判明している内容の情報は除外する。つまり「役に立たな

66　ジョン・ヒューズ=ウィルソン『なぜ、正しく伝わらないのか』（ビジネス社、2004年11月）24頁。同著では、本事例を教訓に「処理段階の良否が、じ後の戦略情報の命運を左右することを肝に銘じ、日々収集した情報の体系的な整理を行う必要がある」と述べている。
67　大辻『生き抜くための戦略情報』154-155頁。同著では処理を「類別」と呼称。

い報告書だということをみつけるために読め[68]」という心意気を持って、有用な情報か、不必要な情報かを見極めることが重要である。

　しかし、情報要素となんらかの関係があるもの、現在の情報要素に直接関係はなくても、将来必要と思われると判断したものは確実に取り上げなければならない。また、その情報が真実であり、使用者が対策を早急に講じる必要があると判断した場合には、分析は不十分であっても速やかに関係者に配布しなければならない。

　分類とは、選別した資料をその後の分析・作成に便利なように区分して整理することである[69]。分類は分析・作成の初期段階であることから「じ後の分析を容易にする」「じ後の分析・作成を客観的に行なうためにできる限り改竄、変更を加えない」という、二律背反的な葛藤のなかでの妥当性が求められる活動である。

　収集・処理機関は、収集した情報を時系列、地域別、機能別などさまざまな方式で分類する。たとえば、人物の個人資料は氏名、生年月日、身体的特徴、健康状態、性格、所属団体、地位、特殊技能、言語、宗教、趣味などに区分し、一枚のカードに整理にすれば今後の分析が容易となろう。軍隊の配置や軍事施設の種類・位置・規模などは地図上で表示することで次段階の分析・作成における理解が容易となる。

　分類は新聞・雑誌の切り貼りがほとんどであった時代には、膨大な時間と労力を要したが、現在ではインターネットの普及や検索機能の向上により、業務の効率性が増している。他方で、ＩＴ技術の発達にともない、今後、情報の爆発的な増加により、膨大な情報をいかに処理するかが大きな課題となっている。

　評価とは、インテリジェンスとしての価値を決定するため、生材料である情報の良し悪しを検討することである[70]。情報の評価については後述する。

　保管とは、分類された情報を一定の基準に従って保管することである。文書形式で保管する時には、見聞した事実と推測した事実を明確に区分し、叙述は努めて簡潔にし、無意味な修飾語は排除するなどの着意が大切である。この際、あとで事実と分析を明確に区分できるように、情報の文意の変更はもちろんのこと、使用されている語句の変更や意訳を排除することなどに留意する必要がある。また秘密区分と保存期間を指定し、アクセス権限者を限定する、保存期間以後は確実に破棄するなど、情報の秘密保全に留意する必要がある。

　以上の処理段階の大まかな流れを図化すれば以下のとおりとなろう。

68　プラット『戦略情報』81頁
69　大辻『生き抜くための戦略情報』154、158頁
70　大辻『生き抜くための戦略情報』164頁

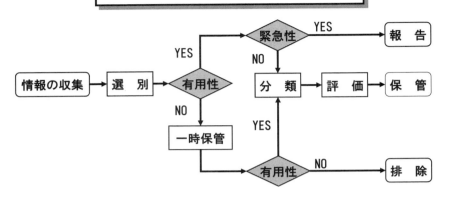

出典:『生き抜くための戦略情報』を基に筆者作成

■**情報源および情報の評価**

　情報からインテリジェンスを作成するためには生材料である情報の良し悪しを評価しなければならない。

　情報の評価は情報源と収集・伝達機関の信頼性（Reliability）の評価、情報自体の正確性（Viability）の評価に分けられる。これらは互いに関係しているが、直接的な関連性はない。つまり、一般的には情報源の信頼性が高ければ、情報の正確性も高いが、情報源は意図的に情報に操作を加えることもあるし、信頼性の高い情報源であったとしても中間段階におけるバイアスの介在により誤った情報に転化することも珍しくない。したがって軽易に情報源と情報とを関連づけることを回避し、情報源の信頼性の評価と情報の正確性の評価は別々に行なうのが原則となっている[71]。

　情報源の信頼性は、情報源の過去の実績・経験および能力、情報源が情報を作成した背景、当時の状況下で情報源が情報を入手することが可能であったかどうかなどを審査して総合的に評価する。ヒューミントでは、情報の信頼性の評価を高めるために（もっともらしくするために）、情報源および収集機関が意図的に情報に操作を加える（脚色する）ことがある。このためヒューミント情報源の信頼性についてはとくに注意して評価しなければならない。

　情報源から引き出された情報、収集・伝達機関が送付した情報が正確であればあるほど、情報源および収集・伝達機関の信頼性は高くなる。情報はいくつ

71　大辻『生き抜くための戦略情報』164-174頁

かの収集・伝達機関を経て最終的に使用者にインテリジェンスとして報告されることになるが、これに要する時間と、関与する収集・伝達機関の数が多ければ多いほど信頼性は低下する。ヒューミントの場合、指令は管理官（ケース・オフィサー）から協力者（エージェント）などに伝えられ、報告は逆の手順を辿るが、報告が歪められずに届けられることは奇跡的であるとされている。

　情報源の信頼性の評価は一定の評価基準に基づき、できるだけ記録しておくことが望ましい。そうすることで、バイアスの発生や過去の関心事項の忘却を防止することができる。

　一方の情報の正確性については、一般的知識および経験的見地からの「妥当性」、それ自体の「一貫性」および「具体性（詳細度）」、ならびに関係あるほかの情報またはインテリジェンスとの「関連性」によって判断することになる（次頁参照）。

　ワシントン・プラットは情報源の信頼性と情報の正確性について、それぞれ次頁の６段階の基準を示した。米情報機関では現在、正確性については誤報（Misinformation）、欺瞞（Deception）の２つを加えて８段階で評価している[72]。

　ところで、「ほとんど信頼できる」と評価されている収集機関（B評価）が、「必ずしも信頼できない」情報源（D評価）から情報を入手した場合には、どのように評価すればよいのだろうか？

　『生きぬくための戦略情報』では、①情報源と収集機関を総合的に評価し、１つの符号で格付けする、②いずれかの下位の評価とする（この場合はD評価とする）③収集機関と情報源とを別々に評価する、という３つの方法があることを提示したうえで、③の方法を推奨している。

---

[72] 情報源の信頼性については、A：信頼できる（Reliable）、B：おおむね信頼できる（Usually reliable）、C：かなり信頼できる（Fairy reliable）、D：必ずしも信頼できない（Not Usually reliable）、E：信頼できない（Unreliable）F：信頼性を判定できない（cannot be judged）。情報の正確性については、1：真実である。確認（confirm）、2：たぶん真実（Fairy true）、3：おそらく真実（Possibly true）、4：真実が疑わしい（Doubtfully true）、5：ありそうにない（Improbable）、6：誤報（Misinformation）、7：欺瞞（Deception）8：真実かどうか判定できない（cannot be judged）に区分される。Headquaters, Department of The Army『Open-Intelligence』（10 JULY 2012）2-8 頁

情報の正確性の評価基準

基　準	意　味	要領・留意事項
妥当性	そのようなことがありえるか？	○当初の報告受けにおいて「妥当性がない」ということで、その報告を無視してはならない。 ○過去データを背景として審査するが、それのみに頼る偏見をもって評価してはならない。（新たな事象でも、妥当性のあるものあり）
一貫性	情報の内容が首尾一貫しているか？	○「一貫性」は正確性の中で極めて重要な判断基準であることを認識する。 ○内容が矛盾する情報は「疑わしい」と判断。逆に「巧妙なうそ」は真実よりも「一貫性」があるため注意を要する。
具体性	必要なことが細大漏れなく述べられているか？	○具体的であればあるほど、正確性を高く評価する。 ○既知の情報、インテリジェンスと照合することにより正確性の評価を向上させる。
関連性	内容が肯定的か、または否定的か？	○他の情報源や収集機関による情報、インテリジェンスと比較し、重要な部分が一致するかなどを判断する。 ○他の情報と相違した場合には、いずれが正確かを判断する。

出典：『生き抜くための戦略情報』169-170 頁を基に筆者作成

ワシントン・プラットの格付け

情報源の信頼性	情報の正確性
A： 完全に信頼できる	1： 他の資料で確証された（真実である）
B： ほとんど信頼できる（ふつうの信頼性）	2： 多分真実である（ほとんど真実である）
C： かなり信頼できる	3： おそらく真実である（かなり真実性がある）
D： 必ずしも信頼できない	4： あやふやな真実性（真実が疑わしい）
E： 信頼できない	5： ありそうもない報告
F： 信頼性を判定できない	6： 真実を判定できない

出典：プラット『戦略情報』

江ノ島虚偽通報事件

　2002年1月6日午後9時、神奈川県伊勢原市の男性から海上保安庁第三区海上保安部に「妻と天体観測していた午後7時頃に、江ノ島海岸のそばで黒い筒状の物体が浮上。そこからウエットスーツを着た5、6人の不審者が上陸」との通報があった。男性が「不審者はアジア系であり、知らない言葉で会話していた」と証言、半月前には奄美沖の東シナ海で北朝鮮の不審船事件が発生、同日午後11時40分ごろに付近の沖合においてエンジントラブルで停泊していた北朝鮮貨物船を発見—これらから、海上保安庁と神奈川県警は「北朝鮮工作員による潜水艦侵入事案か？」と色めき立ち、非常事態態勢に入った。

　しかし、同貨物船と潜水艦を結びつける証拠、江ノ島海岸への上陸痕跡も確認できなかった。この男性を問いただしたところ、「夫婦喧嘩の鬱憤晴らし」の虚偽であり、通報時の氏名と住所はでたらめであったことが判明した。

　この情報はわが国の警備、防衛において無視できない、緊急に処理すべき情報であったことは間違いない。つまり、さまざまな情報のなかで、まずは選別して処理すべき情報ということになる。

　次に情報源の信頼性の評価であるが、通報時点では、通報者が中年の男性らしいというだけで、この男性の氏名や住所が真実であるのか、実際に江ノ島海岸で天体観測をしていたのか、彼の勤務先、過去の虚言歴についてなどはわからない。つまり信頼性は「F：信頼性を判定できない」ということになる。

　次に情報の正確性であるが、元朝日新聞記者田岡俊次は以下のような点から、「通報の内容は第一報でウソとわかるものだった」と指摘している。

　1）冬の闇の海面から人が上陸するのを確認するのは困難（この時間には付近に灯火もなく、この時期は月も暗い）
　2）海岸付近の水深は浅く、男性から見える地点まで近接するのは困難。
　3）1キロ先には定置網があり、そこを抜けるのは困難。
　4）有事の際には偽情報や誤報が乱れ飛ぶが、それがない。
　5）過去の拉致工作では日本海側、南九州などの人家が少ない海岸が舞台。

　はたして、通報時点でこれらの判断材料がえられたのかははなはだ疑問であるが、田岡記者の指摘を前提とすれば、情報の正確性については「妥当性」（「そのようなことがありえるのか」）に問題があった。さらに既存のインテリジェンス等との「関連性」にも問題があった。総合的に「4：あやふやな真実性」もしくは「5：ありそうもない報告」と判定することになる。しかし、上述の「妥当性」における留意事項のとおり、当初の報告において「妥当性がない」と判断して、その報告を無視してはならないのである。

出展：2002年1月4日『朝日新聞』ほか

第5節　情報の分析・作成とその手順

■とくに重要な分析・作成

　情報からインテリジェンスへの転換は処理、分析・作成の活動が渾然一体となって行なわれる。分析・作成は情報からインテリジェンスへ転換する最終段階である。

　分析・作成はインテリジェンス・サイクルのなかでもとくに重要である。つまり分析・作成が不適切であれば、それまでの労苦が水泡に帰してしまう。よって、先入観を排除し、局部的判断に陥ることを戒め、相手国の情報操作など惑わされないように、分析・作成は慎重に行なう必要がある。

　米国ＤＩＡによれば分析・作成における作業手順は、①問題の定義、②問題の概観、③情報の収集・評価（証拠の整理）、④分析、⑤統合および⑥解釈となる。

1）問題を定義する

　問題の定義とは、インテリジェンスを作成するための第一段階にあたり、使用者が「何の問題を解決したいのか？」「何を知りたいのか？」などを明確にすることである。

　使用者が「解決したいこと」「知りたいこと」を明確にするためには納得できるまで使用者に直接、質問するのが理想的である。しかし、現実には現場の情報分析官が使用者に気軽に接することはできず、使用者から直接に詳しく問題点を述べてもらうことは不可能に近い。

　そのため、漠然とした問題から明確な問題に再定義する必要がある。その際、同僚の情報分析官との間でブレーンストーミング（114頁参照）を行なうことが有効であるが、多くの情報分析官にはそのような時間や機会はなかなか与えられない。そこで情報分析官自身が問題を再定義する必要がある。抽象的な問題を下位レベルの構成機能に分解して、分析可能なレベルまでブレークダウンすることが問題の再定義である。なお問題の再定義の手法については分析手法の項で説明する（118頁参照）。

フェルミ推定

ノーベル賞を受賞したエリンコ・フェルミは「シカゴに何人の調律師がいるか？」と学生に質問した。その答えは、以下のように推計することによってえられる。

① シカゴの人口は公表 300 万人とする（これは統計を見ればわかる）。
② 1 世帯あたりの人数が平均 3 人程度と推測する。これから市内の世帯数は 100 万と推計できる。
③ 10 世帯に 1 台の割合でピアノを保有していると推測すると、ピアノの総数は 10 万台程度と推計できる。
④ ピアノ 1 台に必要な調律は平均して年 1 回と推測すると、1 年間に必要な調律の件数は年間 10 万件と推計できる。
⑤ 調律師が 1 日に調律する台数は 3 台、週休 2 日として、調律師は年間に約 250 日働くと推測する。1 人のピアノ調律師は年間 750 台程度を調律すると推計できる。
⑥ よって、10 万（1 年間に必要な調律の数）÷750（調律師の年間調律台数）＝約 130（シカゴの調律師の数）

フェルミ推定は就職試験でも活用されているようである。こうした柔軟な思考法が「問題の定義」には必要である。

出展：細谷功『地頭力を鍛える　問題解決に生かす「フェルミ推定」』（東洋経済新報社）41 頁ほか

2）問題を概観する

問題の概観とは、分析・作成に着手する前に、まず出来上がりのプロダクトのイメージを持つために、問題のあらましを一通り見渡すことである。つまり「報告はいつ（いつまでに）、どこで、誰に対して行なうのか？」「その要領は文書報告か、書面によるブリーフィングなのか、それともパワーポイント作成資料の投影による発表なのか？」「報告に与えられた時間はどの程度か？」などをイメージアップする。

具体的なイメージがなければ効率的な分析・作成の作業は不可能である。プロダクトがイメージアップできたならば、「それに使用可能な情報（資料、証拠）はあるか？」「不足している情報はあるか？」「新たに必要な情報は何か？」「その収集に要する時間はどの程度か？」などを明らかにする。この際、5W1H（いつ、どこで、誰が、何を、なぜ、どうやってという 6 要素）により「何が使用でき、何が不足しているか」を明確にする。

これらのことを踏まえ、報告の時期を基準に逆算的に作業計画を作成し、時間に間に合うよう作業する。情報分析官は常に流転変化する戦略的インテリジ

ェンスが相手である。いつ急に新たな情報要求が舞い降りてくるかもしれない。そのため予備時間を考慮した柔軟性のある計画を立てることが重要である。

　ここで理想的なプロダクトとはどのようなものかについて考えてみよう。ローエンタールによれば、①時宜に適していること（Timely）、②ニーズに合っていること（Tailored）、③理解しやすいこと（Digestible）、④わかっていることとわからないことが明確に区別されていること（Clear regarding the Know and the Unknown）、という4要件に合致したものとされている。

　情報分析官はプロダクトを作成する前に、上記4つの要点を繰り返し反芻することが重要である。

3）情報の収集・評価（証拠の分類・整理）

　ここでの情報の収集・評価とは、収集機関または処理機関が収集・処理した膨大な情報のなかから、情報分析官がプロダクトの作成に必要な証拠になりえるものだけを抽出し、その証拠に関する情報源の信頼性や情報の正確性を再評価し、情報を分析しやすいように、整理しなおすことである。

　情報分析官は収集機関などが行なう情報の収集および評価の要領に準じて、この作業を実施することになるが、情報機関が行なう情報の収集および評価との混乱を回避するため、ここでは証拠の分類・整理と呼ぶことにする。

　証拠の分類・整理は、次段階の分析に一脈が通じている。情報機関は収集した情報を時系列、地域別、機能別などさまざまな方式で整理・保管している。情報分析官はインテリジェンス（プロダクト）を作成するために、検索機能などを活用し、データベースから有用な証拠を抽出し、分析に便利なように、証拠を再整理（分類）する必要がある。

　証拠の分類・整理にあたっては遺漏防止に留意しなければならない。重要な証拠を欠いていたばかりに分析結果が誤ってしまうことは多い。このため、各種の証拠を5W1Hの要領で分類・整理し、「何がえられているのか」「何が不足しているのか」を明らかにする必要がある。不足していれば、再び自ら収集するか、あるいは収集機関などに依頼しなければならない。

　証拠の分類・整理に表計算ソフトのエクセルを用いて、日付順、事象別、仮説別に分類しておくと便利である。クロノロジー分類は出来事を時系列に並べて分類・整理するものであり、事象の相関関係や因果関係を発見し、将来の出来事を予測するための重要な糸口をみつけることができる。よく練れたクロノロジーは1つの分析手法でもある。これについては分析手法の項で実例をあげながら後述する（132頁参照）。

　証拠は考慮中の仮説との関連性によって分類・整理する方法が最も有効である。これはA、B、Cの3つの仮説を熟考中である場合、証拠をそれぞれの仮

説に区分して整理するというものだ（仮説による分類）。

たとえば「X国は長距離ミサイルを発射する」（仮説A）、「X国はミサイルを発射しない」（仮説B）、「X国は短距離ミサイルを発射する」（仮説C）を熟考中、「ミサイル基地における車両の出入りの増加」（証拠1）、「X国指導者が経済優先政策を発表」（証拠2）という証拠が生じた場合に、証拠1は仮説A、証拠2は仮説Bに分類・整理する。

しかし、この分類法は「証拠をどの仮説に整理するのが最も適切なのか」という問題にしばしば直面する。つまり収集された数個の証拠を整理する場合、「1つの証拠が仮説Aにより大きく関係するのか、それとも仮説Bに関係するのかを特定できない」、あるいは「いずれにも属さない」という問題が生じる。

上述の例では、「X国指導者が経済優先政策を発表」（証拠2）については、「諸外国の経済封鎖を回避する狙いがあるから仮説Bを支持する」と考えるか、「ミサイルの性能の向上を誇示し、外貨獲得につなげる可能性があるから、仮設Aもしくは仮説Cを支持する」と考えるかの2つがあり、そこに競合が生じる。

こうした競合が生まれる理由は、すでに新たな仮説の立案や、「競合する仮説分析」（第3章第5節7を参照）の第一歩を踏み出しているためである。分類を特定できない証拠が出てきた場合、とりあえず両方の仮説に関連付けて分類・整理し、いずれにも属さない証拠が出た場合は新たな仮説を立てて（上の事例ではDという仮説）、そこに分類・整理するとよい。

4）分析（仮説の立案と証明）

戦略的インテリジェンスにおける分析は、仮説、証拠、論証の3つの要素から構成されている。（次頁参照）

仮説（Hypotheses）とは、分析を経て結論になりえるものであり、情報に対する疑問や、情報から導き出されるシナリオなどのことである。たとえば「X国のミサイル発射場の車両の出入りが頻繁である」などの情報に接して、「X国は近々ミサイル発射を行なう」といった仮説を立てることになる。

一般的に仮説とは、現時点では実際に直接観察することのできない事件や状況について述べるものである。ただし、これらの事件や状況は必ずしも「将来に起こるもの」だけではない。「過去に起こったもの」あるいは「今起こっているが直接に観察できないもの」でもよい。

「過去に起こったもの」では、たとえば、2013年1月30日、中国海軍艦艇による海自護衛艦に対するＦＣ（射撃統制）レーダー照射事件が発生したが、これについては「中央レベルの意思決定に基づいて行なわれた」「艦長レベルの現場による独断に基づいて行なわれた」などの仮説が立案できる。「今起こっているが直接に観察できないもの」では、「中国の習近平は軍を十分に統制・管理し

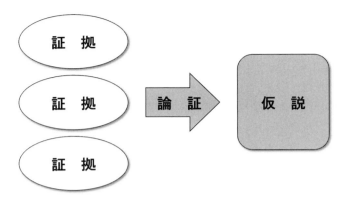

ている」「習近平の軍に対する統制・管理は不十分である」などの仮説が挙げられよう。

　仮説にあたっては、先入観を排除し、幅広く考察し、自己に都合のよい希望的仮説、上司に迎合する仮説などを立案しないよう、その偏向性を排除することに努めなければならない。

　第二の要素である証拠（Evidence）は、仮説を検討する際の情報（データ）のことであり、妥当な仮説を案出するために不可欠なものである。証拠は仮説とは異なり、現実世界において観察できるものである。前述の「X国のミサイル発射」の例では「発射場におけるミサイル運搬車両の出入り状況」を示す画像などが証拠となりえる。

　証拠を取り扱ううえで以下の点を考慮しなければならない。
　1）完全な証拠は絶対にえられない。
　2）証拠はある程度必ず矛盾するものである。複数の仮説を支持し、違う意味にもとれる。
　3）証拠は確実性や信頼性の異なる情報源からもたらされる。
　4）証拠はしばしば曖昧で不正確である。
　5）いくつかの証拠はある結論を支持し他の証拠は違った結論を支持する。

　もう1つの要素である論証（Argument）とは、情報の妥当性（Validity）や信頼性（Reliability）に配慮して、情報を体系的に組み立て、その情報と関連のある既得の情報またはインテリジェンスと照合しながら、その事実の内的・外的関連を明らかにしていくことである。

　論証は証拠が仮説に対して妥当であり（妥当性）、信頼でき（信頼性）、重要である（重要性）であることを証明することになる。このことから論証とは証拠と仮説を連接する「論理的思考の鎖」（Chains of reasoning）と呼ばれる。

5) 統 合

　統合とは分析された事実を組み合わせて、より大きな意義のあるインテリジェンスを作成することである。一般的には、入手した情報をある事実、ある観点から各要素に体系的に分類し、分類された要素ごとに分析し、次いで、その事実と関連のある既得の情報やインテリジェンスと照合しながら、広い視野に立って、その事実の内的・外的関連を明らかにすることになる。

　ただし、分析と統合は明確に区分できない。分析と統合がフィードバックを繰り返しながら、意義あるインテリジェンスへと高められることになる。

6) 解 釈

　解釈とは、統合されたインテリジェンスに関して、何が重要なのかということを解釈することである。いわば、インテリジェンスの意義を決定することである。これは使用者の情報要求に照らし、結論を述べることでもある。ある一つの事象を目撃しても、これをみた人の視点や観点の相違によって、数多くの解釈がなされるのである。

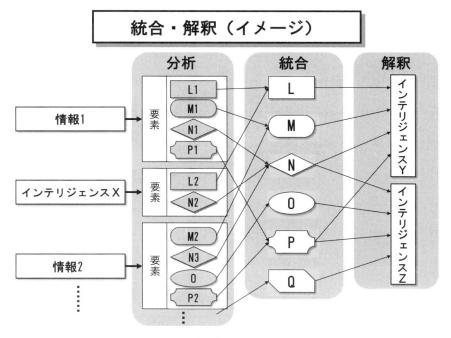

出典：『生き抜くための戦略情報』177頁を基に作成

　ワシントン・プラットは「事実は何も意味しない」といっている。これは逆

に「無数の意味を持っている」ことを意味する[73]。つまり分析、統合および解釈は、「何も意味しない」事実から、インテリジェンスの意味付けをする作業であるといえよう。

なお、分析、統合および解釈を概念的に図化すれば、前頁のとおりとなる。実際の分析、統合および解釈の要領については、第3章第5節4の「同一事象比較分析」を参照されたい（141頁参照）。

■プロダクトの作成

インテリジェンスは使用者に使ってもらわなければ意味がない。使ってもらうためには、プロダクトを作成し、なんらかの形で報告する必要がある。プロダクト形式には、文書報告、口頭報告およびプレゼンテーションなどの形式がある。

以下、プロダクト作成の留意点について述べる。

1) 論理的なプロダクトの作成

プロダクトにも盛り込まれる主要なメッセージは1つである。複数のメッセージが盛り込まれたプロダクトは理解が難しい。それゆえに情報分析官は「何が最もいいたいのか」を常に自問自答しなければならない。

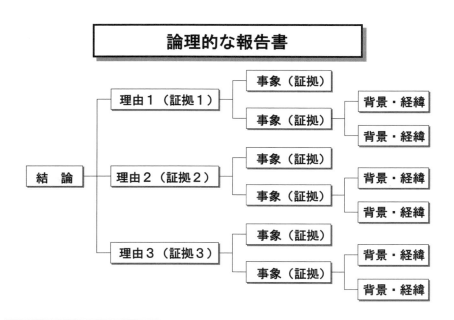

73　大辻『生き抜くための戦略情報』176頁

主要なメッセージを使用者に正確に伝えられるかどうかは、その報告書が「論理的かどうか」で決まる。「論理的かどうか」は、結論（仮説）から逆行的に点検するとよい。つまり、結論を最初に設定し、その結論を論証しえる主要な理由（証拠）を明らかにし、その後、その理由を支える事象、背景・経緯などを体系的に整理していくのである。筆者は現役時代、前頁のような構造図を描き、報告書がしっかりと結論に向かって流れているかを点検していたが、この方法は実に有効であると考える。

2）文書の作成

　プロダクトのなかで最も多い形式が文書である。文書は時間が節約できる（パワーポイント形式などの報告に比べて）ことに加え、大量のインテリジェンス（文書内に多数のインテリジェンスを盛り込める）をさまざまな使用者に対し一斉配信できるという利点がある。しかし一方的な提供であるがゆえに、第三者の批判にさらされることが少なく、独善的になりやすい。そこで、読者を絶えず意識し、読者が必要としている事項を理解できるような言葉で表現する努力が必要となる。

　英国のＲ・Ｖ・ジョーンズ教授は「情報活動の良し悪しは、単に諸君が正しかったからだということではなく、諸君が作戦や調査に従事している人たちに対して正確な判断の尺度を与えるよう、うまく説き伏せるかことができたかどうかにあるのである[74]」と述べている。つまりプロダクトとしての文書の出来映えが問われているのである。

　文書は簡潔性（Conciseness）、正確性（Correctness）、明瞭性（Clarity）の３Ｃが重要だとされる。簡潔性とは簡潔な表現を意味し、重複せず「飾らずに書く」ということである。回りくどい文章では重要なインテリジェンスが埋もれてしまう。

　正確性は「事実が正確であるか」「文書の文字に誤りはないか」ということである。内容の正確性を追求するためには、あまり分析内容を承知していない第三者に校正を依頼するとよい。自分で推敲する場合は、未解決の問題や、さらに考慮すべき疑問がある箇所に付箋を付けて、取り落としのないようにする。

　明瞭性とは、「明快で理解しやすい文書を書く」ということである。そのためには、できるだけ短文を心がける、受動態を避け能動態にする、代名詞を避けて固有名詞を使用する、会話体（会話の言葉使いをそのまま書き写した文体）を使用する、などに留意する[75]。

---

[74] ブラット『戦略情報』103 頁
[75] 野田敬生『ＣＩＡスパイ研修』（現代書館、2000 年３月）139－147 頁では、ＣＩＡにおける文書の書き方、レポートの作成要領が紹介されている。

また、少し経験のある情報分析官は知識を披露したいばかりに、一つのテーマに対し、十数頁にも及ぶ長い文書（長いプロダクト）を書く傾向があるという。忙しい使用者は長い文書を読んでいる時間はない。自己満足だけの長い文章は相手にされないということを認識する必要がある。
　『トム・ソーヤーの冒険』で有名な米国人作家のマーク・トウェイン（1835－1910）は、妻への手紙で、「短いのを書いている時間がないから長いのを書いている」といった。情報分析官はこの言葉を肝に銘じ、文章はなるべく短くしなければならない。ただし、使用者の理解と納得をえるために、そもそも複雑な内容であるものをあまりにも簡略化し、文意を変えてしまうのは問題がある[76]。
　なお長い文書にならざるをえない場合は、使用者の忙しい実情を考慮し、冒頭に全文の要旨を記載するなど、相手の立場に立った措置が必要となる。

3）口頭報告や発表資料の作成

　口頭報告や発表では内容を盛り込みすぎず、与えられた報告時間に応じた適切な情報量に留意する。報告時間が超過すれば、使用者の時間を拘束することになり、聞く者は集中力を欠き、眠くもなる。報告時間が短ければ短いほど内容の精選吟味が必要なことはいうまでもない。
　報告資料の作成にはそもそも膨大な時間がかかるが、パワーポイントが普及して以降、プロダクトの技巧と精巧性が求められ、さらに資料作成に時間を消費するようになった。しかし、分析とプロダクト作成はある種の競合関係にあり、作成段階で分析内容が深化するという付加価値をえることがあっても、多くの場合は「思考停止の状態」になっているのが実態であろう。報告資料作りに懸命になり、日々の関連記事に目を通す余裕さえなく、報告時に重大事象の変化を見逃すという失態をおかす場合もある。こうなれば、もはや本末転倒というほかはない。

第6節　インテリジェンスの配布

■適時性の重視

　分析・作成したインテリジェンスは、使用者が使用する時期までに配布（提供）されなければならない。配布において最も留意しなければならないことは

---

[76] シャーマン・ケントは、「情報機関は長文の報告を作成しないのが、普通である。明確で簡潔な報告が何よりも必要であるが、簡単には説明できない複雑な思想もある。それを無理に簡略化することは弊害を伴う」と述べている。シャーマン・ケント『戦略情報』316頁。

適時性、すなわち時間厳守である。いくら優れたプロダクトであっても、使用者が使用する時期までに配布されなかった場合、そのインテリジェンスはまったく役に立たない。そのため、最初に配布時期を推定し、すべてのインテリジェンス・サイクルを逆行的に行なうことが重要となる。

■新たな情報要求への対応と反証の用意
　インテリジェンス配布したあとで、使用者等から（ほとんどは間接的であるが）さらなる質問または根拠のある論法で分析の欠点が指摘されることがある。
　インテリジェンス・サイクルは絶え間なく循環するのであるから、インテリジェンスの配布はインテリジェンス・サイクルの最終ではなくで、むしろ開始なのである。このため、情報分析官は次に使用者等からどのような情報要求が与えられるかを先見洞察しなければならない。
　また、欠点の指摘については、使用者等に対して非のうちどころのない反証を用意しておくことが重要である[77]。

■保全の重要性
　インテリジェンスの配布・使用においては保全が重要である。1983 年 9 月に発生した「大韓航空機 007 便撃墜事件」では、あくまでも事実を否認するソ連に対し、米国は国連の場において陸上幕僚監部調査部別室（当時）が行なった傍受交信の記録テープを証拠に「ソ連軍機が 007 便を撃破した」と発表した。このテープの公開については、当時の中曽根総理や後藤田官房長官は当初、了承していなかったという[78]。
　米国はわが国のインテリジェンスを利用することで、ソ連による航空機撃墜の事実を証明した。だが、わが国が長年かけて蓄積した、対ソ連のシギント収集のための指向周波数が公表され、ソ連はそれまで使用していた通信暗号を全面的に変更した。その結果、わが国の傍受器材や傍受要領が通用しなくなり、シギント基盤は大打撃をこうむり、その再構築には多大な経費と時間を要したという。
　インテリジェンスの使用・配布における真実の公表と情報保全のいずれを重視するかの葛藤は、戦略的インテリジェンスにおける永遠の課題の一つといえよう。
　それゆえに各国情報機関はインテリジェンスを保全するための取り組みを行

77　ジェームズ・F・ダニガン『新・戦争のテクノロジー』岡芳輝訳（河出書房新社、1992 年 4 月）333 頁
78　手嶋・佐藤『インテリジェンス武器なき戦争』115-119 頁。ただし、仮野忠男『亡国のインテリジェンス』（日本文芸社、2010 年 7 月）13-14 頁では、これと異なる見解を提示している。

なっている。以下、主要な取り組みを紹介しよう。

1）秘密区分の指定

　生成したインテリジェンスが漏洩すると、国家の存亡に関わる重大な損害を被る可能性がある。そのため、各国は、こうしたインテリジェンスの漏洩を防止するために、秘密の重要度を区分して、法律に基づき、その取り扱い・管理要領、秘密に対するアクセス権限、漏洩した場合の罰則規定などを厳格に定めている（245 頁参照）。

　一般的に秘密区分の指定は、インテリジェンスを作成する部署の管理者が指定し、インテリジェンスを配布された側は、その秘密区分に基づいてインテリジェンを使用することになる。

2）サード・パーティ・ルール（第三者への情報秘匿原則）

　インテリジェンスの世界では「コレクティブ・インテリジェンス（コリント）」という言葉があり、これは友好国間のインテリジェンス分野での協力を指す。コリントにより友好国からもらった情報を第三国に渡す場合、事前の了承をえるという重要な掟が「サード・パーティ・ルール」である。

　これに関して佐藤優は元韓国軍事情報将校の高永喆との対談のなかで、2007年の防衛省情報本部 1 等空佐による情報漏洩問題を引き合いに「同漏洩が問題となったのは米軍に対する『サード・パーティ・ルール』の掟破りであったからだ[79]」と指摘している。

　外務省国際情報局が米国から入手した場合も、国際情報局長は外務次官までは伝達できても、外務大臣には、米国から「ニード・トゥ・ノウ（後述）」というお墨付きがもらえない限り、報告できなかったという[80]。

　「ここだけの話だが・・・」「オフレコ[81]ですが・・・」ということで、知り得た情報の"横流し"がよく行われる。しかし、それが限定情報ではあればあるほど、その情報の横流しを行なった組織や個人はすぐに特定されてしまう。その場合、"横流し"を行なった組織や個人は情報源からの一切の信頼を失い、以後の情報はもらえなくなる。だが「サード・パーティ・ルール」は、「情報を

79　この情報漏洩問題は、『読売新聞』（2005 年 5 月 31 日）が報じた日本近海での中国ディーゼル潜水艦の火災事故に関するスクープが 1 等空佐による米軍情報の漏洩であるとする事件。佐藤、高『国家情報戦略』72 頁。なお「サード・パーティ・ルール」の重要性については岡崎久彦の著書『国家と情報』のなかでも言及されている。
80　春原『誕生　国産スパイ衛星　独自情報網と日米同盟』119 頁
81　記録や公表をしないことを条件にインテリジェンスを提供すること。北岡『インテリジェンス入門』129 頁。

第三国に配布するな」ということではない。友好国などの許可をえれば、その情報は第三国に流すことができる。したがって同ルールは情報共有を妨げるものではなく、共有に際して必要なルールを定めているにすぎない[82]のである。

3）ニード・トゥ・ノウ「(Need To Know)

「ニード・トゥ・ノウ」は米国情報機関に広く認識されている情報保全の原則である。その意味は「知るべき人のみ知らされる」（必要のない者には知らされない）というものである。インテリジェンスは活用されて始めてその生命が宿る。しかしインテリジェンスの価値を理解できない者、必要でない者に対し、貴重なインテリジェンスを無分別に配布することは秘密漏洩につながる。ひいては国家的損失をこうむることになる。そこで「ニード・トゥ・ノウ」の原則が必要となる。

いずれの国家においてもシギントなどの秘匿度の高いインテリジェンスには厳格なアクセス制限が設けられている。これにより不特定多数が重要なインテリジェンスや情報源を漏洩する危険性を回避しているわけである。これが「ニード・トゥ・ノウ」の適用である。

「ニード・トゥ・ノウ」の適用には肩書きや階級は一切関係ない。唯一の基準は「その人物にとって、そのインテリジェンスが必要か必要でないか」という一点にある。この点は米国情報機関においては厳しく徹底されている。ただし、9.11 同時多発テロ以後、より積極的なインテリジェンス共有を狙いとした「ニード・トゥ・シェア」（「Need To Share」）の必要性も主張されるようになってきた[83]。

4）サニタイズ

「サニタイズ」は日本語では「消毒してきれいにする」と訳され、ＷＥＢ用語では入力されたデータの危険な箇所を無力化するという意味で用いられる。

インテリジェンスの世界では「サニタイズ」は、「情報機関が作成する報告書や文書などにおいて、収集手段や情報源が外部から特定された場合には重大な影響を及ぼす秘密部分を削除、または表現を変えることである」と解釈される[84]。

82　北岡『インテリジェンス入門』130 頁
83　仮野『亡国のインテリジェンス』19-20 頁
84　『歴史読本』「世界謎のスパイ」（新人物往来社、1988 年 6 月）323 頁および『世界のスパイ＆諜報機関バイブル』（笠倉出版社、2010 年 12 月）235 頁を参照。両書では情報に関する用語、隠語集を掲載している。なお秘密工作において使用する各種器材から、政府や情報機関の関与を示すような標識および装置を除去することを「スタリライズ」という。

たとえばシギントやイミントを情報源として敵に関する詳細な動態情報を収集し、これを基にインテリジェンスを作成して使用した場合、我の情報収集能力などが暴露される危険性がある。これを回避するために、航空機などによる目視で確認できるレベルまで、情報の内容の詳細度を下げることになる。

コヴェントリー爆破事件

情報の利用より保全を優先した有名な伝説がある。それが「コヴェントリー爆破事件」である。1941年11月14日、ドイツは英国の地方都市コヴェントリーに対する夜間爆撃を行なった。600トンに及ぶ無差別爆撃により死者554人、負傷者約5000人、家屋破壊5万戸以上という甚大な被害を受けた。ところが、チャーチル英国首相はこの爆撃を48時間前に知っており、住民避難を命じることができたにもかかわらず住民に知らせなかったという。なぜならば住民の犠牲よりもインテリジェンスの保全を重視したからだ。

当時、ドイツが作成した解読不可能とされたエニグマ暗号機による通信文を、英国はロンドン郊外の「ウルトラ暗号解読班」により解読していた。もし住民避難の措置をとったならば、エニグマが解読されているとの疑念をドイツに与える。そこで住民の安全を守るか、エニグマ解読の機密を守るかを検討し、保全上の利益を優先したというのである。

実は、この伝説には異論もある。それはウルトラでドイツの攻撃目標がコヴェントリーであることを解明したのではなく、ドイツ爆撃機パイロットの捕虜からもたらされたものであり、イギリス空軍が電子妨害機により十分な対抗措置をとれると確信していたことから、結果的にチャーチルは避難命令を出さなかったというものである。

しかし、こうした伝説がインテリジェンスの世界で広く流通していることは、小史を通じて保全の重要性を世に知らしめているのであろう。

出典：吉田一彦『暗号戦争』（小学館、1998年）、ナイジェル・ウエスト『スパイ伝説』篠原成子訳（原書房、1986年11月）「コヴェントリーの爆撃」21−34頁

第3章
インテリジェンス の分析と作成

©Fotosearch

第1節　分析・作成上の着眼

■適時性か？正確性か？

　インテリジェンスでは適時性と正確性との調和がしばしば論点となる。適時性とは使用者が必要とする時期までにインテリジェンスを提供することである。正確性とはそのインテリジェンスが事実と合致しており、誤りのないインテリジェンスを提供することである。

　ところで正確性を重視すれば、収集・処理に時間と労力を要するために適時性が失われかねない。逆に適時性を重視して時間に間に合わせることばかりを気にすれば、幅広い収集と突っ込んだ分析はできない。つまり、両者はしばしば「一方を重視すれば、一方が欠ける」という競合関係にある。

　では「どちらがより重要か」といえば「適時性が重要」ということで異論はないだろう。なぜならば「インテリジェンスは使用してこそ価値がある」のであって、使用者が必要とする時期に間に合わなければ、そのインテリジェンスはまったく無意味であるからだ。

　戦況が流転変化する作戦的インテリジェンスの世界では適時性は最優先の原則であり、情報収集計画などで定時および随時の報告要領が詳細に定められている。また作戦的インテリジェンスは時間の経過とともに、情報の価値が刻々と劣化することも適時性が優位を占める要因である。

　しかし、戦略的インテリジェンスの世界では適時性の優位は作戦的インテリジェンスほどに単純ではない。戦略的インテリジェンスの扱う対象は国家の命運を左右する重大事項であり、その誤りは戦略の失敗を招来する。そして戦略の失敗は作戦・戦術の成功をもってしても取り戻すことはできない。つまり不正確なインテリジェンスに飛びつくと、国家存亡の危機を招くのである。他方、戦略的インテリジェンスは作戦的インテリジェンスほどには状況が変化しない[1]

1　ワシントン・プラットは、「戦術・戦闘的インテリジェンスは1日10％の価値が減少し、6日で半分になる。戦時の戦略的インテリジェンスは1月に10％の価値が減少する。平時の戦略的インテリジェンスは1年に20％の価値が低下する」と述べている。

ため、正確性にじっくりと時間をかけることができる。
　作戦的インテリジェンスは「知ることの早さが重要」であるが、戦略的インテリジェンスは「知ることの深さが重要」なのである。

■4つの分析視点

　日々生起している個々の事象に対する分析の積み上げは、より体系的な見積インテリジェンスを作成するために欠かせない。そして体系的な見積インテリジェンスは安全保障戦略や防衛戦略の作成を支援する。
　個々の事象に対する分析は「なぜ起きたのか？」（背景分析）、「どうなっているのか？」（相関分析）、「どうなるのか？」（予測分析）、「我にいかなる影響を及ぼすのか？」（影響分析）の4つの視点が大切である[2]。
　つまり、個々の事象を分析するにあたり「相手国の意図が介在しているのか？」「一過性のものか、それとも傾向（トレンド）なのか？」「相手国の意図および能力からみて個々の事象がどのような展開をみせるのか？」「それがわが国の防衛戦略にどのように影響するのか？」等々の視点を常に保持しておく必要がある。
　たとえば、中国が2013年12月に防空識別圏（ＡＤＩＺ）を設定したことについては、以下のような分析視点が求められよう。

1）背景分析
- 中国がＡＤＩＺを設定した意図は何か？
- 中国の意思決定におけるいかなるレベルがＡＤＩＺの設定に積極的であったと考えられるか？
- 中国はいつごろからＡＤＩＺの設定を考えていたのだろうか？それを裏付ける関連発言はいつ、どのように行なわれたか？
- 中国を強硬外交に走らせている理由は何か？
- 中国軍が軍近代化を推進している理由は何か？
- 中国のＡＤＩＺの地理的範囲はどこまでで、それは何を基準に設定していると考えられるか？
- 中国はなぜこれまでＡＤＩＺを設定しなかったのか？

2）相関分析

---

[2] 元CIA分析官ライザ・ルースは、情報分析官はどんな場合も、「What」（何が起こったのか？）「So What」（何が変化し、どのような影響があるのか？）「Way」（なぜ起きたのか？）の3つの基礎的疑問を持って分析に臨んでいると述べている。

- 中国の尖閣諸島の領有化とＡＤＩＺ設定はどのような相関関係にあるか？
- 中国の航空機の能力、防空能力、これらに関連する軍事技術の向上とＡＤＩＺ設定とはいかなる関係にあるか？
- わが国の対中政策と中国のＡＤＩＺ設定はどのような関係にあるか？
- 米国の東アジア政策が中国の外交政策にいかなる影響を及ぼしているか？
- 中国の対外強硬政策と国内情勢との間になんらかの関連性があるか？
- 中国の対外政策、とくに対米外交とＡＤＩＺ設定はどのような関係にあるか？
- 中国の朝鮮半島政策とＡＤＩＺ設定とはどのような関係にあるか？

3）予測分析
- 中国の防空体制に変化はあるか？海軍と空軍の連携はどのようになるか？
- 中国は監視のための航空機の生産、レーダーの配備を推進するか？
- 中国の戦闘機は対応行動を活発化させるか？
- 中国は南シナ海にＡＤＩＺを設定するか？その時期はいつになるか？

4）影響分析
- 中国空軍機はわが国の対領空侵犯措置にどのような対応をとるか？
- 中国空軍機はわが国領空を侵犯するか？するとすれば、いつ、どのように行なうか？
- 中国空軍機が、わが国の航空機と空中衝突するなどが生起した場合、日中関係にいかなる影響がもたらされるか？

■意図見積か？能力評価か？

　我に対する脅威は相手国が有する意図と能力から構成される[3]（19頁参照）。したがって、脅威を評価することは相手国の意図の見積り（意図見積）と相手国が有する能力の評価（能力評価）との相乗である。だから、上述の４つの分析視点についても基本的には相手国の意図と能力を推量することが基本となる。

　しかし実際には「能力評価の偏重」といった状況がしばしば生起する。わが国の戦略的インテリジェンスにおいても相手国の能力を掌握することに焦点を定め「どのような能力を持っているか？」ということを解明したる後に、相手国が「何をしようとするのか？」という意図を推測しようとしてきた。作戦的インテリジェンスの分野に至っては、意図の解明を追求することに対して極端

---

[3] 江畑謙介は「ある国が軍事力を行使する可能性、つまり他の国にとって脅威と映るか否かは、その国が抱えている必然性と能力で判断されると述べた。江畑謙介『中国が空母をもつ日』（徳間書店、1994年）

に否定的な立場さえ提示されてきた。

　意図は不可視的であり国際情勢の急変などによって容易に変わるため、意図見積は間違いが多い。米国は朝鮮戦争において「中国は国内経済優先の折だから中国軍の介入はない」とし、ベトナム戦争では米国は「北ベトナムがいかなるゲリラ的、人民戦争的な能力を保有しているか？」よりも、自らの北爆の効果を過大視して、「北ベトナムが立ち上がる気力は失せた」と判断した[4]。いずれも能力よりも意図を重視して敵の行動を見積もった結果、判断を誤ったのである。

　他方、能力は理論的に計測できる事実に立脚している。能力は可視的で急激な変化はないため、能力評価は意図見積に比して容易であり、誤判断も少ない。

　近年、国際テロの脅威が高まっていることも能力評価を重視する傾向を促している。つまり、実態が不透明なテロ組織の意図を推量し、評価することは困難であるので、我はテロ組織が「何をしようとするか？」ではなく、「何ができるか？」を重視して分析しなければならないということである。

　能力評価は最悪のケースを想定して対応をとること、つまり奇襲対処に効果がある。しかしながら、能力評価に立脚して、我が防衛態勢・体制を取れば膨大な国家資源を必要とする。

　たとえば、中国はわが国に対してミサイル攻撃を行なうことや南西諸島に奇襲侵攻する能力を有している。ロシアもわが国道北部への侵攻能力を有している。このように能力的に可能な行動をすべて列挙して、完全な防衛態勢を取ろうとすれば国家財政はたちまち破綻してしまうであろうし、現実的に不可能である。

　したがって、能力評価に意図見積を忖度して、相手国の行動などを予測することが必要となるのである。

■意図見積上の着眼

　我が有効な防衛態勢・体制をとるためには、相手国の意図を知らなければならない。また相手国の侵略意図の発動を軍事的に抑止し、政治的・外交的手段によって低下または解消させるためにも、相手国の有する意図を推量することが不可欠である。

　今日の国際共同体系においては国家意図の判断は可能な領域に入ってきた。中国のような一党独裁国家であっても、第三国との関係、国内外世論、国際法や国内法を無視した国家戦略の追求は困難となっている。また国家のように対象が大きければ大きいほど、意図を実際の行動に移すにはリードタイムと期間が必要となる。

4　栗栖弘臣『私の防衛論』（高木書房、1978年9月）73頁

たとえば国家が戦争を行なう場合には、国民に対する広報活動や各種の戦争動員が必要となる。よって時系列的な分析を継続し、その変化の兆候を察知し、その意義付けを的確に行なうことで意図の推量もできるというわけである。
　意図見積にあたっては一般的な意思決定機構と意思決定に影響を及ぼす地理、国民性、イデオロギー、宗教、法律、主要人物、世論、マスコミなどの各種要因を幅広く考察することが着眼となる。
　また、相手国の意図を見積もるうえでは、過去から現在にいたるまでの相手国の歴史的な変化に着目し、相手国が自己をいかに評価し、自らの弱点をいかに認識し、それをどのように克服しようとしているかについて知ることが要点となる。なぜならば相手国は行動方針を決定する前に、弱点に対する対策を全力でとろうとするからである。
　たとえば、中国が台湾に対して着上陸侵攻を行なうとすれば、現在の最大の弱点である揚陸能力を改善するであろう。つまり、揚陸能力の急激な改善という兆候から、中国による台湾に対する軍事侵攻の意図を看取することができよう。

ヨムキプール戦争でのイスラエルの失策

　イスラエルは「六日戦争」(1967年) では能力評価 (出典文献では「戦闘能力モデル」)、「ヨムキプール戦争」(1973年) では意図見積 (同じく「意図モデル」) という異なる分析手法を用いた。つまり、六日戦争では、現場における敵の活動と戦闘準備などの変化に関する情報を重視して収集し、該当地域内で「何ができるか？」のインテリジェンスを生成した。しかし、ヨムキプールでは意図見積を重視して「敵は攻撃する技術的能力はある。しかし、攻撃する可能性は低い」と判断した。
　では両戦争における軍指導部の要員がほとんど変わらなかったにもかかわらず、ヨムキプール戦争ではなぜ、意図見積を重視し、能力評価を軽視したのだろうか？
　これに関してアモス・ギルボア准将 (元アマン作成・分析課責任者) は「六日戦争の時には敵にネタニヤ (イスラエルの中央地区) まで20キロの地点まで攻め込まれ、意図を評価する悠長な時間がなかった。ヨムキプール戦争の時には、敵ははるか遠くに位置しており、エジプト軍の能力を侮っていた。すなわち『プライドと驕りが影響』した」旨の見解を述懐している。

出典：『イスラエル情報戦史』佐藤優監訳　88-91頁

■ 能力評価上の着眼

　能力は可視的であり安定性を持つ。ただし、それは意図と比較した場合のことであり、実際に相手国の能力を至当に評価することは容易ではない。

　たとえば、軍事力は軍隊の兵力、装備品、国防費、Ｃ４ＩＳＲなどの量的要素のみならず、軍事戦略、意思決定メカニズム、兵員の質、有事法制と動員体制などの質的要素から構成されている。

　装備品という分野でみた場合、兵器そのものの火力、機動力、防護力、Ｃ４ＩＳＲという量的要素に加え、兵器の開発・整備・研究開発の能力、兵員の運用・操縦能力などの質的要素が重要な基準となる[5]。これまで能力は可視的であると述べてきたが、実は能力を構成する質的要素は可視的だとはいえない。

　シャーマン・ケントによれば、敵の活動方針を予測するうえで、敵の「戦略的能力[6]」と「特殊な脆弱性」を明らかにする必要がある。ケントは、「一般情勢および個々の情勢を考察し、非軍事的手段、現有軍事力および潜在戦力ならびに動員のための諸準備を把握することが重要である。これらの『戦略的能力』を単なる足し算ではなく、否定的要因から発生するもの、すなわち『特殊な脆弱性』を考慮して、これを差し引くべきである[7]」と述べている。つまり、戦略能力の判定にあたっては狭義の軍事力のみならず軍事力に影響力を有する正負のさまざまな要素を加味することが重要だと説いているのである。

　ところで、「わが国への侵攻能力」を議論する場合、その意味には大きく「白紙的能力」「実質的能力」および「現実的能力」の３つがある[8]。

１）白紙的能力

　たとえば中国がわが国に侵攻すると仮定した場合、中国軍の陸、海、空軍の全兵力と艦艇、航空機および第２砲兵の到達可能なミサイル戦力がこれに該当する。

２）実質的能力

　白紙的能力から戦略的考察を加えて算定した、より現実に近い能力である。上述の例によれば中国は中朝国境、台湾正面、ロシアおよびインド正面に一

5　志方『現代の軍事学入門』148－156頁
6　ここでの戦略的能力とは、「平時または戦時において国家が使用すれば、何れかの手段を通じてもたらす力」をいう。すなわち「勧告、宣伝、政治的・経済的脅迫、誘惑および実際上の刑罰を通じて行なわれる影響力であり、報復的行為、敵対的脅威、および戦争を通じて与えられる影響力」である。ケント『米国の世界政策のための戦略情報』130－133頁。
7　ケントによれば、非軍事的手段とは「言葉または文書による抗議、通商禁止、封鎖などの経済制裁」、現有軍事力および潜在戦力とは「現実の常備兵力、動員可能な兵力、現有の資源力」、動員のための諸準備とは「政策整備、経済整備、社会整備、国民整備」を指す。
8　大辻『生き抜くための戦略情報』212-217頁

定の兵力を拘置し、国内擾乱対処のための治安維持兵力も拘置しておく必要がある。これらの能力を差し引いたものが実質的能力ということになる。

3）現実的能力
わが国に実際に指向されると見積られる能力のことである。実質的能力が算定されたとしても、侵攻当時の天候・気象・海象などの影響により、実質的能力のすべてが指向されるわけではない。さらにはわが国の防衛対応によっても現実に指向される能力は変化してくる。

能力は意図に比して可視的であるというものの、能力の構成要素のなかに質的要素のように不可視的なものもある。また、侵攻能力の定義も一様ではない。わが国に対する侵攻能力の算定に当たっては、相手国のすべての軍事力を単に足し算するのではなく、想像力を発揮し、様々な制約要因を考慮して、現実的能力を至当に評価しなければならないのである。

■戦略環境を考察するうえでの着眼

相手国の意図および能力は関連地域の戦略環境と大きく関係している（20頁参照）。そのため地域を取り巻く歴史的背景、過去に発生した戦争・紛争の原因および結果などを研究する必要がある。さらには政治、経済、社会、外交、軍事などの「戦略的インテリジェンスの構成要素」（25頁参照）に基づき、「地域の戦略環境が相手国の意図および能力に対していかなる影響を及ぼしているか？」について分析する必要がある。

ところで中国は今日、尖閣諸島の領有化を意識して軍事行動を強化している。「中国は尖閣諸島を奪取する意図があるのか？」「軍事行動をとる可能性があるのか？」「その軍事能力を有しているのか？」などに関心が集まっている。

これら情報関心に答えるためには、中国と日本を取り巻く、以下のような戦略環境を分析する必要があろう。

1）南シナ・東シナ海および西太平洋一帯の気象・地形、とくに太平洋、インド洋への進出口の情勢
2）海洋資源および漁業資源の存在とそれをめぐる関係国の情勢
3）中国の被侵略の歴史とそれに対する認識
4）領土問題の歴史的経緯と中国の過去の領土紛争における軍事力行使の状況（南シナ海における島嶼奪取の状況など）
5）日・中・米・ロ間の政治・外交関係の全般
6）中国国内の政治・経済情勢、指導部による軍部および国民に対する統制状況
7）領土をめぐる直接的な政治的対立や主要者の思惑、国民世論の動向

8）日中間の経済関係の全般
9）日米同盟をめぐる日・米・中の関連動向とその認識変化

　他方、国際情勢は国家間の熾烈な競争原理に動かされるという側面もある。相手国は自らの戦略的意図を持って国家の目的や目標を達成しようとしている。
　そのため、相手国はわが国の戦略的価値、強点および弱点などを日々分析し、わが国の弱点を追求して勝利するための戦略を構築していることは間違いない。
　よって相手国の戦略に対抗するためには、わが国の地理、歴史、社会、政治、経済、防衛などの諸領域における戦略環境を分析して、相手国の立場に立って、わが国の戦略的価値、脆弱性などを把握しておくことが重要である。

■戦略環境の変化に対応する

　戦略環境は固定的ではなく流動的であり、21世紀の戦略的インテリジェンスを取り巻く環境についても冷戦期とは大きく変化している。その最大の変化が「高度情報化」である。かつて情報が少ない時代には、限られた情報だけに頼って、誤った判断と決断を下さざるをえなかった。第二次大戦中のミッドウェー海戦においては敵の遊撃部隊の位置が特定できずに不意に出現され、対応ができなかった。
　現在はコンピュータとこれを結ぶインターネットの発達により、逆に「情報過多」（データ氾濫）の現象が生起している。しかも真実にはほど遠い、誤ったデータが氾濫し、意図的な情報操作も日常茶飯事となっている。これは、ある意味で新たな「戦場の霧」（54頁参照）を迎えたといえよう。
　こうしたなかで適時性と正確性に配慮したインテリジェンスを生成するためには「もみ殻から小麦を選り分ける」、すなわち雑多のノイズから重要なシグナルを見極めることが重要になってくる。そして情報を取捨選択する情報機関中枢の処理能力の強化、とりわけコンピュータなどのハード面の選別・検索能力の強化が必要である。
　情報分析官個人の処理・判断能力も強化されなければならない。情報分析官は「何が重要な情報であるか？」「使用者はいかなるインテリジェンスを欲しているか？」を常に明確にしておき、そのうえで、不必要な情報をふるいにかけて排除し、有益な情報だけを抽出して、それを速やかに意義付けして、有用なインテリジェンスを生成しなければならない。このため平素からデータベースを蓄積し、ある事象が生起したならば、蓄積している関連データと直ちに照合し、その変化や相違点を読み取ることが重要になる。
　サイバー空間という新たな空間領域のなかで、インテリジェンスの保全を確保することも今日の課題である。サイバー空間ではインテリジェンスの漏洩、

偽情報の意図的混入など、予想外のことがしばしば起こる。サイバー空間を交錯するインターネット（ネット）は優れた情報収集ツールである。また、これは大衆扇動や、宣伝戦・心理戦の手段としても用いられる（215頁参照）。

他方、サイバー空間において秘密情報が不注意に流出する事件が後を絶たない。相手国の情報機関はインターネットを介し、虎視眈々と我のネットにアクセスし、秘密情報の窃取を試みている。サイバーによる情報窃取は痕跡が残らないので、知らず知らずに情報が漏洩する厄介さを抱えており、サイバー空間での行動規範も含めた対応が必要となっている。

第2節　情報分析官に求められる資質と心構え

■使用者のニーズに答える

ここでは情報分析官の資質および基本的な心構えについて考察するが、その前提として「情報分析官と何か？」「学者とはどこが異なるのか？」について改めて考えてみる必要があろう。

まず思いつくのは、情報分析官は情報機関の一員であるという点である。情報分析官は、組織が有するすべての情報源に接触し、利用できるすべての公開情報および秘密情報を融合（フュージョン）して分析（オールソース・アナライズ）し、インテリジェンスを作成する。

一方の学者は組織に属しているかもしれないが、基本的には個人での活動である。自らの計画と時間管理に従って、公開情報を中心に研究成果である論文を作成して発表する。学者の論文は引用文献（情報源）が重視されるが、情報分析官が作成するインテリジェンス（プロダクト）は論文とは異なり情報源の秘匿が第一優先されるため、引用文献を付記しない場合が多い[9]。

このほかにも情報分析官と学者の相違点はいくつかあろうが、最大の相違点は「情報分析官は使用者の情報要求（ニーズ）を支援する、あるいは使用者の意思決定に直結する回答を提示する」という一点にある。これに関連して、ワシントン・プラットは「学術インテリジェンスと対比して情勢報告には一つの目的がある。すなわち現時点における国家の利益に対して有用であることだ[10]」と述べている。

学者は他人とは異なる独創的な切り口、内容に関する整理などが重要な要素だといわれる。しかし情報分析官には独創性は必要ではない。必要なのは使用者が有用とするインテリジェンスを作成し、提供するという一点である。

9　ケント『戦略情報』317頁
10　プラット『戦略情報』77頁

したがって学者との関係でいえば、学者は答えを導き出すツールとしての「方程式」を考案し、一方の情報分析官はその方程式に情報（データ）を注入し、そこから「答え」となるインテリジェンスを導き出す関係にあるといえるだろう[11]。
　「答え」を出すとは、そのインテリジェンスに基づいて政策決定などが行なわれることを意味する。それは"白か黒か"の明確な判断基準の提示であらねばならない。情報分析官には、自分の提供したインテリジェンスが使用者の判断を決定づけ、国家や組織の命運を左右するという自覚と責任感が求められるのである。

■組織人としての協調性を保持する
　インテリジェンスの質を高めるためには、各組織に所属する情報分析官の知見を相互に交流させ、各々が有する秘匿度の高い情報を融合させなければならない。したがって情報分析官は、ほかの情報分析官との協調性に留意する必要がある。
　社会情勢の変化が著しい今日においては、情報機関は直ちに有用なインテリジェンスを生成し、使用者に提供しなければならない。こうした状況下、個人の能力には限界があり、使用できる情報源の限界と偽情報の混入が常態である。そこで、組織による有機的な情報活動が求められることになるが、そうした活動を支えるのがチームワーク、すなわち協調性である。
　協調性は情報分析官にとって最も重要な要素といっても過言ではないだろう。なぜならば、情報分析官は職務上の専門性を追求するがゆえに、協調性を欠き、独善性に走る傾向があるからだ。しかし、協調性を欠く情報分析官は、どのように深い専門性と高い分析能力を有しているとしても、組織からは必要とされない。一人の情報分析官の個人プレーが有機的な情報活動を阻害することは少なくないからだ。
　情報分析官は組織人であるからこそ、さまざまな秘密情報や有用なインテリジェンスにアクセスでき、自らのインテリジェンスの質を高めることができる。そのような恩恵を真に自覚すべきであり、情報分析官はほかの情報分析官との協調性にもっと配慮すべきであろう。

11　この喩えは、かつて筆者が上司から教えていただいたものであり、まさに至言である。

> **よい情報官（情報分析官）の資質とは**
>
> 　米国の不世出のスパイマスターであるアレン・ダレスはＣＩＡ（米中央情報局）の中級研修員クラスで講演した時、良い情報官（情報分析官）の資質として、①人間をみる力があること、②困難な状況の下で他人と協力して働くことができること、③事実と虚構を見分けることを学ぶこと、④大切なことと大切でないことを区別できること、⑤探究心を持つこと、⑥工夫する能力があること、⑦微細なことにも適宜な注意を払えること、⑧考えを明晰かつ簡潔に表現でき、大切なことを興味深く表現できること、⑨沈黙すべき時は口を閉ざすこと－をあげた。
>
> 　また注意事項として、❶頑固で狭い心を持たない、❷個人的に名声をえようとしない、❸好奇心だけではいけない、❹偏見で思いつきの判断をしないこと－をあげた。
>
> 　　　　　　　　　　出典：アレン・ダレス『諜報の技術』250頁ほか

■専門性を高める

　今日の社会では、脅威の形態が軍事から非軍事分野へと拡大し、脅威の主体についても国家から個人テロリストまで拡大し、脅威が複雑で不透明なものに変化している。このような戦略環境の変化に対し、わが国の「国家安全保障戦略」は、国際協調主義に基づく「積極的平和主義」を掲げ、自衛隊の国際平和協力任務の拡大などに取り組む姿勢を打ち出している。

　こうしたなか、戦略的インテリジェンスの対象は中国、ロシア、北朝鮮などの周辺諸国の脅威に加え、中東やアフリカなどの不安定地域の危機までに拡大している（19頁参照）。また、質の高い平和協力任務が求められるようになったため、派遣地域における軍事情勢に加え、派遣地域の地理、気象、文化、風俗、習慣などに関する幅広く深い知識が必要となっている。

　国家情報機関としてはさまざまな変化の要因を把握し、これらをデータベース化しておくことが必要である。しかし、一情報機関がこれらすべてを担うことは不可能である。そのため、わが国も各省庁がそれぞれの所掌業務に関わる事項に重点を置いた情報活動を実施し、全体として国家の政策決定へ寄与できる体制を確立する必要がある。逆に各情報機関には自らの所掌に関する高度な専門性の発揮が求められる。たとえば防衛省情報機関であれば軍事に関する分析については、ほかの組織の追随を許さない高度な軍事専門性の発揮が必要となる。

　個々の情報分析官も高度な専門性が求められる。しかも戦略的インテリジェンスは各組織がそれぞれの立場から専門的に処理して活用するものであるから、

「使用者のためのもの」という視点を忘れてはならない。防衛省の情報分析官が作成するインテリジェンスであれば、国家防衛戦略などを決定し、実行する使用者のためのものでなければならない。したがって、情報分析官は現在採用されている防衛戦略、今後採用される可能性のある防衛戦略、さらには白紙的に研究されている防衛戦略課題などに対する専門的知識を身に着け、自らの専門性を高める必要がある。

戦略環境の変化は情報機関とその構成員である情報分析官に対し、さらなる専門性を要求している。情報分析官は決して「全世界的視野」という用語の落とし穴に嵌ってはならないのである。

情報分析官としてのゾルゲ

情報分析官が成功するためには、生来の好奇心があり、自分の専門分野以外の関係のない分野にも興味を持ち続け、長期の歴史的な視野が必要だといわれる。この点に関し、リヒャルト・ゾルゲから学ぶべき点は多い。

ゾルゲは逮捕時に、千冊近くの日本に関する書籍を所持していた。そのなかには当時の書籍だけではなく日本書記、古事記、万葉集、平家物語、源氏物語などの古典の英訳本を多数保有していたという。

ゾルゲは『ゾルゲ獄中日記』のなかで、「日本古代の歴史、政治史、社会史、経済史を熱心に勉強した。以上を出発点としていたので現代の日本の政治や経済の問題を把握することは容易であった」と言っている。また彼は「純粋に日本の資料を使用して日本における農地問題や『２．２６事件』を研究した」と述べた。さらに耳学問だけでなく、頻繁に日本中を旅行して、自らの目で土地と国民を観察した。

一方でゾルゲは「日本に関する問題なら何でも答えられるというような、うぬぼれになったことはない。尾崎（秀美）や宮城（与徳）の判断を重視した」とも述べた。まさに「餅は餅屋に任せる」の諺どおり、専門家の意見を尊重したのである。

彼の性格や行動については「大胆不敵であり、大酒のみ、女たらしで、スパイとして、およそ相応しくない人物であった」との評価もあるが、インテリジェンスに対するゾルゲの真摯な努力は敬服に値する。

出典：『ゾルゲ事件獄中手記』（岩波書店）ほか

■客観性・論理性を修養する

　客観性と論理性は正確性を補佐するものである。米国情報機関においては情報分析官の持つべき第1の資質として客観性と論理性があげられている。それは客観性と論理性の両立が簡単ではないことの裏返しでもあろう。

　客観性とは主観性の対比であり、自分だけの価値観ではなく、バイアス（98頁参照）を排除し、他人が受け入れられる価値観で物事をみるということである。他方、論理性とは前提（仮定）や根拠（証拠）と、そこから導き出される結論（仮説）との関係に「筋道が通っている」ということである（70頁参照）。結論が正しいかどうかということは問わない。

　客観性を追求すれば、前提や根拠の提示は複数となり、じ後の論理展開次第ではたくさんの仮説が出てくることになる。その場合、たくさんの仮説を再び客観性によって取捨選択する過程が必要となる。

　論理性は論理学などの学問や分析手法の導入などで修養できる。しかし、精神要素に左右される客観性を修養することは容易でない。情報分析官は専門的職業であるため、自身の専門分野に関する知識や長年の勤務経験に誇りを持っている。ゆえに、独善性に走りやすく、また一度苦労して導き出した結論に固執するという性（さが）もある（98、174頁参照）。客観性を修養するためには、平素の分析業務のなかで、客観性を妨げているさまざまなバイアスを取り除こうとする意識的活動を継続するよりほかはない。

■継続的観察により変化を察知する

　ちょっとした情勢の変化を察知し、重大事象の発生を予測するためには継続的な観察が必要である。継続的観察はインテリジェンスの適時性や客観性・論理性などを補佐するものである。

　共産圏専門の伝説の情報分析官であるヴィクター・ゾルザは中ソ対立、文化大革命、ソ連軍のチェコ侵入など、数々の歴史的大事件の予測に成功した。しかも秘密情報にまったく接することなく、情報源の90％は共産圏の公開資料（プラウダ紙など）であった。彼は公開資料を1日10時間近くかけて、"眼光紙背"に徹し、記事の背後にあるものを注意深く読んでいただけであった。つまり公開資料に基づく分析を懸命に継続するだけで、情勢の歴史的変化や物事の真理を解明することに成功したのである。

　元タイ大使の岡崎久彦が、ゾルザに「日本人を誰か弟子入りさせたい」と懇願したところ、ゾルザは「英・露語を完全に理解し、コンピュータを使用できる人。そして出世しないこと」を条件として提示したという。岡崎が「なぜ出世しないこと」が条件なのかと質問したところ、ゾルザは「外交官は偉くなるとコクテール（カクテル、飲酒）とディナーに行くから情報を読む暇がない。

だから折角の自分の情報を授けても無駄」と答えたという[12]。彼自身は「読書の時間がなくなる」といって旅行もせず、「専門家に本を書く時間はない」といって本は1冊も書いていないという。

戦略的インテリジェンスの業務は基本的には単純作業の繰り返しである。歴史的大事件に遭遇することはまれである。だからといって情報分析官は単調な平素業務のなかで発生する微細な兆候を見落としてはならない。情報分析官には相手国等に対する継続的観察とそれを支える執着心と忍耐力が求められるのである。

定点観測

継続的観察として推奨されているのが定点観測である。これは一定の時間と場所などにおいて、事象になんらかの変化がないかを探ることである。

元陸幕情報部長の飯山陸将が在ソ連防衛駐在官としてモスクワに勤務していた時、チェコでは自由の風が吹き込み、ソ連の覇権から逸脱しそうな情勢にあった。彼は、モスクワ市街を横断する鉄道を見下ろせる喫茶店をみつけ、列車時刻表を詳細に分析して、貨物列車が通過する時間帯(夜間)をみつけ出した。

彼は毎夜、その喫茶店に出かけ、友人たちとの談笑を装い、貨物列車の通過状況を観測した。ある夜、その時間帯に異常に長い貨物列車が西方に向かって延々と通過した。すべての貨車には大きいホロで覆われた戦車が載っていた。

飯山陸将は直ちに大使館に帰り、東京の外務省に「ソ連がチェコを軍事占領する公算が高い」との至急電を打電した。外務省は驚いたが、数日後にその分析は的中した。

出典:松村劭『意思決定のための作戦情報理論』94頁

■推理力を働かせ、一片の兆候から真実を読み取る

情報分析官には「一片の兆候が何を意味しているか?」を推量する推理力が必要である。1960年代のキューバ危機では、キューバにサッカー場の建設を確認する偵察衛星の一枚の画像が、ソ連のミサイル持ち込みを解明する決定打となった。当時のキューバではサッカーをする者はいなかったからだ。

いささか作り話のような印象もぬぐえないが、中国初の空母建造地の大連でもサッカー場が確認され、これがウクライナからの技術者の入国と、空母に対する技術提供を行なっている証拠だと判断されたという。

---

[12] 岡崎『国家と情報』30頁。別筋では、日本人のある政治家が日本人の訓練を依頼したら「公務員はだめ、自国の公式行事に参加して休むから。共産圏を観察するのは克明に新聞を読み続けなければならない、1日でも休むと穴が開く」と断られたそうだ。

キューバ危機の事例では、米国がソ連によるミサイルの持ち込みを特定する目的で、偵察衛星でサッカー場の存在を探したのではないだろう。ミサイルの持ち込みを立証する、より直接的な手がかりをえようとしたのであろうが、結果的にサッカー場の画像に出くわした。しかし、米国の情報分析官はこの一見では何の意味もない兆候を見逃すことなく、過去の経験や自らの関連知識に基づき、推理力を働かせ、そこで何が起こっているかを直感的に判断したのであろう。

　太平洋戦争中、米第2海兵師団の情報将校は鮮明な一枚の航空写真からタラワ島の守備兵力の規模を明らかにした。その写真には波打ち際に便所が連立している状況が写っていた。この情報将校は便所の数を判読し、1個の便所を何人で使うかを計算し、実際の兵力4836人にきわめて近い数字をはじき出した[13]。これも一片の兆候から重要なインテリジェンスをえた好例である。

　卓越した推理力を発揮したのが陸軍情報参謀の堀栄三中佐[14]である。1944年10月、当時大本営陸軍部第2部に所属していた堀はフィリピンの第14方面軍に派遣され、米軍のルソン島侵攻の時期、場所および要領を見積るよう命じられた。堀は米軍が1945年1月上旬にリンガエン湾に上陸すると見積った。これに対して、陸軍部第1部第2課の作戦将校は「米軍はレイテ戦争で消耗しているから、1945年3月までは上陸できない」と分析していた。このため堀の見積に対して大本営、南方総軍の参謀から轟々たる非難が沸き起こった。しかし、1月9日早朝、米軍によるリンガエン湾の上陸が行なわれ、堀の見積は見事に的中した。

　特筆すべきが、一見すると無関係と思われる情報を見逃さなかった点である。堀は、米国の民間放送を聞き、過去の株式市場の傍受記録を分析し、上陸作戦の前には製薬会社や食料品メーカーの株が必ず高騰することに気がついた。つまり作戦に先立って米軍は大量にマラリアの薬や缶詰を調達していたために、受注した会社の株に買い注文が殺到していた。そして相場の変動と作戦開始時期を照合して、堀は見事に上陸時期を的中させたのである[15]。

13　野中郁次郎『アメリカ海兵隊』78頁
14　陸軍幼年学校、陸軍士官学校および陸大を卒業し、情報参謀として各地の戦場で活躍。戦後は自衛隊に入隊し、西ドイツ駐在武官などを歴任した。
15　その後、堀はルソン島から帰国して大本営第2部第6課に配置され、米軍の戦術、戦法、補給物資の集積、米輸送船団の動向などから、米軍の本土上陸についての上陸場所と兵力を正確に見積もった。

■**観察眼を養い本質を見抜く**

　本質は変化の底に流れている。相手国の複雑な社会事象にもかならず底流、すなわち本質がある。物事の本質を見抜くためには観察眼を養うことが必要である。

　物事をみるには「三つの目」がある。空から全体を鳥瞰するのが「鳥の目」（鳥瞰図）、顕微鏡を覗くように焦点を絞ってみるのが「虫の目」（虫瞰図）、潮の流れをキャッチするようにトレンドをみるのが「魚の目」（魚瞰図）である。

　元内閣情報調査室長の佐々淳行は、かつてグリコ森永事件の捜査に関連し、「公安警察は国際情勢を踏まえた大局的な『鳥の目』で捜査し、刑事警察は聞き込み調査などの『虫の目』で捜査を行なう。これらが協力し合ってこそ効果的な捜査ができる」という趣旨のことを述べた。

　一片の兆候から推理を働かせるには「虫の目」の観察、すなわち微細的観察が必要である。微細的観察眼を身に着けるために新聞記者のような好奇心と科学者のような探求心を持ち、自己の先入観にとらわれず、興味を持って幅広く事象を考察する意識活動を継続しなければならない。そして、変化をとらえるためには圧倒的な読書量が必要となる。

　先々を見通すには「鳥の目」や「魚の目」のような巨視的観察が必要である。毛沢東は揚子江をみて「ある部分をみれば、北に流れているし、ある部分をみれば南や西に流れている。しかし全体からみれば南や西に流れている」と達観した。これが巨視的観察である。

　社会事象には大きな枠組みや潮流があって、そのなかで変化が起こるものである。「中国の台頭」という個々の国家に対するテーマの考察であっても、それをポスト冷戦期の安全保障システムの枠組みや、国際的潮流の１つの変化としてとらえるなど、幅広く考察することが重要である。巨視的観察を身に着けるには「コンドラチェフ波動説」（159頁参照）のような歴史的な大きな流れを押さえることと、統計を徹底的に読み込み、現状のトレンドを分析する方法が効果的であるといわれている。

■**先見洞察力を磨き変化の先をとらえる**

　情勢が刻々と変化する戦略的インテリジェンスの世界では、変化を後追いするのではなく思考作用を働かせて変化の先をとらえる先見洞察力が必要となる。

　昭和の陸軍軍人に石原莞爾（いしわらかんじ）という人がいる。石原は関東軍作戦参謀として満洲事変の契機となった柳条湖事件の首謀者であり、また東条英機首相との確執で有名であるが、一流の軍事思想家でもあった。石原が満洲国を建国したのは、そこに「五族共栄」（日、満、漢、朝鮮、モンゴル族）の独立国を建設し、ソ連の防波堤にしようとする狙いがあった。石原はのちの北

方領土侵攻で明らかとなったソ連の領土的野心を早くから見抜いていたのである。日中戦争が泥沼化することを予測し、太平洋戦争では開始早々から「この戦争は負ける」と予言した。ラバウルからガダルカナルまでの海軍航空作戦に対しては「攻勢終末点を越えている」と厳しい批判も加えた。

石原の著書に『世界最終戦論[16]』がある。その内容は、千数百年に及ぶヨーロッパ戦争史の歴史的変遷から、戦闘空間が面から立体へと変化し、戦争指揮が大組織から個人に転換し、兵器技術におけるミサイルや核兵器の出現することを予測するものであった。そしてヨーロッパとソ連の没落を予測して30年から50年の間に東亜と米国の決戦が生起することを予言した。今となってみれば、東亜とは日本ではなく、中国であるかもしれないが、石原による歴史的な大潮流をとらえる見識については兜を脱がざるをえない。将来を予測するためには石原のような歴史観、宗教観に立脚した先見洞察力が必要ということである。

情報分析官が30年先や50年先を見通したインテリジェンス・プロダクト作成することはまずない。しかし3年先、5年先、10年先についての見通しは求められることは珍しくない。そのため平素から歴史観を養うなどによって先見洞察力を磨く必要がある。

第3節　分析・作成上の各種阻害要因

■各種の阻害要因（致命的な7つの罪）

英国のスウォンジー大学政治・国際関係学部名誉教授であるジョン・ベイリスほか3名によって編集された『戦略論』では、「大規模な奇襲やインテリジェンスの失敗は7つの要素が組み合わされていることが多い」と記されている[17]。その「致命的な7つの罪」とは、第1に、情報収集における失敗である。第2に、報分析官による誤った解釈である。これは情報分析官の旧態依然としたマインドセット（考え方の枠組み、思考様式）[18]によって敵の意図や能力を誤って解釈することである。第3に、敵の欺瞞により、情報分析官の誤った解釈が増幅されることである。第4に、敵が保全上の配慮から十分な情報を情報分析官

16　これは日米開戦の前の1942年、石原が一時期、軍務を離れて立命館大学教授であった時期に出版した。第1章「戦争史の大観」、第2章「最終戦争」、第3章「世界の統一」、第4章「昭和維新」、第5章「仏教の予言」から構成されている。

17　ジョン・ベイリス／ジェームズ・ウィルツ／コリン・グレイ『戦略論』（勁草書房、2012年9月）石津朋之監訳 262頁

18　「考え方」の枠組み」「思考様式」と訳される。戦略的インテリジェンスにおいては、しばしば敵の意図、能力の考察について、過去から変化しないマインドセットに固執して失敗する場合が多い。

に与えないことである。第5に、情報収集官や情報分析官の情報共有が不十分であることである。第6に、脅威に関する情報が政策決定者に効果的に伝達できないことである。第7に、政策決定者が旧態依然とした思考様式にとらわれ、インテリジェンスによる警告を否定することである。

このようにインテリジェンスの失敗は様々要因が複合して起こるわけであるが、本章では「インテリジェンスの分析・作成」という観点から、情報分析官の誤った解釈、敵の欺瞞および政策決定者の受け入れ拒否の3点に焦点を当てて、それらの重要点について補足することとしよう。

■ミラー・イメージング（鏡像効果）

情報分析官による誤った解釈を起こすものとしてミラー・イメージングがあげられる。これは、「他国や個人は自国または自分と同じように行動する」と想像することである。すなわち、情報分析官の価値観や思考の枠から、対象の意図や能力を判断することである。

米国情報機関は「1941年の日本による真珠湾攻撃を契機とする日米決戦を双方がミラー・イメージングによって見誤った」と分析した。つまり、米国は「自国の優れた軍事、経済、工業力が日本による攻撃を抑止するだろう。日本は米国との戦いに勝利することはできないから攻撃はない」と予測した。同様に日本軍は日露戦争における勝利をミラー・イメージングし「真珠湾での猛烈な一撃により、米国は帝政ロシアと同じように話し合いの解決を求めてくる」と予測した。

このほか、ガダルカナルにおける日本軍（第2師団）による総攻撃においては、米軍の敵情を偵察した斥候が「米軍兵士が白昼陣中でテニスに興じている」と報告した。これを、司令部は「戦意に乏しい」と判断して、そのインテリジェンスを大本営に送った。しかし、白昼陣中でテニスに興じることは米国の文化や習慣からして不思議でもなんでもなかった。日本軍は米軍に対する情報が不足していたばかりか、ミラー・イメージングによる誤った解釈をしていたのである。

1991年の湾岸戦争におけるイラクのクウェート侵攻や、北朝鮮の金正日が2006年に行なった長距離弾道弾ミサイル発射に対しても、当時の西側諸国は「まさかないであろう」との誤った見積を行なっていた。これもサダム・フセインや金正日の意図を、ミラー・イメージングにより自分勝手に解釈していたためであろう。

■ヒューリスティックにおけるバイアス

　ヒューリスティック（heuristic）はアルゴリズム（algorithm）に対比する用語である。ヒューリスティックとは、必ず正しい答えが導きだせるわけではないが、ある程度に近い答えを出せる方法である（114頁参照）。思考法としては創造的（直感的）思考法に該当する。

　ヒューリスティックはよく注意しないと過ちを犯す。たとえば「ベテラン医師であればあるほど豊富な経験と知識に頼って診断する傾向が強く、その結果、誤診してしまう」というようなものである。

　ヒューリスティックによる過ちは無意識のバイアスによってもたらされる。北岡元は『仕事に役立つインテリジェンス』において、ヒューリスティックにおける注意すべき、以下の5つのバイアスについて説明している。

1）典型のヒューリスティック
　人間は判断に際して、「一方が他方の典型、あるいは相似であった」とすると、両者を無意識のうちに短絡的に結び付けてしまう。

2）利用可能性のヒューリスティック
　人間は判断に際して、無意識のうちに思い出しやすいもの、つまり利用しやすいものを重視してしまう。

3）因果関係のヒューリスティック
　人間は判断に際して、物事には必ず因果関係があると思い込んでしまう。

4）修正／アンカーリングのヒューリスティック
　人間は判断に際して、無意識のうちに、とりあえずの結論を出してしまい、その後にそれを徐々に修正する。しかし、とりあえずの結論がアンカー（錨）のようになってしまい、あとでいろいろな情報が与えられても十分に修正できない。

5）後知恵のヒューリスティック
　人間は、過去に起こった出来事を振り返る時に、あれは自分がきちんと予測していたと無意識のうちに思い込んでしまう。

■ 政策決定者の思い込み（誤ったマインドセット）

　政策決定者の意思決定は特定の国家への感情（憎悪感など）や希望的観測（特定の国家にこうあって欲しい、あるいは欲しくないなど）に左右される。
　第二次世界大戦においてイギリスのチェンバレンは「ヒトラーは戦争を起こ

19　不正確なマインドセットを助長するものがバイアス（bias）である。バイアスは「先入観」「偏見」などと訳され、「マインドセットや特定の思想などから考え方が偏っていること」を意味する。「彼の発言はバイアスがかかっている」などと使われることが多い。

さない」（起こしてほしくない）、ドイツのリッペントロップは「中東方面の領有を約束すればソ連は連合国に加わらない」、日本の松岡洋祐らは「仏領インドシナに進駐しても米国が動くことはない」と予測した。これらの予測の失敗は希望的観測や特定の感情に起因していたとみられる。

　ヒトラーに至ってはドイツ軍の戦略および戦術的配置について、部下にその矛盾を指摘されると激怒し、勇敢な情報将校がソ連の侵攻の脅威を進言すると「くだらない悲観主義だ」としてその部下を殴りつけて解任したという[20]。

　このような特定の感情や希望的観測から、政策決定者が誤ったマインドセットに固執して、有用なインテリジェンスを拒否する事例は少なくない。

■政策決定者による圧力

　政策決定者は、インテリジェンスを自らの政策や戦略に対して整合させるよう圧力をかける傾向がある。つまり、政策に整合しないインテリジェンスを拒否するのである。

　イラク戦争でも政策決定者の圧力によりインテリジェンスが歪められた。イラク開戦の口実は「フセイン政権が大量破壊兵器の完全な破棄を拒否している」というものであった。当時、有力な立場にあったイラク人亡命者は「大量破壊兵器開発計画に関しては一切知らない」と断言していた。にもかかわらず、米国はフセイン政権から生物・化学兵器がテロリストの手に渡る危険性を懸念し[21]、それに引かれるかたちで情報機関はフセイン政権が大量破壊兵器を保有しているかのようなインテリジェンスを積み上げた。

　イラク戦争後、大量破壊兵器やそれを保有していたという証拠はみつからなかった。この点に関して、マイヤーズ米統合参謀本部議長は「インテリジェンスは必ずしも真実であることを意味する必要はない。インテリジェンスはその状況における最良の推測であればよい。最良の推測とは、事実である必要を意味しない。要するに判断決定ができればそれで良いのだ[22]」と言い放った。つまり、政策サイドは「イラクを潰す」という決定ありきで、イラク戦争肯定に有利な情報だけを吸い上げていった。一方の情報機関は上層部が気にいるインテリジェンスの報告に終始した可能性が高い。

　わが国の戦争史においても情報将校の分析を大本営の作戦本部が認めなかったために敗戦を招いた。当時、陸軍のバイブルである「歩兵操典」には「歩兵は敵の行動如何、情報、我の兵站にかかわらず、自主積極的に方策を追求すべ

20　ジョン・ヒューズ＝ウィルソン『なぜ、正しく伝わらないのか』28頁
21　イラクの核兵器開発能力はほとんど完全に一掃され、イラクが核兵器を保有していない点だけはほぼ確実視されていた。
22　江畑『情報と国家』83頁

し」と記されている。これは日本陸軍の体質そのものがインテリジェンスを軽視していた表れでもある。

> ### バックファイヤー論争
>
> 　1960年代、米空軍はソ連が米大陸を攻撃できる新型爆撃機を開発することを予測していた。1969年、のちにバックファイヤーと呼ばれる新型爆撃機の画像が撮影され、同機の任務が議論の焦点となった。米空軍情報分析官は大陸間攻撃という立場を主張し、ＣＩＡ情報分析官はソ連本土付近の陸上・海上の目標攻撃だと主張した。
> 　バックファイヤーの航続距離が問題であった。航続距離が5500マイル以上あれば、バックファイヤーは無給油で米大陸の目標を攻撃できる。逆に5000マイル以下であれば攻撃は不可能となる。空軍情報分析官は「4500～6000マイル」、ＣＩＡ情報分析官は「3500～5000マイル」と主張した。両者は相手方が真実を歪めていると相互に非難した。何年か後になって、バックファイヤーは大型の周辺爆撃機であり、大陸間攻撃を意図したものではないことが判明した。
> 　双方の主張合戦は純粋に分析の結果から生じたものではなかった。空軍情報分析官にとってバックファイヤーの脅威は米空軍の国防予算にとって重大な意義を持っていた。つまり、空軍情報分析官の結論には軍事力整備を推進させたいという米空軍の圧力が背後に介在していたのである。
> 　　　　　　　　　　　　出典：Robert. M. Clark『A Target Centric Approach』

■真実を歪める情報操作

　敵の欺瞞のなかでしばしば、取り上げられるのが情報操作である。中国は党の政策や方針に基づくプロパガンダと情報操作を常套手段とする。中国報道には、しばしば中央当局による恣意的な介在が行なわれ、当局の意向に沿った政治宣伝が行なわれているという。当局に都合の悪い国内ニュースは意図的に報道されない。たとえばチベット暴動に対する取締りに関する報道が党機関誌『人民日報』や政府報道機関『新華社』を通じて行なわれることはまずない。

　中国に限らず、程度の大小はあるが、どの国も情報操作を当然の行為として行なっている。米国は南北戦争、第一次・第二次世界大戦、パナマ侵攻、湾岸戦争、イラク戦争などにおいて、さまざまな情報操作に手を染めてきたという。1991年の湾岸戦争ではイラクがいかに国際ルールを無視した国であるかを喧伝するために、ブッシュ大統領は「環境テロ」に関する情報操作を行なったとされる。

　このなかで、クウェート沖から流れ出した原油による「油まみれの水鳥」が

世界的に注目されたが、大統領はこれを「イラクが環境破壊国家だ」との仕込みに活用したのだという。また、マスコミの「ハイテク戦争」「ピンポイント攻撃」などの報道は、米軍が民間施設や一般家屋への攻撃を回避し、"きれいな戦争"を展開していることを印象づけ、「戦争の大義」を獲得していった。つまり「作られた大義」と「作られた残虐性」を創出することで国民による戦争支援が形成されていった[23]。

中国報道を扱ううえでの注意

　中国では地方の週刊誌といえども中央当局の検閲なしの自由報道は許されない。広東省の週刊誌『南方週末』編集部によれば、広東省委員会宣伝部により、書き換え、掲載禁止の処分となった記事が 2012 年の 1 年間で 1034 本に上ったとしている。差し替えられた社説を広東省の地方住民の声だと判断すると、真実を見誤ることになる。

　外交部定例記者会見についても注意を要する。外交部は月曜日から金曜日まで定例記者会見を実施し、その内容をＨＰ上で掲載する。そこから我々は重大関心事項に対する中国の公式見解を知りえることができる。しかし、この『外交部ＨＰ』においても、中国当局にとって都合の良い見解を一方的に発信し、都合の悪いものは削除、あるいは内容の一部削除が行なわれている形跡が感じられる。

出典：『産経新聞』2013 年 1 月 6 日ほか

■各種阻害要因の克服に向けて

　先述の『戦略論』では「戦略的奇襲とインテリジェンスの失敗」がもたらす影響を抑えるための対処法として、第 1 に、情報の収集の改善をあげている。第 2 に、情報分析官が敵の大規模な欺瞞・拒否（denial）作戦を行なう動機と能力を評価することをあげている。第 3 に、情報分析官は自らのマインドセットをはじめとする認識上の偏見を強く自覚して、利用できる情報の解釈を歪めないように努力することをあげている。

　また『戦略論』では認識上の偏見、すなわちバイアスを排除するためには、構造的分析技術－反論討議法、チームＡ／Ｂ分析を用いた手法、競争的仮説による分析（競合仮説分析）、もしくはシナリオ分析－、すなわち分析手法が有効であると述べている[24]。

23　川上和久『イラク戦争と情報操作』（宝島社新書、2004 年 8 月）96-107 頁
24　前出『戦略論』264

これは筆者の認識とまったく一致する。そのこともあって、「情報分析官は分析的思考法を磨くとともに、分析手法の習熟に努めるべきである[25]」ことを、筆者は真に訴えたいのである。なお分析手法については第5節で述べる。

第4節　分析的思考法

■氷山分析

　現在の国際情勢は氷山に喩えることができる。海面上にみえる氷山は全体の一部分、すなわち"氷山の一角"にすぎない。氷山のように、顕在化する事象の下には背景や歴史的因縁などが横たわっている。こうした水面下の背景構造を解明する思考法を「氷山分析」と呼称する。

　9.11同時多発テロが海面上の可視的な現象だとすれば、海中のみえない部分にはさまざまな要因が横たわっている。たとえば、海面の直ぐ下には、米国による湾岸戦争とその後のサウジアラビアにおける米軍駐留、これに対するオサマ・ビン・ラディンによる怨恨（直接原因）がある。海中の深いところには、アラブの敵であるイスラエルに対する米国の過剰支援、米国による中東からのエネルギー搾取に対するアラブ諸国の反発（間接原因）がある。海底に近い部分には、西欧による歴史的な植民地支配による根強い反米感情、イスラム社会内部における不平と貧富の格差（根本原因）が隠れている[26]。

　「9.11同時多発テロの波紋が将来的にいかなる展開をみせるのか？」「同様な事件が再び生起する可能性があるのか？」など、未来予測を行なうためには現状の中東情勢の分析だけでは不十分である。オスマントルコの崩壊以後の西欧による植民地政策が中東に及ぼした影響、つまり根本原因まで遡って考察しなければならない。これが氷山分析の思考法である。

　現在、尖閣諸島をめぐる日中間の軋轢が急上昇し、その動向はわが国の安全保障上の重大な懸念となっている。中国法執行船の領海侵入や、航空機の領空侵犯などがおこなわれており、今後、「日中関係はどこに向かうのか？」「中国による尖閣諸島に対する武力攻撃はあるのか？」など、インテリジェンスへの関心は尽きない。

　この問題に関しても、2012年にわが国が尖閣諸島を国有化（直接原因）したことが、中国の一過性の攻勢を招いたのではない。中国の将来の出方を予測し、

25　本書では、分析を行なううえでの基本的な思考、論理上の着眼などを「分析的思考法」と呼称し、そのような思考が、体系的かつ技術的に整理されたものを「分析手法」と呼称して区別した。あくまでも筆者独自による区別であり、両者に明瞭な一線はない。
26　あくまでも氷山分析の一例であり、実際に9.11事件の発生原因は明らかではない。これに関しては加藤朗『テロ―現代暴力論』（中公新書　2002年5月）の分析が興味深い。

適切な安全保障政策を立案するためには、「中国がいかなる国家戦略の目的の下でどのような目的と目標を持って尖閣諸島の領有化を目指しているか？」などを、中国の地理的環境および歴史的背景まで遡って考察することが必要となる。

つまり、現在生起している問題の真因を究明して有効な対処戦略を構築するためには、事象の表層にとらわれず背景構造をしっかりと把握することが重要だということである。

■地政学的視点

戦略的インテリジェンスの重要課題の1つは相手国の意図を見積もることである。そのためには、①意思決定の機構、②一般的な意思決定過程、③国家政策の歴史的傾向とその背景、④国家政策に影響する国民性およびイデオロギー、⑤意思決定に影響を及ぼす人物の個人評価とその影響度、⑥相手国の対内的、対外的問題に対する自己評価、⑦予想される相手国の可能行動の利害と特徴などを分析することになろう。

このなかで③、④および⑤については、地政学的視点からの思考法が有効だと思われる。地政学の論拠は「人間集団としての国家の意図は地理的条件を活動の基盤としている」という点にある。つまり、地理的条件が民族の特性を形成し、国家の活動基盤になるとの考え方である。

『君主論』を書いたマキャベリは「寒い地方の人は勇気があるが慎重さに欠け、暑い地方の人は慎重だが勇気に欠ける」と評した。日本の思想家である和辻哲郎は、モンスーン、砂漠、牧場に区分して人間存在の構造を把握した[27]。このように地理と国民性との関連性は戦略家・思想家が認めるところである。

現在の地域紛争もつまるところは、地域的に偏在する資源、資源の輸送ルート、集中する市場などをめぐる争いである。よって地域紛争の動向を占ううえでも地政学的思考は欠かせない。

ところで近年の地政学は「陸上権力が海上権力より強いか？ ユーラシア大陸のどの部分が大陸を支配するうえで決定的か？」などが議論となってきた。英国の地理学者であるハルフォード・マッキンダーは「東欧を支配する者はハートランドを制し、ハートランドを支配する者は世界島[28]を制し、世界島を制す

---

[27] 和辻はモンスーン地帯をアジア大陸とインド洋、砂漠をアラビア、アフリカ、蒙古など、牧場をヨーロッパの風土の特徴として位置づけ、「湿潤の故に受容的忍従的」（モンスーン）、「乾燥のゆえに対抗的戦闘的」（砂漠）、「湿潤と乾燥の総合のゆえに明るく、合理的で敢闘精神旺盛」（牧場）だと指摘した。

[28] ここでいう世界島とはユーラシア大陸、アフリカ大陸を指し、ハートランドはその世界島の中心であり、交通、経済活動を効率よく行なえる土地、歴史の回転軸（ピボット）にあたる土地、交通の要衝である。すなわち東欧地域、ペルシャ湾岸地域、アラビア半島などの地域を指すと考えられる。

る者は世界を制する」という有名な陳述を行ない、地政学的要因が国家の意思と行動を形成するという考え方を示した。

米国は地政学的な観点から外国に対する選択的関与政策を模索してきた[29]。米国による湾岸戦争とイラク戦争への介入は、中東におけるエネルギーの安定確保が理由であったという視点もある。こうした視点からみるならば、現在、米国ではシェールガスという将来有望なエネルギーが確認されていることが、米国の将来の外交政策に大きな変化を及ぼす可能性があろう。

地理的環境が民族を形成し、国家の政策に影響を及ぼしたこと、米国が地政学的観点から対外政策を決定してきたことを踏まえるならば、地政学的視点からの思考は、戦略的インテリジェンスにおいて有用であるといえるだろう。

■歴史的視点

「歴史は繰り返す[30]」が真実ならば、過去を知ることで将来が予測できる。しかし、歴史は本当に繰り返すのだろうか？ これに関して、元外交官の加藤龍樹は自著『国際情報戦』において、「歴史は繰り返さない。繰り返すのは類似した事例であり、傾向である」「観察が精密になれば、実験の度にすこしずつ違った結果がでてくる」と述べている[31]。

他方、加藤は「過去の事実をいくら調べてもあまり意味がないのか？」という問題提起に対し、「過去の出来事の中で未だ過ぎ去り行かぬもの、現在を支配し将来に影響を及ぼすものを把握することが情勢判断の核心である」とのドイツの歴史家ドロイゼンの言を引用して、歴史の中で「生きている要素」（将来に影響を及ぼすもの）を見出し、それを学ぶことの重要性を説いている[32]。

では相手国等に関する歴史について、どの程度学ぶ必要があるのだろうか？これに関して、元外交官の岡崎久彦は自著『国家と情報』（1980年12月出版）において、「専門家にとって要求されるのは、せいぜい戦後30年間の経緯」「ソ連ならばフルシチョフ以降の事実関係に精通しているだけで専門家として通用」「18世紀以前のロシア史の知識などはまったく要求されない」「歴史の面白さに耽溺してしまって専門家として失格」などと述べている[33]。

情報分析官は多忙な職務である。歴史眼や歴史的ビジョンの養成が必要だと

---

29 元大統領補佐官（安全保障担当）のズビグネフ・ブレジンスキー、イェール大学教授ポール・ケネディは地政学上の戦略的要衝の重要性を説いた。ブレジンスキー著『世界は動く』、ケネディ著『大国の興亡』は国際情勢の見方を学ぶうえで参考になる。
30 古代ローマの歴史家クルティウス・ルーフスの言葉。
31 加藤龍樹『国際情報戦』（ダイヤモンド社）88頁
32 加藤『国際情報戦』（ダイヤモンド社）88頁－94頁において「歴史眼を養う」ことの重要性および意義を記述しており、この記述は非常に興味深い。
33 岡崎『国家と情報』（文藝春秋、1980年12月）35－36頁

しても、何千年も前の古代史から勉強していては、現在生起している事象を分析する時間はなくなってしまう。まずは、過去数十年間の事象を整理して、それを基礎に現状を把握し、そのうえで巨視的な歴史観や民族性などの要素を加味して（この点に関しては専門家の意見を取り入れることも一案）、現実に生起している事象の意味を考え直すのがよいのであろう。

■文化的視点

　社会組織には固有の文化があるとされ、組織の成員はその文化を身につけることが要求される。なお、文化とは人間の生活様式の全体で、主として哲学・芸術・科学・宗教などの精神的活動をいう[34]。つまり、文化は組織やその成員が行動方針を決定し、行動を実行に移すうえでの大きな規準である。したがって、情報分析官が対象者の意図や行動を分析するためには、彼らが所属する国や組織の文化を理解することが不可欠となる。

　『イスラエル情報戦史』には次の事例が紹介されている。

　「イスラエル軍は1973年のヨムキプール戦争では、相手国の文化に対する理解が欠如していたため、戦争の予測に失敗して大打撃を受けた。戦争になる前、エジプト陸軍に対してラマダン（断食月）であるにもかかわらず、『食べろ』という驚くべき指令が出された。それにもかかわらず、イスラエルは、それが戦争開始を告げる重要な情報だと判断できなかった[35]」

　こうした失敗を教訓に、イスラエルは敵が生活している社会、標準的な文化、イデオロギーを理解することの重要性に対する認識を深めた。

　2005年、2010年および2012年に中国全土で大規模な反日デモが起きた。これらは、それぞれ「わが国の国連常任理事国入り問題」「尖閣諸島沖での中国漁船衝突事件と同船長の拘束」「わが国による尖閣諸島の国有化」が直接原因であるが、中国文化を知っていれば、反日デモの背後にある別の要因の存在に気付くことができたであろう（186-93頁参照）。

　これに関連して、中国専門家の岡田英弘はかつて、中国の反日デモは「指桑罵槐[36]」であると看破した。岡田によれば、日本という「間接的な敵」（桑）を攻撃するように表面上はみせかけて、「直接的な敵」（槐）である中国国内の政敵を攻撃しているというわけである。

　中国人社会では「面子」と「姻戚関係」が重視され、誰かをあからさまに罵

34　これに対し物質的所産は文明と呼び、文化と区分される。『デジタル大辞泉』
35　『イスラエル情報戦史』222頁
36　『兵法三十六計』の第二十六計。桑の木を指して槐（えんじゅ）の木を罵（ののし）る。相手を直接に批判するのではなく、別の者を批判することによって間接的に相手を批判すること。この場合、本当に批判したのは桑ではなく、槐（えんじゅ）の木。桑はカイコの餌であるが、槐（えんじゅ）は庭の木。

倒して批判すると、相手はもとより相手の一族から大きな恨みを買う。それを避けるために、その相手を連想させる別のものを罵倒し、誰かが自分の意を汲んで相手を打倒するよう仕向ける文化がある[37]。

このように相手国の文化や風習をより深く知ることで、表面的に生起している事象の背後に存在する異なる要素に気づき、事象を正しく分析することができるのである。

文化・風習を知ることの重要性

以下は情報活動の歴史の中で、しばしば取り上げられる事例である。

紀元前480年「テルモピレーの戦い」において、ペルシャ軍のクセルクセスは、この険路を守る敵兵力を探るために斥候を派遣した。斥候は偵察から戻って、「敵共のある者は体操をやっており、また他の者は髪を梳いていた」と報告した。クセルクセスはギリシャ事情に通暁した顧問官を呼んで意見を聞いた。顧問官は「敵は我が軍と一戦交える決心でいる。ギリシャ人は死の危険が迫ると頭を飾るのが習わしで、眼前の敵兵は最も勇敢な精鋭である」と解釈した。

1066年、イギリスのエドワード征服王が死に、ハロルド・ゴドウィンソンが王位に押された。これに対し、我こそが後継者と名乗るウィリアム公が率いるノルウェー軍がイギリス侵攻を試みた。ハロルドはスパイを派遣して敵情を収集した。スパイ達は驚くべき情報を持ち帰った。それは「ノルウェー軍にはイギリス軍の兵の数より多い僧侶がいる」というものだ。しかし、文化・風習の造詣に長けたハロルドは全軍兵士に「髪を短く切り、髭を剃っている者は僧侶でなくノルウェー軍の兵だ」と警告した。彼らには髪や口ひげを伸ばすイギリスの風習はなかったのである。

みたまま、聞いたままの生情報から有用なインテリジェンスを生成するためには、相手の文化・風習に対する理解が必要なのである。

出典：ダレス『諜報の技術』16頁、ジョック・ハウスウェル『陰謀と諜報の世界』32頁

■アリソン・モデル（複眼的思考）

米ハーバード大学のケネディ政治大学院の学部長であったグレハム・アリソンは1962年のキューバ・ミサイル危機を題材に米国の外交政策の形成過程を分

---

[37] 「文化大革命」末期に中国全土で展開された「批林批孔」運動（林彪と孔子に対する批判）は「指桑罵槐」の典型であった。この運動が展開された当時、林彪は既に死亡し、攻撃の主たる対象は孔子。しかし、孔子も「桑」であり「槐」は別にいた。孔子から連想される「槐」が主敵であり、それは人民から「大儒」と慕われていた周恩来であった。つまり、文革四人組は、毛沢東夫人の江青を毛の後継者にするために、周恩来の打倒を狙いに「批林批孔」を展開したのである。

析した。それは、3つの概念モデルを用いたものであり、簡単に整理したものが下記の表である。

アリソン・モデル

区分	名称	主体	内容
第1モデル	合理的行為者モデル	国家	国家で単一の決定をし、政府は常に国益に照らし合わせて最も合目的的な選択をする。
第2モデル	組織過程モデル	政府組織	国家の行為は、政府の中のさまざまな組織が組織の影響力の最大化を目指して縄張り争いから表出する。
第3モデル	政府内政治モデル	個人	国家の行為は、政府のなかの個人の対立や取引などの関係性から表出する。

出典：『決定の本質』（中央公論社）から筆者が整理

　本モデルが提唱されるまでは米国は第1のモデルのみで政策決定の意図を分析する傾向にあった。しかしアリソンはこのモデルを活用してキューバ危機を分析し、結果的に第3のモデルが真実であったと判断した。

　本モデルがすぐに一世を風靡したのは、その指摘が的を射ていたからである。たとえば、1996年に生起した、中国による台湾に対するミサイル演習もアリソン・モデルで説明することができる。

　当時、台湾および国際世論の反発を無視して、中国が台湾海峡にミサイルを発射した理由は、①国家として台湾独立を許さない態度を示す、あるいは事実上の台湾独立派と中国がみなす李登輝総統への得票数を減少させる（合理的行為者モデル）、②中国人民解放軍が1993年から配備を開始した短距離弾道弾ミサイルの発射試験を行なうことで、弾道ミサイルの開発・配備推進の支持をえる（組織過程モデル）、③江沢民が政敵を排除して、政権内部の結束を固める（政府内政治モデル）－に集約できる。

　以上のいずれが決定的理由であったのか、いくつかの理由が複合的に組み合わされた結果なのか、その判断は難しいが、その後の回顧録などからは、③についても有力説となっている。

　アリソン・モデルは一面的な見方に陥ることを防止し、事象を複合的に観察する、あるいは異なる視点から将来シナリオを作成するうえで極めて有用であるといえ、戦略的インテリジェンス分析における活用を是非とも推奨する。

■相関関係と因果関係

　戦略的インテリジェンスは事象の相関関係や因果関係に着目し、それにより事象の背景を分析し、事象から発生する将来動向を予想するという側面がある。

　「Aという原因があればBという結果が生じる」ことを「AとBは因果関係にある」という。これには「Aが増加すればBも増加する」という正の因果関係と「Aが増加すればBは減少する」といった負の因果関係がある。一方、因果関係とはいえないものの、「AとBにはなんらかの関係がある」ことを「AとBは相関関係にある」という。

　ところで相関関係と因果関係はしばしば混用される。交通事故の数が増えれば交通事故死者の数は増える。したがって両者が因果関係にあることは、ほぼ間違いない。しかし、実際には因果関係と思っていたことが、単なる相関関係にすぎないことがしばしばある。

　高原野菜で有名な長野県は日本一の長寿県である。長野県民は高原野菜の摂取量も多い。ただし「高原野菜をたくさん食べる人に長寿が多い」からといって、高原野菜の摂取と長寿に直接的な因果関係があるとまでは断定できない。なぜならば長野県には「きれいな空気」や「理想的な生活習慣」などがあり、これらが長寿にプラスの影響を及ぼしている可能性があるからだ。

　因果関係が解明できれば相手国における将来の生起事象や、相手国の可能行動などを予測できる。その意味で、戦略的インテリジェンスでは相手国において現在生起している事象の因果関係を解明することが鍵となる。

　因果関係を解明するためには、まず相関関係にありそうな事象をアトランダムに列挙し、列挙した事象のなかから、原因が先で結果が後であるという時系列的な関係がある事象に着目し、その関係には別の原因が存在していないことを証明する。これが相関関係から因果関係へと高める方法である。

■兆候（予兆）と妥当性

　戦略的インテリジェンスの最終目標は、相手国が「いつ」「どこで」「何を」「いかにするか」という、行動を見積ることである（22頁参照）。このためには兆候と妥当性の両面から分析することが鍵となる。

　兆候は「物事の前触れ」であり予兆ともいう。たとえば敵が近々戦争を開始しようとすれば、物資の事前集積、情報収集機の活発な活動、通信量の増大など必ずなんらかの変化が現出する。一方、攻撃の直前ともなれば「無線封止」により通信量が激減するといった変化が現れるかもしれない。

　第二次世界大戦中、米海軍で対日諜報を担当していたE・M・ザカリアス（元米海軍少将）は、日米開戦前に日本が米国を奇襲する寸前の兆候として、「あらゆる航路からの日本商船の引き揚げ」と「無線通信の著しい増加」、日本の攻撃

に特徴的な兆候として「ハワイ海域における日本潜水艦の出没」を挙げた[38]。

他方、妥当性は「その戦略や戦術が目的に合致しているか？」「戦略・戦術が可能か？」ということである。いくら戦争開始を示す事前の兆候があったとしてもその戦略や戦術が著しく妥当性を欠く場合、兆候は偽情報として処理するというのが妥当性の考えである。

前出の堀栄三中佐はフィリピン島における米軍の上陸地点の見積について、ラモン湾（東海岸）、バダンガス（マニラの南方）、リンガエン湾（ルソン北部西海岸）の３か所に絞って分析を行なった。その際、米軍機の航跡とその頻度、写真偵察と思われる行動と大型機の出現頻度、ゲリラや諜報の活発度、潜水艦による物資・兵器・兵士の揚陸、抗日運動の状況など各種の兆候を分析して「上陸地点はラモン湾とリンガエン湾、むしろ兆候的にはラモン湾」と評価した。

しかし堀中佐は自らがマッカーサーになったつもりで見積を見直した。つまり、①米軍がフィリピン島で何を一番に求めているか（絶対条件）、②それを有利に遂行するにはどんな方法があるか（有利条件）、③それを妨害しているものは何であるか（妨害条件）、④従来の自分の戦法と現在の能力で可能なものは何か（可能条件）と４つの条件に当てはめて再考したのである。そして最終的に「リンガエン湾に対する上陸の可能性が大」と評価し、見事に的中させた。すなわち堀中佐は米軍の戦略・戦術的妥当性を考慮して見積を的中させたのである。

妥当性をはかる基準としては適合性、可能性、受容性および効果性の４つがある[39]。それぞれの基準の意義は以下のとおりである。
　１）適合性：その戦略構想が戦略目標達成にどれほど寄与できるか？
　２）可能性：自己の内部要因がその戦略行動を可能にするか？
　３）受容性：戦略構想実施によってえられる損失または利益が戦略意図の要求度に対して許容できるか？
　４）効果性：戦略構想が実施に移された場合、全般戦略および他の関連する戦略にどれほどの貢献ができ、またはどれほどの影響を及ぼすのか？

相手国の行動等の妥当性を評価するうえで、上記の四つの基準に当て嵌めて考察することを是非とも推奨したい。

38　加藤『国際情報戦』128頁
39　菊池宏『戦略基礎計画（戦略情勢判断）』。アメリカ海軍大学著『勝つための意思決定』150頁では、整合性（適合性）、達成可能性（可能性）、負担可能性（受容性）の３つの基準で説明されている。

■パズルとミステリー

　情報活動の対象となる情勢ないし事実には「知りえるもの」と「知りえないもの」の２種類がある。「知りえるもの」は「パズル」といい、難易の差はあっても努力次第で解明できるものである。たとえば中国の核弾頭数についてはさまざまな見積があるが[40]、この問題は努力して中国内部に有力な人的情報源がえられたり、新しいテキントが開拓されたりすれば解決される可能性がある。

　一方、「知りえないもの」は「ミステリー」と呼ばれ、これは努力しても解明できない。"神のみぞ知る"というものである。たとえば人間の意図に関係する見通しなどはミステリーである。いつ、いかなる環境で自分の意図が変化するかについては、その人間自身でさえ知ることはできないのである。だからといってミステリーに関する分析を避けるわけにはいかない。このような対象に対しては、ある条件が生ずれば、ある程度の確率で、このような変化が起きるということを明らかにする必要がある。

■定性的分析と定量的分析

　戦略的インテリジェンスでは定性的分析（指標）と定量的分析（指標）が対比されて議論される。ここでは定性的分析は「数値化できない指標（定性的指標）に基づく分析」、定量的分析は「数値化できる指標（定量的指標）に基づく分析」と定義して、両者の関係について説明を加えることとする。

　戦略的インテリジェンスの対象は定量的指標によっては評価できないことが多い。たとえば相手国の軍事能力を評価する場合、兵力数、国防費などは定量的な指標として客観的な数値で表すことができるが、兵員の質、部隊の訓練レベルなどについては基本的には数値化することはできない。

　戦略的インテリジェンスでは、むしろ定量的分析のみに留まることは稀であり、定性的分析が大半を占める。そのため主観的な要素が介入する割合が高くなり、分析結果が客観性を欠くという批判は絶えず生起する。

　こうした欠点を補うため定性的指標でしか評価できないものであっても、可能な限り定量的指標に置き換える努力が必要となる。たとえば兵員の質といった本来は定性的指標であるものも、兵員の体力検定、学力考査結果までブレークダウンし、定量的指標に置き換えるのである。

　また数値化できない定性的指標は主観的要素が介入するため、基準を設定することで少しでも客観性を持たせる着意が必要である。その基準には時系列基準（過去と比較して…）、国際基準（わが国の隊員の質に比して…）、組織内基

40　ストックホルム国際平和研究所によれば250発。『米ディフェンス・ニューズ紙』（2013年１月５日）によれば800〜850発。ジョージタウン大学軍備管理センターのフィリップ・カーバーらの研究チームは3000発と見積っている。

準（ほかの部隊と比較して…）などがある。また定性的分析をいったん行なったうえでその分析内容を明確化するために、主観的要素を恐れずに定量的指標（割合、％など）で肉付けする着意も必要である。

■有効性と有用性

相手国の可能行動を推察するうえで、相手国がその可能行動を採用するかどうかを推し量る１つの視点として有効性と有用性の評価がある。

ただし、有効性と有用性には違いあるので注意を要する。有効性とは「それに効果がある」という意味である。一方の有用性とは「現実的に役に立つ、利便がある」という意味を含む。したがって「有効性はあるものの、有用性はない」ということも、当然の論理として成り立つ。

中国は1980年代のイラン・イラク戦争においてスカッド・ミサイルが戦争の終結に決定的な意義を持ったことから、通常（非核）弾頭ミサイルの有効性を認識した。その結果、それまでの核弾頭ミサイルの開発に加えて、新たに通常弾頭ミサイルの開発に着手した。

これは有効性の認識だけではなく同時に有用性も認識したからである。仮に当時の中国が「通常弾頭ミサイルの開発には莫大な予算が必要であり、このことが通常戦力の全体的な整備を著しく損なう」「通常弾頭ミサイルよりも効果的な兵器開発を優先すべきである」と評価したならば、「通常弾頭ミサイルの有効性は認識するものの、有用性は認められない」と判断し、その開発は行なわれなかったであろう。

有効性は基本的には定量的な指標によって証明することができる。しかし、有用性は定量的指標では証明できず、定性的指標でしか説明できない。なぜならば、そこに「現実に役立つ、利便性がある」という我の主観的要素が介在するからである。

■「縦の比較」と「横の比較」

事象を他の同一・同様の事象と比較することにより、変化の動向とその背景を把握し、新たな分析上の視点を発見することができる。この比較の方法には「縦の比較」と「横の比較」の２種類がある[41]。この比較法は情報分析官であれば誰しもが日常的に取り入れている基本的かつ初歩的な思考法である。

「縦の比較」とは同一事象の時代変化、経年変化をみることである。たとえば中国の現在の国防費を過去10年間の数値と比較し、国防費の量的変化の傾向を読み取るといったことである。これに加え、その背景事象を加味して考察することで「いつ、どのような要因が国防費の増大に影響を及ぼしたのか」など

41　小林良樹『インテリジェンスの基礎理論』（立花書房、2011年3月）110-120頁

に関する仮説を立てることができる。その数値グラフから将来の国防費の趨勢を予測することもできよう。

「横の比較」とは同時期において、ある事象をほかの同様な事象と比較することである。たとえば中国の国防費を米国や日本の国防費と比較する、あるいは中国の国防費を陸軍、海軍、空軍および第2砲兵の各軍種の割合で比較する、維持費、訓練費、研究開発費などの使用内訳から比較するということである。こうした比較により、中国がどの軍種を重視して国防費を配分しているのか、いかなる分野に重点配分しているかなどを明らかにすることができる。

通常は「縦の比較」と「横の比較」を相互に組み合わせて、近年の変化傾向、現状の能力レベルおよび特性などを定量的に評価することになる。これに関しては、分析手法の項（139-145頁参照）であらためて解説する。

比較法は定量的分析のみではなく、定性的分析においても用いることができる。たとえば、米中関係の変化をみるために、米国の対台湾武器売却と、それに対する中国の反応に着目してみよう。米国が台湾に対し武器を売却すれば、そのつど、中国は米国に反発するが、その反発の程度や対抗措置は決して同一ではない。

2008年10月の武器売却（ブッシュ政権）と10年1月の武器売却（オバマ政権）とを比較すると、中国の反発の程度や対抗措置は異なった。また、国防部（国防省に相当）と外交部（外務省、国務省に相当）の対米コメントを比較したところ差異があった。

総じて評価すれば、2008年は"穏やかな対応"であったが10年は"強硬な対応"であった。また国防部の方が、外交部の対米批判よりも強烈であった。

このような差意が生じたことで"なぜか"という分析の基点が生まれる。そこで、2008年から2010年にかけてのほかの事実や情勢と照合し、その差異の背景を考察することになる。

1）中国海軍がアデン湾・ソマリア沖の護衛活動に参加（2008.12〜）
2）中国は2008年10月の武器売却に反発し、対米軍事交流を中断するも2009年1月のオバマ政権樹立後すぐに再開
3）中国艦艇が南シナ海の公海上で活動する米音響測定艦に妨害（2009.3）
4）中国の外交方針が積極的方針に転換（2009.7）
5）「COP15」[42]で中国が新興国の先頭に立って先進国と対決姿勢を誇示（2009.12）
6）中国軍高官が南シナ海は核心的利益だと発言（2010.3）

---

42 コペンハーゲンで開催された気候変動枠組み条約第15回締約国会議で、中国は温暖化ガスの数値目標を課せられるのに反対した。

これらから、「2008年の"穏やかな対応"は、2009年1月に樹立されるオバマ新政権との関係改善に期待したからではないか」「2010年の"強硬な対応"は、中国が自らを大国と認識し、大国に相応しい国益を追求するようになったことと関係しているのではないか」「海外派遣などで実績を示した中国軍が対米発言力を強化しているのではないか」などの仮説の立案や評価を行なうことになる。

> ### 首脳会談における双方の思惑を分析
> 「縦の比較」「横の比較」とも少々異なるが、首脳会談などでは双方がそれぞれ自分たちに都合のよいように公式報道を行なう傾向がある。
> たとえば、米中首脳会談では中国側の中国語発表、米国側の英語発表、さらにはそれを報じるわが国のマスコミ発表はそれぞれ微妙に異なることが多い。こうした相違点に着目して、双方が相手側に対していかなる思惑を有しているのか、自国民に対してどのような説明振りを行おうとしているのか、などを推論することで、じ後の情勢推移などを正しく見積もられる場合がある。
> このためにも、情報は一次資料源に遡って収集しなければならない。

■論理的思考と創造的思考

論理的思考は情報分析官が不完全な情報（証拠）から仮説を立証する際に用いる思考法のことである。不完全、曖昧、矛盾した情報から事実の意義付けを行なう推理は、苦難と忍耐を強いられる作業である。しかもその推理は批評に耐えうるものでなくてはならない。よって、そこには論理的思考が必要となる。

論理的思考の代表的なものには演繹法と帰納法があるが、これについては後述する（115頁参照）。

他方、論理的思考の対極にあるのが創造的思考である。創造的思考は蓄積（Accumulation）、熟成（Incubation）、閃き（Illumination）および検証（Verification）の4段階からなる[43]。

この思考法は経験などの蓄積、過去の教訓などからえた一種の"六感"から「これだ！」と物事の本質をずばりいい当てるものである。創造的思考は拠るべき法則がないため拡散傾向に陥り、いつの間にか本質から思考が逸脱することがある。よって創造的思考からえた結論には必ず検証が必要となる。

現代社会ではさまざまな情報（インフォメーション、データ）が氾濫している。そのなかから必要な情報を抽出し、論理的思考により正しいインテリジェンスへと転換することは容易ではない。時間と労力もかかる。そこで創造的思

43　プラット『戦略情報』164−167頁

考により、ある程度まで生成すべきインテリジェンスの方向性と幅を絞り、その後に論理的思考を駆使すれば、ずっと早く、必要とされるインテリジェンスを生成することができる。このように創造的思考は論理的思考を補う意味で軽視できないのである。

ヒューリスティック・アルゴリズム

　論理的思考と創造的思考の考え方が、コンピュータ業界に導入されたのが「ヒューリスティック・アルゴリズム」の思考法である。ヒューリスティックの語源はギリシャ語で「発見する」という意味であるが、これは今日、「自己の直感や洞察に基づき、複雑な問題に対する、完璧ではないがそれに近い回答をえる思考法」という意味で用いられている。一方のアルゴリズムとは「人間やコンピュータに仕事をさせる時の手順」の意味である。一歩ずつ手順を経て解答を導き出す思考法であり、論理的思考に該当する。

　つまりアルゴリズムだけでは、コンピュータ処理に時間がかかりすぎるので、演算処理時間を削減するためにヒューリスティック併用し、完璧ではないが、それに非常に近い解答を素早くえて、それをアルゴリズムで検証していく。

　このような思考法は戦略的インテリジェンスにおいても適用できるだろう。

出典：『ＩＴ用語辞典　e-Words』ほか

■拡散的（発散的）思考と収束的思考

　創造的思考には拠るべき法則はないため客観・論理性に欠けた思考に陥る危険性がある。この欠点を補い、創造的思考を最も効果的に行なうものとして「拡散的思考」（Divergent Thinking）と「収束的思考」（Convergent Thinking）がある。

　この拡散的思考の代表例がブレーンストーミング法である。これは米国の広告代理社副社長であったオズボーンが1941年に開発した発想技法であり、創造性開発技法や集団発想法とも呼称されている。進行役１名に複数名（５人から７人程度）が集合し、ある特定の検討テーマに対して、グループでできるだけ多くのアイデアを出し合うことで（特定人物のみの過度な発言は禁止）、結果として良質のアイデアを生成していく手法である。

　この方法には４つの原則がある。第１は、早急に判断・結論を出さないという「結論厳禁」の原則である。これは自由なアイデアの発出を妨げないためである。第２は、自由奔放なアイデアを歓迎するという「自由奔放」の原則である。杓子定規なアイデアよりも、斬新でユニークなアイデアから問題解決に直

結する可能性があるということである。第3は、何でも良いから様々な角度から多くのアイデアを出すという「質より量」の原則である。第4は、一つのアイデアに便乗して別のアイデアを拡散的に出す「便乗発展」の原則である。

　拡散的思考はアイデアが大量に生成されるため整理が必要になる。そのための思考法が収束的思考である。代表的な方法としてはＫＪ法[44]やマインドマップ[45]、概念図などがあげられる。

　以上の拡散的思考と収束的思考を繰り返すことで、戦略的インテリジェンス分析に付随する「見落とし」に気付くとともに、新たな分析視点を見出すことが可能になる。

■帰納法と演繹法

　帰納法はフランシス・ベーコンが体系化した思考法である。帰納法とは多くの共通する事象から結論を見出す方法である。たとえば、①毛沢東は死んだ。②ケネディも死んだ。③祖母も死んだ。これらから「人は皆死ぬ」という仮説を導き出す手法である。

　帰納法は多くの証拠（データ、実例）から仮説を導き出すものであるので、「人は死ぬ」といった自明の事実であっても論理上これは推論にすぎない。たとえば、①人は死ぬ。②馬は死ぬ。③魚は死ぬ、から「生物は死ぬ」という仮説を導き出したとする。しかし、ある種のクラゲは永遠に生き続けることが発見されていることから、この仮説は「100％正しい」とはいえない。

　帰納法から導き出された推論は反証により容易に崩壊してしまう。これに関して投資家ジョージ・ソロスの「黒鳥の法則」という有名な話がある。オーストラリアで1羽の黒い白鳥が発見されたことによって、「すべての白鳥は白い」という仮説が簡単に崩壊されたのである[46]。

　帰納法は推論にすぎないことから、蓋然性（Probability）という概念が必要となる。ここでいう蓋然性とは「正しさの度合い」であり、「この仮説は蓋然性が高い」などと使用する。蓋然性の判断は実際には単純ではない。たとえば、「中国の潜水艦の消音技術は未だ低い（証拠1）」「中国は空母のカタパルト技術を保有していない（証拠2）」「中国は航空機の高性能エンジンを製造できない（証

44　文化人類学者の川喜田二郎が考案。ブレーンストーミング法等によりえられた膨大な情報を直感に基づき整理・分類・統合し、それによって問題の原因分析や解決法を案出する。具体的には1つのアイデアを1枚のカードに記述して数多くのカードを作成、数多くのカードを共通性でグルーピングし、それを図解・叙述化（文書化）していく。

45　自分の考え方を絵で整理する手法。1枚の紙の中央に表現したい概念、キーワードを描き、そこから放射状に連想するキーワードを描く。詳しくはトニー・ブザン『ザ・マインドマップ』（ダイヤモンド社）を参照されたい。

46　『A Tradecraft Primer：Basic Structured Analytic Techniques』（DIA、2008年3月）18頁

拠3）」から「中国の兵器製造技術は低い」との仮説を立てたとする。

　しかし、この仮説は一見して蓋然性に問題がある。なぜならば、実際に中国の陸上兵器やミサイル分野に関わる兵器製造技術はかなり高いと評価されているからである。そこで、「潜水艦の消音」「空母のカタパルト」「航空機の高性能エンジン」から「中国が近年取得を目指している海・空のハイテク技術」という共通項を導き出し、「中国が近年取得を目指している海・空のハイテク技術の製造能力は低いようだ」とすると、その仮説の蓋然性は格段に向上する。

　演繹法はデカルトが体系化した論理的思考である。これには一般的に三段論法が用いられる。たとえば、①人間はみな死ぬ（大前提）、②ソクラテスは人である（小前提、証拠）、③したがって、ソクラテスは死ぬ（仮説、結論）という形式をとる。大前提と小前提が正しければ、必ず仮説（結論）が正しくなるのが演繹法の論理である。

　しかし、実際には演繹法から導き出される仮説は間違いであることが多い。なぜならば大前提は帰納法から導き出された推論にすぎず、この推論が誤っている場合が多いからである。「人はみな死ぬ」という現在では自明の事実についても、クローン技術が発達し将来的に永遠に生き続ける人間（もはや人間とはいえないかもしれないが）が出現する可能性は皆無ではない。

　現実的な事例で考えてみよう。①共産主義体制国家は必ず崩壊する（大前提）、②中国は共産主義体制国家である（小前提）、したがって③中国は必ず崩壊する（仮説）。これは論理的には正しい。しかし実際には、共産主義ソ連は崩壊したが、中国は崩壊せずに現在も存続している。これは、「共産主義体制国家は必ず崩壊する」との大前提の蓋然性が高くないこと、さらには「中国が共産主義体制国家である」という小前提にも議論の余地のあることが、仮説全体の蓋然性に大きく影響していると考えられる。

　一般に分析は、次頁の図のように帰納法と演繹法の組み合わせで行なう。

　帰納法から導き出される推論（仮説）が誤っているために演繹法の結論における誤りが生じる。それを克服する手段として、著名な地質学者はＴ．Ｃチェンバレンは「複数の仮説」を常に立てることの必要性を主張している（173頁参照）。ただし、彼自身が「問題は我々がひとたび仮説を立てると、これに愛着を覚えしてしまうこと[47]」と語っているように、一度たどりついた仮説には誰もが執着してしまうから、１人で複数の仮説を立案することは至難の業である。そのため、グループによるブレーンストーミングや周囲の者から別の仮説を提示してもらうのが有効である。

47　『DIA分析手法入門』18頁

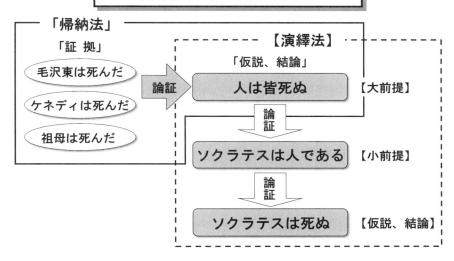

筆者作成

第5節　分析手法

1　分析手法が持つ9つの効用

　米DIAの分析手法マニュアル『DIA分析手法入門[48]』によれば、分析手法とは「先入観を軽減して洞察し、米国政府および同盟国の人員に対し、その問題の説得力ある解釈・見解を提供するために、修得した技法と手法をその問題に適した形で応用するための実践的な方法である[49]」と定義されている。

　同入門書では「対象となる問題が重要であればあるほど、体系的な分析手法の重要性が増す」として、情報分析官にとって分析手法は以下の効用があると解説している。

1）複雑な問題を咀嚼することを助ける。
2）さまざまな情報を比較分析するのに役立つ。

48　『A Tradecraft Primer：Basic Structured Analytic Techniques』（DIA、2008年3月）1頁。以下、本文中では『DIA分析手法入門』と略称する。
49　『DIA分析手法入門』1頁

3）研究対象を絞ることを助ける。
4）事象を構成している要素について体系的に考慮することを助ける。
5）自分自身の思い込みや、バイアスを排除することを助ける。
6）各情報要素を客観的に考察することを助ける。
7）自らの考えに固執せず、事象の関連性・規則性を見出すことを助ける。
8）情報の収集や処理能力を向上させる。
9）異なる仮説などを直感的に案出するための環境基盤を提供する。

　戦略的インテリジェンスの現場では「分析手法なんて必要ないし、使ってもいない」との意見も耳にするが、誰しもが頭のなかでは、知らず知らずになんらかの分析手法を用いて仮説の立証などを行なっている。ただし、頭のなかだけの思考では自らの思い込み、バイアス、重要な評価要素の見落としなどの弊害は防止できない。そこで分析する対象の重要度と分析・処理に要する時間の兼ね合いなどに考慮し、紙面上で分析手法を展開して活用することが大切である。
　分析手法に基づいて体系的かつ自己批判的に分析を行なう習慣が身に着けば、情報分析官はバイアスを排除し、自らが気づいていない新たな仮説を生み出す能力を高めることができよう。
　しかし、すべての情報要求に適合し、数式にデータを入れれば正しい回答がえられるようなオールラウンドで体系的な分析手法は存在しない。経済予測の理論を応用したもの、因果関係を紐解くツール、直感的な将来予測など、さまざまな手法を、分析対象に応じて、自らの創造力をもって適宜・適切に選択し、複数の手法を組み合わせて使用することが重要である。

2　分析テーマを具体化し、切り口を明確にする

■「問題の具体化」（Issue Development）

　使用者から示される情報要求は、しばしば抽象的であり、いかなる回答を出せばよいのかが不明確である（36頁参照）。そこで抽象的な問題を分析可能なレベルまでブレークダウンし、問題を再定義する必要がある（66頁参照）。
　問題を再定義する手法に「問題の具体化」がある。
　『DIA分析手法入門』は「問題の具体化」について以下の事例をあげている。

当初の問題：**中国はイランに弾道ミサイルを売っているのか？**
1）いい換え：　イランは中国から弾道ミサイルを買っているか？
2）180度回転：中国はイランから弾道ミサイルを買っているか？
3）焦点の拡大：中国・イランの間に戦略的協調関係は存在するのか？
4）焦点の集約：中国はイランにいかなる種類のミサイルを売っているのか？
5）焦点の変換：イランが中国のミサイルを欲しがる理由は何か？イランは購入したミサイルの支払いを、どのように行なっているのか？
6）理由の追求：中国はなぜイランにミサイルを売却するのか？
　　　　　　　⇒イランに影響力を及ぼしたいから
　　　　　それはなぜか？
　　　　　　　⇒中国は湾岸地域における米国の権益を脅かしたいから
　　　　　それはなぜか？
　　　　　　　⇒米国のアジア地域に集中する力を減殺したいから
　　　　　それはなぜか？
　　　　　　　⇒中国は台湾統一のためにアジアにおける行動の自由を狙っているから
7）最終的な問題：**中国は台湾正面への大戦略の一環として軍装備を中東に拡散しているのだろうか？**

　上記の例では、抽象的で漠然とした当初の問題が、6）の理由の追求により、アジアにおける安全保障上への影響という視点が加味され、より焦点が絞られた問題として最終的に定義された。
　本手法は発想法の転換や多角的な視点から、漠然とした問題を使用者が満足する問題に高め、バイアスを排除し、分析努力の指向を明確にすることに主眼がある。分析を効率的に実施するという観点からは分析当初に行なうことが適切であるが、バイアスを排除するために分析の途中で新たな仮説や証拠が出てきた場合、そのつど、本手法を活用して問題の再定義を行なうとよいだろう。
　情報分析官はバイアスを排除するために柔軟な発想を持って1つの課題や仮説を逆方向、異なる視点、多角的な視点から考察することが重要である。
　たとえば中国が2013年12月に防空識別圏（ＡＤＩＺ）を設定した。これについては尖閣諸島の領有権を主張する国家政策の一環と考えられる向きが強いが、「中国はなぜこれまでＡＤＩＺを設定しなかったのか？」と、問題をいい換えることで、「これまでは防空能力上、ＡＤＩＺの設定が困難であったが、中国軍の航空機の近代化の成果により一応の防空態勢が整ったため」「海軍と空軍による一元的防空態勢の確立に向けた一環」など、新たな仮説を立てることも可能となろう。筆者が是非とも推奨する手法の1つである。

■基本的な分析手法「MECE（ミッシー）」

　問題を再定義して具体化できたとして、次は「どのような要素に分解して分析すればよいか？」「いかなる切り口から分析すればよいか？」という疑問が出てくる。それに答える基本的な分析手法が「MECE（ミッシー）」である。

　「MECE」は「Mutually Exclusive & Collectively Exhaustive」の頭文字をとったものである。「ある事柄を重なりなく、しかも漏れのない部分の集合体の概念としてとらえること[50]」を意味し、ミッシーと呼称する。「MECE」は最初に米国の経営コンサルティング社「マッキンゼー」で使用された。

　この手法は、大きく①羅列アプローチ、②仕訳アプローチ、③「MECE」アプローチの3段階に分けられる[51]。

① 思いつくままに外部から入手する情報（データ）を列挙する。
② 情報を曜日、時間帯別といった基準により機械的に仕分けし、チェックしやすいようにする。この段階では内容の重複や漏れがたくさんある。
③ 情報の全体集合を漏れも重なり合いもない部分集合に分ける。たとえば、「定期的に入ってくる情報」と「不定期の情報」、「一般に公開されている情報」と「非公開の情報」、「有料の情報」と「無料の情報」、「業界情報」と「そのほかの情報」などに大別し、さらに定期情報を月刊、隔週刊、週刊などの頻度で整理する[52]。

　「MECE」においては知っておくと便利な区分原理（フレームワーク）がいくつかある。最も基本的なものは5W1Hである。このほかに対照型概念として質と量、国内と国外、ハードとソフト、変動と固定、現在・過去・未来などがあげられる[53]。

　戦略的インテリジェンスでは意図と能力、兆候と妥当性なども有効なフレームワークとなろう。

　企業経営の世界ではSWOT分析（149−152頁参照）において自社環境を分析する際に用いられる3Cあるいは4Cが有名である。これは顧客・市場（Customer）、競合（Competitor）、自社（Company）、チャンネル（Channel）から構成される。このほか、SWOT分析における社外環境の分析で用いられる「PEST」も便利なフレームワークである。これは政治的環境要因（Political）、経済的環境要因（Economic）、社会的環境要因（Social）、技術的環境要因（Technological）から構成される[54]。

50　照屋華子・岡田恵子『ロジカル・シンキング』（東洋経済新報社）58頁
51　照屋・岡田『ロジカル・シンキング』59-62頁
52　照屋・岡田『ロジカル・シンキング』61頁
53　斎藤嘉則『戦略シナリオ』（東洋経済新報社）96頁
54　「PESTLE」も有名なフレームワーク。法律（LEGAL）と環境（ENVIRONMENT）が追加。

「戦略的インテリジェンスの構成要素」(25頁参照)で言及した「ＢＥＳＴＭＡＰＨ」「ＳＴＥＭＰＬＥＳ」「地理、社会政治、経済、運輸・通信、科学技術、軍事、人物」は相手国の現状や国力を分析・評価するうえで有効なフレームワークである。

　「ＤＯＴＭＬＰＦ」は、相手国軍隊の能力評価を行なううえで、米統合参謀部が活用している概念区分である。

　戦力整備や戦力運用を統合一体的に行なうために各軍省の装備取得事業に対して、ＤＯＴＭＬＰＦの各要素に基づく検討を要求するというものである。Ｄはドクトリン(Doctrine)、Ｏは組織・編成(Organization)、Ｔは訓練(Training)、Ｍは装備(Material)、Ｌは統率(Leadership)、Ｐは人材(Personnel)、Ｆは施設(Facility)を指す。

　漏れがあっては正確なインテリジェンスを分析・作成することはできない。重複があれば分析・作成に時間がかかり、インテリジェンスを使用者に適時に提供できない。報告する際にも、使用者の理解が不明瞭になり、分析そのものの質に対する疑問(本当に正しいのか？)が生じることになる。

　分析を「漏れなく、無駄なく、重複なく」行なうためには「ＭＥＣＥ」の概念を理解し、対象に応じたフレームワークを活用することが大切である。また、本手法は情報の整理という視点からも推奨できる。

■「ＭＥＣＥ」を応用した階層ツリー法

　「階層ツリー法」とは、「ＭＥＣＥ」を基礎に「上位」「下位」という「階層」を要素として加味した分析手法である。問題を細分化し、物事の全体像を把握する、あるいは分析のテーマを絞り込むために有効な手法である。また「ＭＥＣＥ」と同様に情報の整理にも適している。

　この手法は「ＭＥＣＥ」フレームワークを応用し、上位階層から下位階層に行くにしたがって、２～４個程度に枝別れしながら分解(ブレークダウン)していく樹形図を基本としている。ＰＣフォルダをイメージすると理解できよう。

　ここでは「中国の軍事能力」についての簡易な樹形図を作成することで、階層ツリー法の活用法を説明することとする。

　まず軍事力の構成要素を「ＭＥＣＥ」によりブレークダウンする。軍事力の主体は軍隊であるので、「軍隊の能力とは何か？」について考察する。軍隊は組織であるので、同じく組織である企業が有する経営資源、すなわち「人、物、金」という要素を想像すればよいだろう。こうした考え方を応用すれば、軍隊の能力の構成は兵力、装備および国防費にブレークダウンできる。これは「ＭＥＣＥ」に基づく区分の考え方である。これらの能力は一般に定量化しやすいのでハード面の能力として一括整理する。

一方、「定量化しにくいソフト面の能力とは何か？」を考察すると、軍隊を運用することや、運用を側面から支援する能力が考えられる。これらは軍事戦略、訓練、情報、兵員の士気、科学技術力、兵站体制、動員体制などにブレークダウンできる。科学技術力や兵站体制および動員体制を国防基盤として一括整理することで階層の数を制限することも一案である。

　このような作業を繰り返して作成したのが、以下の樹形図である。樹形図を作成する過程では、収集した情報を体系的かつ効率的に整理することができる。作成した樹形図を眺めることで、分析要素の相互関係を把握し、分析上の論点を明確にし、必要な要素を漏れなく効率的に考察することができる。

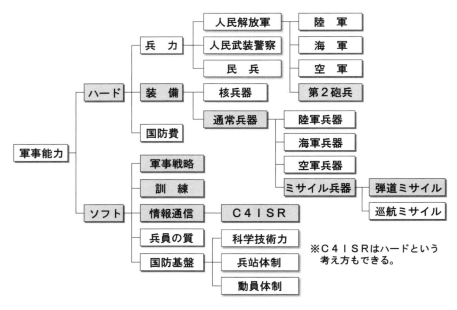

筆者作成

　たとえば、使用者から「中国の現在の軍事能力について何か知りたい」といった抽象的・包括的で具体性を欠く情報要求があった場合、階層ツリーを作成することで、テーマを具体化することができよう。

　テーマの案出時、たまたま中国の第２砲兵が新型の通常弾頭弾道ミサイルの開発に成功していたとすれば、時機に適合した「中国第２砲兵の弾道ミサイルの運用能力は？」といった分析テーマに絞る。そして、階層ツリーに基づき、第２砲兵の兵力・編組、弾道ミサイルの種類・性能および保有量、第２砲兵の

軍事戦略、訓練動向、情報支援能力を主要な論点として、そのほかは副次的な要素として分析することで効率的にプロダクトを作成できよう。

若手の情報分析官が、何を分析すればよいのかがわからない大きな理由は、事象の階層構造を理解していないからである。そのような情報分析官はさまざまなテーマを題材に階層ツリーの作成を繰り返して練習するとよいだろう。

3 事象の背後関係、相関・因果関係を明らかにする

■分類分析

本手法は分析手法というよりも情報の整理に属する。ただし蓄積された情報を体系的に分類・整理することは仮説立案のための重要な糸口となる。

本手法は情報を日付、時間、場所、人、活動、量などのさまざまなカテゴリーに付してエクセルなどの表計算ソフトを用いて整理していく手法である。カテゴリーにより分類された集合体を、さらにサブカテゴリーに細分化して視覚化していくことで、なんらかの傾向や類似・相違点を明らかにする。本手法はいずれの分析段階においても利用できるが、とくに初期段階におけるデータ収集や仮説の立案に適している。

ここでは、テロ事件に関する分析を一例として紹介する。当月に発生したテロ事件のデータを内容、日付、時間、場所、判明した事象・活動、というカテゴリーに区分し、次頁のような表に分類する（次頁の警備事象発生クロノロジーを参照）。

次にこれらテロの発生が月のいずれの時期帯に発しているか、週のどの曜日に発生しているかなどに着目し、図表化（視覚化）する（次頁の警備カレンダーを参照）。この警備カレンダー(仮称)からは、「日曜日はテロの発生が少ない」「月の前半はテロの発生が少ない」などの傾向を読み取ることができる。

警備事象発生クロノロジー（仮称）

日	時間	場所	事象・活動	特記事項
6	19:05	A地点	偵察中伏撃	
7	00:30	イ村	少年誘拐。1人	
8	19:25	B地点	物資輸送中伏撃。相手は少数	
9	00:25	イ村	少年誘拐。1人	
10	17:20	ウ村	政府要人現地視察中暗殺	
10	19:40	B地点	移動中伏撃。敵は数十名	
13	10:00	オ町	政府要人自宅で小火器により暗殺	
13	19:20	D地点	偵察中伏撃	
17	19:45	F地点	移動中伏撃	
23	19:00	B地点	偵察中伏撃。敵数十名、迫撃砲保有	B地点での伏撃巧妙化
24	03:13	イ村	爆弾テロ。死者数名	
25	03:50	ウ村銀行	爆弾テロ。銀行建物被害小、死者数名	
27	23:45	ウ村	少年誘拐。2人	身代金要求あり
27	19:23	A地点	伏撃。敵数名	
28	03:10	オ町	現金輸送車爆弾テロ。死者3名	
29	20:20	オ町	政府職員銃撃により暗殺	
29	23:18	ウ村	少年誘拐。10名	身代金要求なし
30	03:05	オ町	現金輸送車爆弾テロ。死者数十名	
31	13:30	オ町	警察官暗殺	

警備カレンダー（仮称）

日	月	火	水	木	金	土
			1	2	3	4
5	6 ●	7 ◆	8 ●	9 ◆	10 ▲●	11
12	13 ▲●	14	15	16	17 ●	18
19	20	21	22	23 ●	24 ★	25 ★
26	27 ◆●	28 ★	29 ▲◆	30 ★	31 ▲	

●伏撃　★爆弾　▲暗殺　◆誘拐　出典：『Intelligence Analysis』(2009.7) 53頁

さらに、テロが1日（24時間）のどの時間帯で発生しているか、月の上旬、中旬および下旬のどの時期に発生しているかに着目して作成したのが、以下の警備事象発生図（仮称）である。
　この発生図から「爆弾テロは月の下旬に発生。しかも朝3時から4時の時間帯に集中する傾向がある」「伏撃は夜の19時から20時にかけて発生する傾向が強い」「誘拐は深夜に発生している」などの傾向を読み取っていく。

　そして「伏撃は勤務時間帯と関係があるのではないか」「爆弾テロが月末に発生するのは給料を運搬する輸送車と関係があるのではないか」などの新たな視点や仮説を立案していくことになる。
　警備事象発生クロノロジーを基に事象を地図上に展開していくと場所的な観点から分析ができ、「伏撃場所の特徴」「誘拐が発生しやすい地域」など、さらなる視点を見出すことができる。

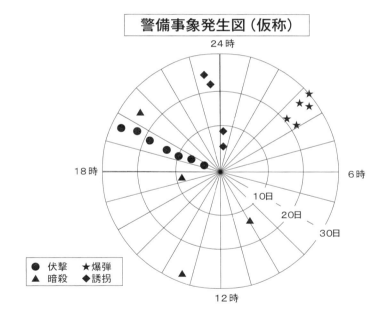

出典：『Intelligence Analysis』（2009年7月）53頁を基に作成

　分類分析を行なうためには平素からのデータ整理が重要となる。データ整理は非常に地味な作業であり時間もかかり、1人で行なうには限界があるので、組織として体系的に取り組む必要があろう。

指導者の人物像を研究する際にも分類分析は有効である。相手国の政策の方向性を占ううえでは指導部の人物像の研究は欠かせない。指導者を役職、年齢、生年月日、出身地、勤務歴、軍歴、家族関係、交友関係、思想・信条、これまでにとった政治的決断など、さまざまなカテゴリーの要素を付してインプットする。そして人物像と政治的決断についてどのような関連性があるのか、役職と出身地との間にどのような関連性があるのかなどを読み取っていく。それらのデータは、以下に述べるリンクチャート分析の基礎にもなる。

■リンクチャート（Link Chart）

　本手法は、社会、商売、活動などにおける人間関係・組織関係、インフラ、兵站、生成網などの間の結びつきを視覚化することで、分析の糸口をえるものである[55]。この手法は複雑な事象の相関関係を理解するとともに、今後明確にすべき事項は何かを明らかにするものである。このほか情報収集計画における情報収集項目の案出、文書プロダクトおよびブリーフィングなどにおける説明要図としても使用できる。

　図式化は分析手法の一つでもある。図式を複雑にしすぎると、本来の「図式化による明瞭性」という目的から外れてしまうので、図式を簡潔にすることに留意し、関連する周辺の情報は別紙で整理したほうがよい。

　リンクチャート分析はネットワークの中心にいる人物を指導者として誤認する危険性がある。また組織・人間関係のつながりを単に図式化したものであるため、そこには時間軸の要素は入らない。つまり活動形態の静止画像である。にもかかわらず、リンクチャートは関連事象がすべて同時並行的に存在していると誤認してしまう危険性がある。

　本手法は個人と組織の関係が複雑に入り乱れるテロ分析などに活用できる。米国情報機関ではテロ対策、麻薬対策、兵器拡散、外国の兵器システムの開発に関するリサーチなどにおいて、リンクチャート分析を活用している。

　次頁に示すのは『ＤＩＡ分析手法入門』が例示するリンクチャートである。このリンクチャートから、「ネットワークの中心的組織はどれか？」「各組織はネットワークのなかでどのような役割を持っているか？」「ネットワークで重要な位置にある人物は誰か？」などを明らかにすることができる。さらに「人物5は外部の資金提供者と関係があることに加えて、人物1と人物8と関係があることから、組織の中心人物の可能性がある」などの仮説を立てることができる。

55　『DIA分析手法入門』47頁

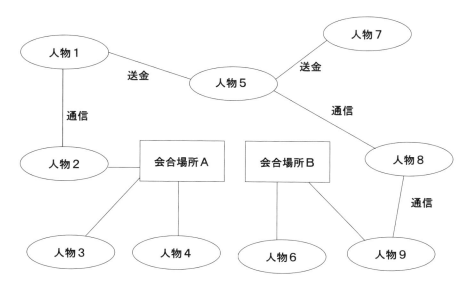

出典:『DIA分析手法入門』48頁

　リンクチャートの具体例として、2000年に発生した「米駆逐艦コール爆破事件」に関するネットワークをその人物像などから考察してみたい。
　まず事件の概要から整理する。
1) 米ミサイル駆逐艦「コール」は、2000年8月8日から、5カ月間ペルシャ湾へ展開・活動中である。
2) 2000年10月12日、定期的な燃料補給のためイエメンのアデン港に停泊中であった。アデン湾においては、波止場の桟橋ではなく、水上プラットフォームで燃料補給をすることになっていた。
3) 同日09:30に係留作業を完了し、10:30燃料補給が開始されたが、給油中に小型ボートが艦の左舷に接近し、直後にボートは自爆した。
4) 爆発によって、艦の左舷に12メートル四方の亀裂が生じ、艦が大きく損傷し、米海軍軍人17名が死亡、39名が負傷したが、その日の夜までに機関部への浸水を食い止めることに成功し、艦は沈没を免れた。
5) テロリスト2名も自爆攻撃により死亡した。

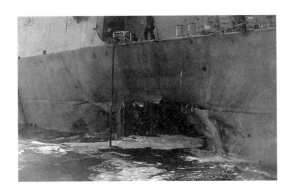

爆発によって生じた亀裂（Aladin Abdel Navy/Reuters）

曳航される米駆逐艦コール（Terror Operations: Case Studies in Terrorism U.S Army TRADOC G2）

　以下は、『Terror Operations: Case Studies in Terrorism U.S Army TRADOC G2』に記載されていた2000年夏からのタイムラインとテロリストの人物像である。

【米駆逐艦コールに対する自爆テロのタイムライン】

2000年夏
・ハサン、アデン湾を見下ろす丘の上に、観測所としてアパートを借用
・カラードとナシェリ、アフガニスタンでビンラディンらと会談
・ナシェリ、アフガニスタンにおいて爆薬のテスト実施

2000年夏～秋
・ナシェリと複数の協力者、2000年1月に沈んだボートを修理し、ボートと共に沈んだ爆薬をテスト［2000年1月に別の米艦船に同様の攻撃を実行しようとしたが、あまりに多くの爆薬を積み過ぎたため船が沈没し失敗していた。］

2000年9月
・バダウィ、アデン湾での米艦船に対する攻撃を見晴らしのよい地点から撮影するようにクソを訓練

2000年9～10月
・バダウィ、ポケベルをクソに渡す。既定のコードを受信したらそれが、米艦船への緊急な攻撃時期を示すことを伝える。受信したらクソは、アパート地区の撮影に適した位置へいくことになる。
・カラード、イエメンからアフガニスタンに戻る。

2000年10月12日
・クソ見晴らしのよい地点へ向けて自宅を出発
・ニブラスとハサン、爆薬を積載したボートに乗り駆逐艦コールの方へ発進
・ニブラスとハサンは、コールの監視メンバーに対し友好的な素振りを示しつつコールの横にボートを操縦。11:18 コールの横でボートが爆発

【テロリストの人物像】

カラードおよびナシェリ
アフガニスタンのテロリストキャンプの教官と断定された。

バダウィ
・アデンにおける主要なアルカイダの工作員で、ビンラディンと密接な関係のある協力者によってリクルートされた。
・アデンにおいてテロリストのための安全な隠れ家の調達を支援するとともに、攻撃のためのボートの取得、ボートをけん引するためのトレーラーおよびトラックを提供した。
・カラードとナシェリの指示により、サウジアラビアへ行き爆薬を運搬できるボート、トレーラー、トラックを購入、攻撃までボートを隠す場所も確保した。

クソ
・駆逐艦コールの攻撃計画を支援し、アデン湾を見下ろす丘の上からの攻撃の撮影を行なった。

アデル
・アルカイダ軍事委員会のメンバーでこれらの攻撃に参加した疑いがもたれて

いる。
・東アフリカ（ケニア・タンザニア）の米国大使館爆破事件で起訴された。

ヒジャジ
・駆逐艦コールの攻撃のためのテロリストを訓練する責任者
・パレスチナ系の米国市民で、以前ボストンでタクシーの運転手をしていたこともある。
・ヨルダンの治安当局者によれば、ビンラディンの側近の1人であるアブズバイダと緊密な関係にある。
・2000年末にシリアで逮捕され、その後ヨルダンに移送され、そこでヨルダンおよびアメリカを標的としたビンラディンのミレニアムテロ計画に関与した疑いで死刑判決を受けた。
・アデン湾での自爆テロはもともとアルカイダのミレニアム計画の一部であったことを示す証拠も発見されている。

アルミダル
・ＦＢＩによれば、2000年9月11日に米国防総省に突入した航空機に搭乗していたハイジャック犯の1人である。
・アルミダルは、9.11テロ以前に、マレーシアの監視ビデオに駆逐艦コールの攻撃に関与した疑いのある男と会ったところを写されていた。
・当時のイエメン首相によれば、アルミダルはコールの攻撃準備に関わった犯人の1人であり、当時イエメンに滞在しており、コール爆破事件後もしばらく滞在し、その後イエメン国外へ逃げた。

　以上の情報を総合して、リンクチャートを描くと次頁のようになる。
　リンクチャートにより文字情報を視覚化することで、コール攻撃は「バダウィ」がアルカイダの指導部から指示を受け、現地のリーダーとして重要な役割を担っていたことが容易にわかる。さらに、それぞれの関係性や役割分担が理解しやすくなる。新たな情報を入手するたびにチャートに追加していくことにより、さらに関係性を明らかにできる。

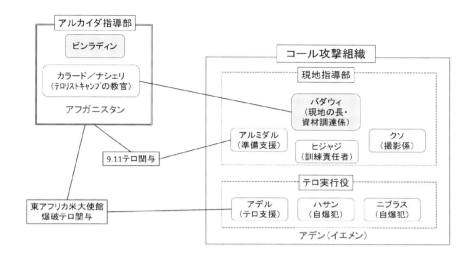

人物像を基に筆者作成

■クロノロジー (Chronology)

　本手法は、生起した事象を時系列的に並べたクロノロジーを作成し、そこから相関関係や因果関係を探るものである。これも分析手法というよりも情報整理の範疇に属するが、しばしば仮説立案のための重要な糸口を見出すことができる。

　筆者は現役時、まず事象の相関関係を体系的に把握するうえで、クロノロジーを作成することを分析・作成のスタートラインに置いていた。一般書籍の資料編などにはクロノロジーが掲載されているので、これをじっくりと眺めるだけでも、事象の相関関係や背景が浮き上がってくる。

　ここでは、2006年の北朝鮮のミサイル発射と核実験について、クロノロジーを活用して北朝鮮の意図を分析してみよう。次頁に紹介するのは簡潔に整理した当時のクロノロジーである。

北朝鮮ミサイル発射クロノロジー（2006年）

日　時	主要事象
6月　1日	北朝鮮、米国の対北朝鮮交渉担当を招待したいと発表 ⇒米国は六者会合の枠組みのみで交渉可能と拒否
6月21日	国連の北朝鮮代表が米国との交渉を希望と表明 ⇒米国無視
6月28日	米第7艦隊旗艦ブルーリッジ、上海に親善寄港
7月　4日	・米国独立記念日 ・米ブルーリッジ、ロシアに親善寄港
7月　5日	・**北朝鮮ミサイル発射** ・米スペースシャトル打ち上げ
7月　6日	ブッシュ米大統領の誕生日
7月　7日	北朝鮮、ミサイル発射についての声明発表
10月　3日	北朝鮮の朝鮮中央通信が核実験を宣言
10月　6日	国連安保理は議長声明を採択。核実験を自制するよう圧力
10月　8日	金正日、労働党総書記就任
10月8〜9日	安倍首相が訪中・訪韓
10月　9日	韓国の潘基文が次期国連事務総長に選出
10月　9日	**北朝鮮、核実験実施**
10月10日	朝鮮労働党創建記念日
10月14日	国連が北朝鮮に対する制裁決議を採択

筆者作成

　このクロノロジーからは、北朝鮮のミサイル発射は、「米国との交渉失敗に関係している」「北朝鮮の国家的行事と関連している」「米国の国内行事と関連している」「日本、米国、韓国の外交日程と関連している」などの特性を把握できる。

　そして「金正日は権威付けを狙いにミサイルや核実験を行なっている」「ミサイル発射により米韓を牽制する一方で、米国との外交交渉の場を求めている」などの仮説を立てることができる。

　さらに事象（情報）が増え、北朝鮮、米国、中国、日本、韓国などの分類項目を設定するなど、詳細なクロノロジーを作成すれば、相互の関連性や新たな視点の発見がより容易になるであろう。

■なぜなぜ分析

　事象がなぜ生起したのかを分析する手法として「なぜなぜ分析」がある。この分析手法は問題となった根本原因（原因とは要因の因果関係が明らかになったもの）を追究し、原因を除去することで問題の解消へとつなげる手法としてビジネス界で普及している[56]。

　その手法は次のとおり。①まず問題となる事象を提示する。②次に事象が発生するに至った要因（理由）、すなわち「なぜ」を提示する。これが1回目の「なぜ」であるが、この要因は必ずしも1つとは限らない。③提示された要因ごとに2回目の要因「なぜ」を提示する。④同様に3回目、4回目を提示していく。この際、要因を論理的に提示していき、根本原因にたどりつくまで繰り返す（回数に制限はなし）。

　顕在化している事象に対し、氷山分析や地政学的思考（103頁参照）などの分析的思考法を駆使して「なぜなぜ」を深く掘り下げることで新たな発見をえる可能性もある。

　ここでは中国の尖閣諸島の領有権主張について「なぜなぜ分析」で考えてみよう。

1）なぜ中国は尖閣諸島の領有権を主張するのか？
　　　　　　　　⇒尖閣諸島周辺海域の石油が欲しいから。
2）なぜ石油が欲しいのか？
　　　　　　　　⇒経済成長を持続・発展させたいから。
3）なぜ経済成長を持続的に発展させたいのか？
　　　　　　　　⇒貧富格差の是正、失業者対策により社会を安定化させたいから。
4）なぜ社会を安定化させたいのか？
　　　　　　　　⇒社会が不安定になると共産党政権の存続の安危を揺るがすから。

　以上の「なぜなぜ分析」から、中国が尖閣諸島の領有権を強硬に主張しているのには、共産党政権の存続という根本理由がある。領有権主張には共産党政権存続のための求心力確保という効用もあるので、石油資源の問題が解決したからといって（実際には解決は困難であるが）、中国側の領有権の主張が止むものではないことになる。

56　この手法はトヨタ自工の元副社長大野耐一が著書『トヨタ生産方式』の中で提唱した。

■特性要因図（魚の骨：Fish Bone Chart）

　特性要因図は、右端に検討対象とする特性（結果）を書き、特性に関係する要因（特性に影響する可能性のある因子）を分類して整理したものである。次頁のような魚の骨に似た形になるので「魚の骨（フイッシュボーンチャート）」とも呼ばれている。

　特性要因図は問題解決技法として用いられるが、筆者は情勢分析においてしばしば活用した。特性要因図は作成段階において発想・気付き・連想が活発になるという利点がある。そして体系化して図式化することで、全体の構造を俯瞰的にみて、何が重要な要因であるかを明らかにすることができる。

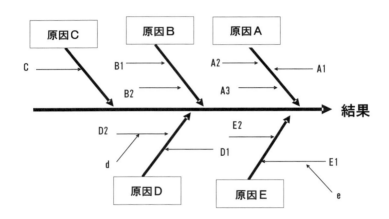

　一例として「中国はなぜ海洋進出を強化しているのか？」という問題に関して、原因解明型の特性要因図を描いてみよう。

　まず、中国がなぜ海洋進出を活発化しているのか地理、歴史、政治、経済、外交、軍事ごとに、アトランダムにその要因を列挙する。次にそれらの要因の関連性と抽象度を考慮して、中骨、小骨、孫骨を作っていく。この際、各要因を動かしている細部要因の存在については「なぜなぜ分析」などを活用する。

　次頁は中国の海洋進出に関わる特性要因図の紹介である。中国は現在、「海洋強国」の建設を宣言し、領有権の主張を活発化、中東・アフリカ方面までのシーレーン確保、海軍力の増強と海軍の太平洋進出、東シナ・南シナ海における石油・ガス等の開発および漁業活動の活発化などを行なっている。それらから、海洋進出の大きな要因を領有権の拡大、シーレーンの確保、防御縦深の確保、資源の獲得に大きく区分し、各要因を動かしている背景要因について考察した。

こうした特性要因図を作成することにより、たとえば中国は「海上からの被侵略の歴史から、海洋を国土防衛のバッファーとして認識している」「中国の耕地面積は膨大な人口に比して狭小であるうえ、近年の森林伐採などの影響で国土の生態系が崩壊し、それが陸域における食料生成量の低減を招来している」「こうした要因が中国の海洋進出に影響している」などの特性を体系的に把握することができる。

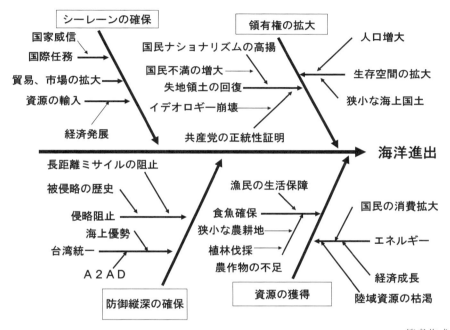

筆者作成

■マトリックス（Matrix）分析
　本手法は、数字の行列（マトリックス）の縦と横に証拠（データ）を入れて、その相互関連性などを読み取るものである。この手法はデータや選択肢が膨大かつ複雑であって、可視化しなければ一度にその概念がとらえられない場合に有効である[57]。
　マトリックスは長方形、正方形、三角形のいずれの形でも作成できるが、構造上二次元であるため、複雑なデータの整理・可視化には限界がある。
　三角形マトリックスは個人間の関係（接触または面識の度合い）を明らかに

57　『DIA分析手法入門』41頁

するために用いられることが多い。これは、テロ組織や反政府組織の解明、スパイ活動の究明などに使用できる。

以下のようなマトリックスになる。

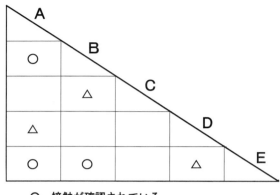

○　接触が確認されている
△　接触が疑わしい

　四角マトリックスを利用して「いずれの選択肢が優れているか、あるいは望ましいか」などを二者択一で評価し、最後に総合的に各選択肢の順位をつけるという活用方法もある。
　これはスポーツにおけるリーグ戦の応用例だと思えば理解できるだろう。この際、選択肢を評価する際に主観が入るので、可能な限り複数の情報分析官によって二者択一を行なうことが望ましい。
　この手法は、たとえば「次期米大統領選挙の予想」などのテーマの分析においても活用できるのではないだろうか。

	A	B	C	D	E	得点	順位
A		●	●	●	●	0	5
B	○		●	○	△	2.5	2
C	○				△	2.5	2
D	○	●	○		●	2	4
E	○	△	△			3	1

○より望ましい　●より望ましくない　△同列
※○に1ポイント、△に0.5ポイントを計上

筆者作成

四角形のマトリックスは、縦軸の情報（データ）と横軸の情報（データ）との相関関係を一表に纏めることで、全体としての特徴、傾向などを明らかにするために用いることができる。たとえば、個人と個人が行なう活動の関連性に着目し、「個人がどのような地位に就任し、どのような行動を行なっているか」などを、総合的に考察し、個人の組織に対する影響力の度合い、特徴、傾向などを読み取る。

　以下のマトリックスは、中国要人の重要ポストとの関連性についてみたものである。

中国要人と重要ポスト

要人＼ポスト	政治局	全人常務委	中央軍事委	国家安全委	国防動員委	規律検査委	政法委員会	精神文明委	政治協商委	外事工作小	改革指導小	台湾工作小	中央財経小	港澳工作小
習近平	◎		◎	◎						◎	◎	◎	◎	
李克強	◎			○	◎						○		○	
張徳江	◎	◎		○										◎
兪正声	◎								◎			○		
劉雲山	◎							◎			○	△		
王岐山	◎					◎						△		
張高麗	◎										○		○	
李源潮	○									○				○
孟建柱	○						◎							
楊潔篪	○									△				○
範長龍	○		○											
許其亮	○		○											
常万全	○		△		○					△				

◎は書記、委員長、組長などトップ、○は副書記、副組長などナンバー２、△は委員など。政治局の項は◎が政治局常務委員、○がヒラの政治局委員。　　　　筆者作成

中国における最高意思決定はチャイナセブンと呼ばれる政治局常務委員が重要な役割を担っており、そのトップである総書記には習近平・国家主席が就任している。ただし、党規約では総書記には政治局会議を召集する権限があるだけであり、会議における最終的決定権が明確に規定されているわけではない。また国家主席も名誉ポストであるので、習近平の指導権限はむしろ中央軍事委員会および国家安全委員会のトップや、党中央外事工作指導小組、党中央全面改革指導小組、党中央台湾工作指導小組などのトップを兼任していることによる。

　存在感が薄い李克強・国務院総理も国家国防動員委員会の主任、2013年秋の三中全会で新設された国家安全委員会および全面改革指導小組の副長ポストを兼務していることから、内政と経済における中心人物として影響力を保持していると推定される。このほか、全面改革指導小組の構成員は党中央財経指導小組の構成員と同じであるから、全面改革指導小組の主たる役割は経済改革であると推定できる。

　政法委員会のトップは、ヒラの政治局委員である孟建柱が就任していること、香港澳門工作指導小組のトップは習近平ではないことなどから、2つの組織はほかの委員会や小組よりも影響力が制限されていることなどの仮説を立てることができる。さらに過去との変化をみるならば、以前は政法委員会のポストは周永康・元政治局常務委員が就任し、周が同ポストを利用し党指導部に対する敵対行動を行なったとされることから（2015年、周は汚職で党籍剥奪、無期懲役になった、193頁参照）、「同委員会を格下に置くことで影響力を削ごうとしたのではないか」などの仮説を立てることもできよう。

　マトリックス分析はさまざまな場面において有効活用ができる。筆者は現職時、まずクロノロジー分析を行ない、そこで分析の切り口を探し出し、次いで、探し出したある切り口からマトリックス分析を用いて事象の相関関係を明らかにするようにしていた。最も汎用性の高い分析手法として推奨する。

4 現在の特性、傾向を探る

■定量的比較分析

　ここでは中国の軍事に関わる基礎データを用いて、定量的比較分析の活用例について説明する。

　下の図は、中国の毎年の国防費をグラフ化したものである。この分析は時系列回帰分析の一種であり、過去から現在までの国防費の増加傾向を読み取り、将来の中国の国防費を予測することができる。

　下記の図は、中国と日本との国防費を比較したグラフである。

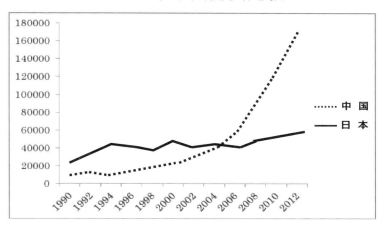

出典：『SIPRI Milex Data 1989－2013』を基に筆者作成

　この図からは、中国の国防費が2005年頃にわが国の国防費を上回り、その後、中国の国防費は飛躍的に増大し、現在の中国の国防費は日本の国防費の3倍であることが一目して理解できる。

　このようなグラフは、インターネット上で公開されている『ＳＩＰＲＩ』（ストックホルム国際平和研究所）などの統計データ（ＣＳＶファイル）を入手して、パソコン上で処理すれば容易に作成できる。

　次頁の図は、各国の兵員数の比較である。上述の国防費の比較が「縦（時系列）の比較」とすると、これは「横の比較」に相当する。

インテリジェンスの分析と作成　139

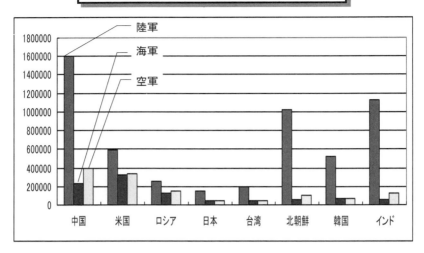

出典：『THE MILITARY BALANCE 2014』を基に筆者が作成

　このグラフから中国は世界最大の陸軍兵力を有しており、しかも海・空軍に対する陸軍の比率が高いことが読み取れる。

　次頁の図は、中国戦車の世代別台数を比較したものである。これから、旧式戦車が逐次に新式戦車に換装されているものの、依然として、中国の戦車は第1世代が約60パーセントを占めていることがわかる。これにより、「中国の陸軍兵器の近代化は依然として進んでいない」などの仮説を立てることができる。

　このように「現在と過去」（縦比較）、「自国と他国」（横比較）などの視点から、さまざまなデータを組み合わせて定量的に比較・評価する。これにより過去から現在までの推移動向、現状の程度や特性などが把握でき、それらを基礎に将来動向の予測や新たな仮説の立案などができる。
　定量的比較分析は、戦略的インテリジェンス分析の現場で日常的に用いられている手法であり、プレゼンテーションの場においても活用できる。

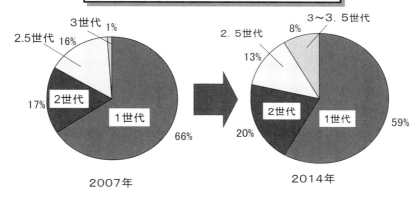

出典:『THE MILITARY BALANCE 2007/2014』を基に筆者が作成

■同一事象比較分析

　分析的思考法の項で「縦の比較」と「横の比較」(111頁参照)について説明したが、ここでは特定事象を取り上げ「縦の比較」を用いて相手国の意図や能力などについて分析する。この手法を便宜上、「同一事象比較分析」と呼称する。

　次頁の一表は2006年、2009年、2012年(第1回、第2回)のミサイル発射比較したものである。この表に基づいて以下のように分析していく。

1) 2006年の発射は米国の独立記念日、ブッシュ大統領の誕生日に挟まれた日に実施(132頁参照)。2009年の発射は「金日成誕生日」(太陽節)の10日前に実施。2012年第1回は「金日成誕生100周年」(1912年4月15日生まれ)、第2回は「金正日の法要一周忌」(2011年12月17日)に合わせて実施した可能性
　⇒対米牽制と国威発揚の狙いなどの政治目的が大である可能性
2) 発射は発射予告期間内の早い時期に行なわれ、発射時間はいずれも午前中
　⇒発射のための最適な気象条件を待っていた可能性
3) 東倉里から舞水端里に長距離ミサイル発射基地が移転
　⇒　より長射程のミサイル発射を目的としている可能性
　⇒　新基地の開設により金正恩がミサイル発射を主導することを誇示
　⇒　理想的な飛行経路を設定するための必要性(後述)

インテリジェンスの分析と作成　141

北朝鮮ミサイル発射比較

時　期	2006年	2009年	2012年（1回）	2012年（2回）
日　時	7月5日	4月5日	4月13日	12月12日
事前予告期間	なし	4月4日〜8日	4月12日〜16日	12月10日〜22日
時　間	5時1分	11時30分	7時38分	9時48分
主導者	金正日	同左	金正恩	同左
発射場所	舞水端里	同左	東倉里	同左
ミサイル	テポドン2号	人工衛星？	同左	同左
発射方向	東北方向	東方方向	南方方向	同左
メディア	非公開	非公開	公開	非公開
燃焼時間		約112秒	約130秒	約156秒
地球周回		周回未確認	失敗	周回軌道確認
事前公表	なし	3月12日	3月16日	12月1日
国連決議	1695の採択	1718「議長声明」	1718・1874の「議長声明」	2087の採択
核実験（発射後）	10月9日（約3ヵ月後）	5月25日（約50日後）	なし	13年2月12日（約2ヵ月後）

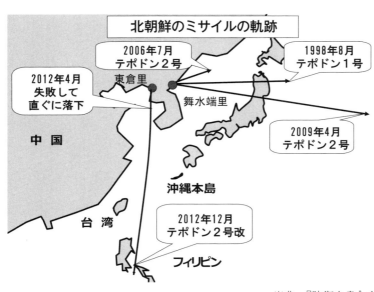

出典：『防衛白書』を基に筆者作成

4）2009 年以降、北朝鮮は「人工衛星の打ち上げ」と呼称
　⇒　「科学的見地からの正当な発射」との主張を行うことで国際批判の回避
5）2012 年以降、日本・韓国の上空を通過しない飛行経路（南方向、極軌道）を設定
　⇒　国際批判の低減を狙っている可能性
　⇒　極軌道打ち上げにより「人工衛星である」とする主張の説得力を確保
　⇒　上記方向の選定は偏西風に逆らう発射であることから、北朝鮮はミサイル発射の技術向上に自信を深めている可能性
6）2012 年 4 月は発射状況をメディアに公開したが、同年 12 月には非公開（事前の国内報道なし）
　⇒　北朝鮮が再発射の失敗を懸念
　⇒　失敗したならば、国内に対してその事実を封印する予定だった可能性
　⇒　失敗の危険性にもかかわらず、再発射の強行は金正恩による政治目的(国威発揚、求心力の確保、政権安定など)の達成が重視された可能性
7）燃焼時間の伸張
　⇒　北朝鮮のミサイル発射技術は着実に向上
8）2012 年 12 月には、なんらかの物体を地球周回軌道に打ち上げることに成功したが、衛星の運用を実証する事実はなし
　⇒　衛星打ち上げおよび運用技術は不十分であると思料
9）2009 年以降、事前に「人工衛星の発射」を国際機関に対し予告
　⇒「正当な人工衛星の打ち上げ」との主張を強化する狙い
10）2012 年 12 月の「人工衛星と称するミサイル発射」では、中国が国連安保理の制裁決議に賛成
　⇒　中国による対応の変化は北朝鮮にとって誤算であった可能性
11）長距離ミサイルの発射後に核実験を実施
　⇒　核とミサイルの併行開発により長距離核ミサイルの保有を企図

　以上の分析を基礎に、その他の情報およびインテリジェンスを合わせることで、以下のような「統合」及び「解釈」を導くことができよう。（71 頁参照）
【統　合】（既存のインテリジェンスなどを組み合わせて、より大きな意義のあるインテリジェンスを作成する）
1）国際社会が反対するなかで長距離ミサイルの発射を強行したことは、金正日が主導してきた核ミサイル政策の継続（遺訓政治）とその成功を誇示することで、金正恩が後継者としての正当性とカリスマ性を確保して早期に権力基盤を確立することを狙ったものとみられる。また、正恩が国家求心力の確保を狙いに「国際社会の圧力に屈しない強い指導者であること」を対内的に

印象づける思惑があったとみられる。
2） 2012年12月のミサイル再発射成功は、金正恩による権力基盤の強化に向けた前進であったと評価しえる。他方、金正恩が政権安定と求心力の確保を図るためには、国際社会からの孤立、経済損失が免れえない長距離ミサイルという国家的偉業に依存せざるをえなかったという事情が看取できる。
3） 金正恩は「人工衛星」発射という体裁をとり、飛行経路の選定等における対外配慮を示すことで、国際批判を低減し、じ後の経済支援獲得のための道筋を残すことを狙っている可能性がある。しかしながら、国連安保理の対応は逐次に強化されており、北朝鮮の思惑どおりに進展していないとみられる。
　▽　金正恩は2013年3月に経済建設と核開発の「並進路線」を提唱
4） 中国による国連安保理制裁決議への賛成、韓国との関係強化などから、北朝鮮は、中国の対北朝鮮政策が変化しつつあると認識している可能性がある。北朝鮮は対中関係の改善を重視しているが、これまで十分な成果をえていないと評価しえる。
　▽　北朝鮮は崔竜海・総政治局長を特使として派遣（2013年5月）
　▽　習近平による訪韓（2014年7月）、朴槿惠訪中（2013年6月、2015年9月）
　▽　劉雲山・中国政治局常務委員が創建70周年記念行事に参列（2015年10月）
5） 2012年12月の発射成功により、北朝鮮は米ロサンゼルスまで（1万キロ）を到達しえる飛行能力を取得した可能性がある。しかしながら、核ミサイルを「対米安全保障の重要手段」として位置づけるためには、さらなる実験（核弾頭の小型搭載化、命中精度の向上、MD突破能力の取得など）を必要としているとみられる。

【解　釈】（注：解釈は情報要求に対する解答であるので、「情報要求が何であるか」によって記述内容は異なる。）
1） 金正恩は核・ミサイル開発を求心力確保の手段、外交カード（「対米安全保障の重要手段」など」）と認識しており、今後、政権内部の不安定化、及び対中及び対米交渉などが不調になった場合には、その打開策として長距離ミサイル発射に踏み切る可能性がある。
2） 北朝鮮が長距離核ミサイルを「対米安全保障の重要手段」として位置づけていることから、射程延伸、弾頭重量の増加、核搭載化などを目的に、同ミサイル開発を継続する可能性は極めて高い。北朝鮮による同ミサイルの開発は、ほかの短距離弾道ミサイルの射程延伸や核搭載化の進展を促す可能性があり、わが国の安全保障に重大な脅威となりえる。
　▽　2015年7月以降、東倉里ミサイル発射場で改修工事を終了

3）対米交渉、対中関係の改善などが思惑どおりに進展しない場合には、北朝鮮は中国に対する牽制・揺さぶり、関係国が行う経済制裁に対する切り崩し、日・米・韓の連携阻止などを狙いに、わが国に対し、「拉致再調査」などの政治的な揺さ振りを仕掛けてくる可能性がある。
　▽　2014年7月2日、日朝非公式会議が実施(※ただし、現段階では同交渉は行き詰まっている)

　ところで、2015年5月以降、北朝鮮が「核弾頭の小型化に成功」と発表（5月20日）、東倉里に高さ67mの長距離発射台の設置が確認（7月22日）、発射台に覆いを設置する作業が確認（8月2日）、北朝鮮国家宇宙局が長距離ミサイルの発射の可能性を示唆（9月14日）、北朝鮮が「すべての核施設が正常に稼動し始めた」と発表（9月15日）など、10月10日の「朝鮮労働党創建70周年」の記念行事に合せて長距離ミサイルを発射する兆候が確認された。
　現段階（10月15日）において、今回の記念日における未発射が「準備不足や、国威発揚の手段として軍事パレードの方を優先（中国の軍事パレードに対抗）したことによる一時的な見送り」であるのか、「政治的・経済的な判断の下で、外交的駆け引きの成否が明らかになるまでの見送り」であるのか、その判断は容易ではないが（ミラーイメージングの誤りも含めて）、筆者は以下の理由から後者の蓋然性が高いと考える。
　◇　金正恩は、これまでの行動により「核・ミサイルの開発を国家政策として推進していく」方針を対外的に意思表明できたと認識している。
　◇　2012年12月の発射成功、その後の張成沢等の危険分子の粛清・人事措置により、金正恩は「政権基盤は強化されており、長距離ミサイル発射による国威発揚、求心力確保の必要性は相対的に低下した」と判断している。
　◇　金正恩は経済再建重視に国家政策をシフトしようとしており、膨大な経費の捻出、関係国とくに中国からの経済制裁の強化、中国との政治的関係のさらなる冷却化を懸念している。
　◇　長距離ミサイルの大幅な技術進展がないことから、技術的見地からは現段階におけるミサイル発射の必要性は小さい。

　また、北朝鮮は今後、今回の未発射を梃子に外交的駆け引きを展開する可能性がある。しかし、金正恩の訪中あるいは習近平の北朝鮮訪問、米国との二国間協議の前進、米韓連合演習の縮小、関係国の経済制裁の緩和などにおいて所望の成果がえられなければ、北朝鮮は長距離ミサイルの発射を決断する可能性があろう。さらには、長距離ミサイルの発射よりも、技術的な準備が整えば、核実験を先に行う可能性も否定できない。

■キーワード分析

　文書や会話中における特定の文字および発言（キーワード）の使用頻度を比較することで、対象の傾向や意図などを把握することができる。筆者はこれを「キーワード分析」と呼称している。

　本分析は定量的比較分析の一つである。相手国の政府公式文書の記述、新聞の社説などから頻繁に使用されるキーワードを抽出する。そして、その使用頻度を定量的に比較することで相手国に関する情勢推移などを把握する。

　また、相手国指導者による敵対的発言および友好的発言、演説において繰り返し使用されるキーワードとその使用頻度などに着目することで、相手国の意図や政策の傾向などを分析する。

　中国は2年に1回、『国防白書』を発表している。2012年版の『国防白書』（2013年4月発表）では「戦備」（戦争準備）が34回使用された。2006年版『国防白書』では5回、2008年版では3回、2010年版では7回であった。2012年版の記述量がそれまでの半分に減らされた（約3万字→約1.5万字）ことに鑑みれば、「戦備」の使用頻度が顕著であることがわかる。

　こうした特徴を暦年グラフとして図化すれば、定量的な変化を読み取ることができる。暦年グラフに、その年に生起した主要事象などを付記し、変化が生じた背景などを分析すれば、中国の国防政策の方向性などについての仮説を立てることもできよう。

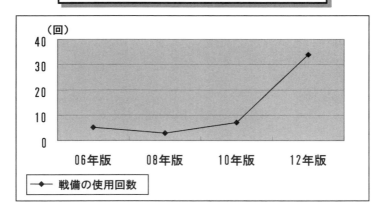

出典：暦年の白書から筆者が「戦備」の使用回数を数えて、グラフ化

たとえば、2012年秋の第18回党大会で総書記に就任した習近平は、就任直後に広州軍区を視察し、「能打杖、打勝杖」（戦いに勝つことができる、勝つ戦いをする）と訓辞した。2013年1月の「軍事訓練指示」においても「能打杖、打勝杖」が明記された。

まず「戦備」の使用頻度が多いことに着目し、関連するキーワードを確認していく作業を通じることで、習近平に政権が移行した以降、「戦勝」を意識した発言が増えているという傾向が把握できる。

本手法を活用すれば国家政策の重要な変化を読み取ることも不可能ではない。下記に紹介するのは、中国研究者の高木誠一郎の論文「文革前中国の対外関心」からの引用である。高木は1950年から1965年までの中国共産党機関紙『人民日報』社説の内容から、米国への言及頻度と「米国帝国主義」という言葉の使用頻度を調査した（これらの言葉を含むパラグラフの数を全パラグラフ数で除したもの）。

高木はこの暦年グラフから、「1950年の朝鮮戦争を帝国主義的行為として捉えていた」「1952年に米帝国主義との用語が激減したのは、すでに停戦の見通しが出てきたからだ」「1960年代に向けて米帝国主義の激増はベトナム戦争に関連している」などの仮説を述べている。

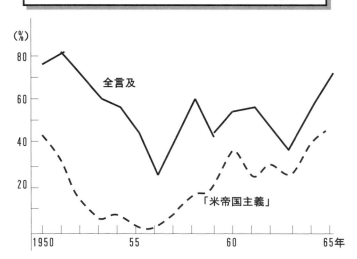

出典：高木誠一郎「文革前中国の対外関心」
山本吉展等『国際関係論の新展開』（東京大学出版会、1984年）

5 相手国の戦略的意図を分析する

■関連樹木法（Relevant Tree）

　相手国の戦略的意図を分析するためには、その背景構造を把握することが重要である。このための手法として「関連樹木法」が応用できる。関連樹木法とは、１つの目的あるいは理想を達成するための複数の手段が考えられる場合、それらを、関連性を持たせて樹木状に配列して分析・評価する方法である。この手法は米国のハウネル社が使用し、巨大技術を基礎から最先端に至るまで細かく体系化するのに優れた手法であったことから米軍に導入され、ＮＡＳＡのアポロ計画にも採用されたという[58]。

　本手法を戦略的インテリジェンス分析に応用する場合、相手国に関する、全体構造、現在の政策・行動の背景および意図、各政策・行動の相互関連性、関連して生起する事象などを考察するのに適していると筆者は考える。

　ここでは関連樹木法を応用した中国の系統樹を作成してみよう。幹は中国の国家戦略の目的として、しばしば言及される「中華民族の偉大なる復興」とする。まず、地理的・歴史的な特徴、原理・原則事項、現在の政治・経済・社会・外交などにみられる顕在化事象をアトランダムに列挙する。

　次に「中華民族の偉大なる復興」を幹に、それに影響・関連性のある地理・民族・歴史などの特徴を土壌部分に記述する。根っこには、中国が「中華民族の偉大なる復興」を追求するうえで影響・関連性ある原理・原則（安定、不安底の根）を記述する。そして大きな枝には国家戦略の目的を支える目標（国益）、小さい枝にはそのための基本政策、さらに小さい枝には顕在化している中国の動向などを、相互の関連性を考察しながら当てはめていく。

　最後に、系統樹が完成したならば、顕在化事象がいかなる地理、歴史の影響を受けて、いかなる基本政策の下で行なわれているかを総合的に見直し、所要の修正を行なう。一例として筆者が作成した系統樹を次頁に紹介する。

　関連樹木法は樹木図の作成や、作成した系統樹をプロダクトとして利用（付図など）することが主たる目的ではない。むしろ作業を通じて、国家戦略の目的や政策が、地理・歴史の上に成り立っており、顕在化している現象はそれぞれの関連性の上に成立していることを理解することに狙いがある。さらに作業を通じて、新たな変化と関連性、抜け落ちていた要素を発見することが重要なのである。

58　小泉修平『予測理論早わかり読本』（PHP研究所、1992）160頁

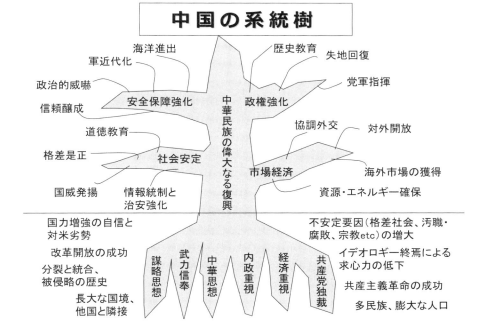

筆者作成

■SWOT（スオット）分析

　MECE（ミッシー）フレームワーク（120頁参照）を応用した分析手法にSWOT（スオット）分析がある。本手法は1920年代にハーバード・ビジネススクールで開発され、マーケティング戦略の立案に用いられることが多い。

　SWOT分析は、内的要因である自社の強み（Strength）、弱み・課題（Weaknesses）、外的要因となるチャンス・機会（Opportunities）、自社にとって都合の悪いこと・脅威（Threats）の計4つから構成される。

　企業戦略では内的要因には自社の資源である人材、財務、想像力、商品、価格、販売促進、立地・物流など、外的要因には政治・法令、市場トレンド、経済状況、株主の期待、科学技術、公衆の期待、競合他社の期待などがあげられる。

　そして以下のようなクロスマトリックスに基づき、「強みによって機会を最大限に活用するために取り組むべきことは何か？」「強みによって脅威による悪影響を回避するために取り組むべきことは何か？」「弱みによって機会を逸さないために取り組むべきことは何か？」「弱みと脅威から最悪の事態を回避すべきこ

とは何か？」－これらを明らかにしていくことで最良の戦略を選択するという手法である。

この手法の欠点は「強みなのか、弱みなのか？」「機会なのか、脅威なのか？」の明確な判断が難しいということである。たとえば、貿易商社にとっての「社員の語学能力が低い」という弱みは、海外に事業展開しない会社にとっては格段の弱みとはならない。つまり、どの戦略を採用するかによって強みが弱みにもなるし、脅威が機会にもなるということである。よって本手法は白紙的な戦略立案には適さないとの指摘もあるものの、戦略を立案したあとに、その戦略が「適切か否か」などを検証するうえで有効なツールである。

		外部環境	
		O（機会）	T（脅威）
内部環境	S（強み）	①S－O 強みを生かす戦略	②S－T 縮小する戦略
	W（弱み）	③O－W 弱みを克服する戦略	④T－W 撤退する戦略

 戦略

米国防省はSWOTを利用して戦略計画を作成しているという。相手国の意図を占うためには、「相手国が戦略環境をどのように認識したうえで、自らの戦略目標を設定しているのか？」「その際の強み・弱みが何であるか？」を明らかにすることが重要となる。したがって、この手法は戦略的インテリジェンスの分析にも役立つものといえる。

では、SWOT分析に基づき、中国の中長期計画の方向性について分析してみよう。中国の中長期計画を分析するうえでは、5年ごとの『経済5か年計画』および『党大会活動報告』、2年ごとの『国防白書』、毎年の『全人代政府活動報告』などが重要な情報源となる。これらの資料は、厳密にはSWOT分析に基づいて作成されたものとはいえないが、我がSWOT分析を活用してこれらの資料を読むことで、中国が自国の強み・弱み、内外環境をどのように認識し、どのような戦略をとろうとしているのかを体系的に理解することができるであろう。

以下は筆者がＳＷＯＴ分析を用いて分析した中国の中長期戦略の概要である。

【強み】
・ 経済発展（ＧＤＰ世界第２位、世界金融危機にも対処）
・ 国防・軍建設の進展
・ 外交における国際的発言力の増大
・ 香港・マカオ・台湾工作の進展
・ 北京オリンピックなどの成功、中国人民と中華民族の自尊心と団結心の高揚
・ 膨大な消費人口

【弱み】
・ 農業基盤の脆弱性、資源・環境的制約の激化、体制・メカニズムの障害
・ 経済発展の地域格差、住民の所得格差の拡大
・ 道徳規範の欠如および一部党組織の堕落・汚職・腐敗
・ 海外における同盟国の不在
・ 共産主義の終焉と党の求心力低下
・ 米国との軍事力格差

【機会】
・ 世界の多極化の進展と世界戦争の蓋然性低下
・ 陸上における周辺環境の安定
・ 経済グローバル化の進展
・ 米国の対テロ戦争の膠着と、米国の世界的関与の低下

【脅威】
・ 覇権主義・強権主義の継続（日米同盟の深化、米国のアジア回帰）
・ 不確定要素の増加（南北朝鮮の緊張、洋上争議の激化など）
・ 中国包囲網の形成（対中警戒論の拡大）
・ 国内における非伝統的安全保障問題の生起、民主化運動の拡大

　以上から、次頁のような中国の中長期戦略の方向性を読み取ることができよう。

中国の中長期戦略

		外部環境	
		O（機会）	T（脅威）
内部環境	S（強み）	・経済のグローバル化などを戦略的チャンスととらえ、自らの経済・政治の影響力増を強みに積極的な外交戦略を展開[59] ・軍事力の増大を強みとして、陸上における周辺環境の安定を好機にとらえ、「海洋強国」戦略を推進	・対中脅威論の高まりを脅威に、経済力・軍事力を強みに「平和的発展」戦略を推進 ・非伝統的安全保障を脅威に軍事・外交力の強化を強みに対テロ等の非伝統的脅威対処を推進
	W（弱み）	米国との圧倒的な軍事力格差を弱みに、米国の対テロ戦争の膠着を好機ととらえ、米国に対する宣伝戦、非対称戦（三戦など）を追求	経済格差、体制メカニズムの障害などを弱みに、民主化運動の拡大を脅威に、国内の「安定成長」戦略（経済成長率の抑制）を推進

筆者作成

■敵の意図マトリックス（Adversary Intention Matrix）

　マトリックス分析（135頁参照）は、我の行動方針などを決定する際にも使用できる。その要領について身近な事例を用いて説明しよう。

　慰安旅行の行き先に関する希望アンケートを職場50人に対して実施したとする。その結果、京都（15人）、大阪（10人）、沖縄（10人）、北海道（5人）の4か所に絞ることができた。では京都に決定かというと、これではあまりにも幹事として芸がない。そこで行く先の希望理由を調査することにした。京都への理由を聞くと、①寺をみたい。②交通が便利。③旅行費用が安い－などの理由があがった。次に大阪については、①食事が美味しい、②吉本新喜劇をみたい。同様に沖縄については、①暖かい。②海がきれい。北海道については、①スキーがしたい。②蟹が食べたい。③函館の夜景が美しい－などの理由があがった。

59　2009年、中国は外交方針を「韜光養晦、有所作為」（才能や野心を隠して、周囲を油断させ、力を蓄えていく。為すべきことを為す）から「堅持韜光養晦、積極有所作為」へ転換し、対外利益をより積極的に追求するようになったとみられている。

これらの理由を観光（寺、海、夜景）、食事（蟹）、娯楽（吉本新喜劇、スキー）、経費（旅行費）、気候（暖かい）の比較要素（判断基準）に整理・統合し、もう一度50人に対し、要素ごとに「観光の観点からは、どの行き先が良いか？」「食事の観点からは、どの行き先が良いか？」など、順番にアンケートをとった。その結果は以下のとおりとなった。

行き先＼理由	観光	食事	娯楽	経費	気候	計	順位
京都	20	5	0	25	0	55	3
大阪	10	15	20	25	0	70	2
沖縄	15	15	10	0	50	90	1
北海道	5	15	20	0	0	40	4

　以上の集計結果からは「慰安旅行の行き先は沖縄に決定する」ということになる。しかし、ここで「経費をほかの理由と同列に扱ってよいのだろうか」という意見が提起された。

　そこで、「各要素のいずれを最も重視すべきであるか？」について、もう一度50人アンケートをとった。その結果、観光（10人）、食事（10人）、娯楽（5人）、経費（20人）、気候（5人）となった。そこで、各要素の比重を考慮して、上記マトリックスを以下のとおりに修正し、最終的に「慰安旅行の行き先は大阪」に決定した。

行き先＼理由	観光×1	食事×1	娯楽×0.5	経費×2	気候×0.5	計	順位
京都	20	5	0	50	0	75	2
大阪	10	15	10	50	0	85	1
沖縄	15	15	5	0	25	60	3
北海道	5	15	10	0	0	20	4

　上述の一例は、我の行動方針を決定するためのマトリックス分析の活用法であるが、この手法は相手国の意図に関する分析についても活用できる。これを「敵の意図マトリックス」（Adversary Intention Matrix）と呼称する。

　本手法は敵が比較・検討している選択肢（意図）がどのような影響力や意味を持っているかを判断する際に、何が最も重要な判断基準となりえるかなどを敵側の視点で効率的に分析するものである[60]。また相手側が比較・検討している

60　『DIA分析手法入門』43頁

選択肢のなかで、どれが最も採用する公算が高く、どれが妥当な選択肢であるかを敵側の視点で考えるものである。

この際、マトリックスの縦軸（あるいは横軸）に、敵が採用する可能性のある選択肢を入力し、横軸（あるいは縦軸）に各選択肢の目的、利点、リスクなどの判断基準を入力する。このマトリックスを作成することで、各判断基準が敵の選択肢にどのような影響を及ぼすのか、敵が採用した選択肢にはいかなる兆候が生じるのか、敵が実際にどのような選択肢を採用しようとしているのかなどを明らかにすることができる。

「敵の意図マトリックス」は、戦術教育の場では頻繁に使用されている。つまり、作戦的インテリジェンスの現場において利用価値が高い。

たとえば、防御ラインの選定では、「敵がどの方向から攻撃するか？」が主たる解明事項になる。その際、縦軸に敵の攻撃方向を記入（A方向、B方向、C方向）し、横軸に攻撃方向に影響を及ぼす判断基準（機動力の発揮、砲迫火力の発揚、迂回路の利用、企図の秘匿など）を記入し、「敵部隊はどの方向から攻撃してくる公算が高いか？」「その際の利点、欠点は何か？」「我の処置・対策は容易か？」などを分析・比較することになる。

この際、敵の我に対する勝ち目が、戦車や装甲車などの機動力にあると分析すれば、機動力を重視（加重）するなどして、総合的に敵はどの方向から攻撃する公算が高いかなどを判断する。

敵の攻撃方向マトリックス

	機動力の発揮		砲迫火力の発揚		迂回路の利用		企図の秘匿	
A方向	攻撃の終始、良好な機動路あり	◎	観測点が乏しい	△	迂回路なし	×	攻撃の終始、我から監視されやすい	×
B方向	山間道路しかなく、戦車の機動困難	△	攻撃の終始、観測点の確保が可能、砲迫の展開地積が小	〇	当初は迂回路があるが、攻撃終盤は迂回路なし	〇	攻撃の終始、隠蔽良好	◎
C方向	当初の機動発揮は良好、終盤に河川障害あり	〇	観測点は逐次に確保可能	◎	攻撃の終始、良好な迂回路あり	◎	攻撃の当初、我から監視されやすい	△

筆者作成

戦略的インテリジェンスの分野においても、本手法は有効であると思われる。一例として、「中国が台湾に対して取りえる軍事行動」を取り上げよう。
　中国軍事可能行動の選択肢として、①大規模な軍事演習（威嚇戦）、②指揮中枢に対するサイバー攻撃（麻痺戦）、③ミサイルによる集中攻撃、④海上封鎖、⑤台湾への着上陸侵攻を列挙する。
　次に、判断基準として、米海軍大学著『勝つための意思決定』による達成可能性、負担可能性、整合性の三つ、すなわち、（ａ）中国の現有の軍事能力において達成可能か（達成可能性）、（ｂ）犠牲や代償をどれだけ許容できるか（負担可能性）、（ｃ）台湾の独立意志の破砕という目標に対して効果がえられるか（整合性）を列挙する（109 頁参照）。
　次に、取りえる軍事行動を縦軸に、判断基準を横軸にしたマトリックスを作成し、中国の各軍事行動について、それぞれの判断基準に基づいて以下のように比較・検討していく。

◇　威嚇戦や麻痺戦は達成可能性や負担可能性には問題はないが、それだけで台湾の独立意思を瓦解できるのかという整合性に問題がある。

◇　海上封鎖についても米軍来援を想定すれば長期間の全面封鎖は困難であり達成可能性に問題がある。また全面封鎖は他国を巻き込むことになりかねないため、政治的・経済的犠牲という負担可能性にも問題がある。期間限定の局地封鎖が限界であれば、台湾の独立意志を屈服させるという整合性についても疑問が残る。

◇　島嶼侵攻やミサイルによる集中攻撃については能力的には達成可能である。しかし、それだけで台湾に対して独立意志の屈服が可能か否かは不透明であり整合性に問題がある。一方の台湾に対する着上陸侵攻は達成可能性に問題がある。

　このように、各軍事行動を各判断基準に基づいて比較・検討し、総合的に中国が採用する可能性のある軍事行動、各軍事行動の特性、各軍事行動を採用する公算の順位、各軍事行動の問題点などを評価する。
　採用する公算の順位については、たとえば、各判断基準に基づいて５段階評価を行なう。達成可能性と整合性が特に重要だとすれば、それを負担可能性の２倍にして点数化するというやり方で定量的な評価を試みる。（次頁参照）
　ただし、本事例は「敵の意図マトリックス」の活用要領を説明するために用意した簡略モデルである。実際の分析がこのような短絡なものであろうはずはない。相手国が取りえる各選択肢の特性などについて、各判断基準に基づいた詳細な分析が必要となるし、「現在の戦略環境から何が最も重要な判断基準であるのか」「点数化するとすれば、各判断基準に対してどのように点数配分を行な

うのか」などについての慎重な検討が必要となろう。

　本手法は、「相手国がどの選択肢を採用する公算が高いか？」（敵の選択肢の採用公算の順位）という情報要求の解答を客観的に導き出すことが目的ではない。「いかなる判断基準が相手国の選択肢にどのような影響を及ぼすのか？」「相手国が採用した選択肢には、いかなる兆候（予兆）が生じるのか？」などを明らかにすることが主眼なのである。

中国の対台湾軍事行動（採用公算の順位）

軍事行動／判断基準	達成可能性 ×（2）	負担可能性 ×（1）	整合性 ×（2）	計	順位
①威嚇戦	5×（2）	5×（1）	1×（2）	17	1
②麻痺戦	5×（2）	3×（1）	1×（2）	15	3
③ミサイル	5×（2）	2×（1）	2×（2）	16	2
④海上封鎖	2×（2）	2×（1）	3×（2）	12	5
⑤着上陸侵攻	1×（2）	1×（1）	5×（2）	13	4

筆者作成

6 未来予測を行なう

■未来予測法の種類

　未来の経済情勢を予測できれば莫大な経済利益をあげることができる。同様に相手国の将来行動を的確に予測できれば、有効かつ効率的な安全保障政策をとることができる。しかしながら「一寸先は闇」という言葉が象徴するように、コンピュータなどの科学技術がいかに進歩しても未来予測は困難であろう。ましてや遠い未来のことなどは予測不可能である。そうはいうものの情報分析官には不可能を承知のうえで未来予測という厳しい難題が課せられる。

　歴史が過去と現在の対話であるならば、インテリジェンスは未来と現在の対話である。戦略的インテリジェンスは、将来における我が戦略意志を決定するために有用なものでなくてはならないから、情報分析官は未来予測を離れて業務を行なうことはできない。

　未来予測における基本概念にはモデル計算から未来を予測する計量法（定量的予測）、過去の趨勢から未来を予測する投影法（投影史観）、現在の指標から未来を予測する類推法がある。また手法には直感的手法、探求的（帰納的）手法、規範的（演繹）手法、フィードバック的手法などがある。

直感的手法は、将来の変化の兆しを発見し、感覚に基づいて将来を予測する思考法である。代表的なものとしてデルファイ法、ブレーンストーミング（114頁参照）がある。

　探究的手法は、なんらかの形で過去から現在に至るトレンドを将来に延長することによって将来を予測する方法である。過去⇒現在⇒未来のアプローチをとり、比較的に単純な近未来予測に適している。代表的なものとしては時系列回帰分析、同時点比較分析、タイムライン分析（159頁参照）がある。

　規範的手法は、なんらかの目標、ニーズなどを将来に設定し、それを可能にするような種々の条件を探索し、かつ究明することによって未来の可能性の領域を明らかにする方法である。代表的なものとしてロジック・ツリー法（167頁参照）があり、これは遠未来予測に利用できる。

　フィードバック的手法は、探求的手法と規範的手法を循環的に結合しながら、未来の可能性の領域を探求するものである。

　各領域の専門家は将来を予測するためにさまざまな手法を研究・提示しているが、そもそも未来予測は未知なる領域を予測しようという矛盾的なものであるため、単一の手法で未来予測の全局面をカバーすることはありえない。事象の特性に応じて、利用できるいくつかの手法を組み合わせて行なわなければならない。

■デルファイ法

　デルファイ法は直感的手法の代表例である。将来の事象は社会的、心理的、政治的事象に大いに影響されるため、複雑な数学的モデルでは説明できないというのが、この手法の原点になっている。この手法は米空軍が「ソ連の戦略立案者の立場から、米国産業を目標にした時に必要となる原子爆弾の数を推定する」という研究プロジェクトの名称である「デルファイ[61]」を米ランド社に委託したことに起源を発している。

　デルファイ法の要領は、まず多くの専門家に特定の将来予測についてアンケートを行ない、それぞれ専門家が独自に提出した意見を回収する。それを相互に参照して将来予測の仮説を立て、再びその仮説を専門家にフィードバックし、意見を回収する。このような作業を繰り返し行なうことで、意見を収斂させ、未知の問題に対する確度の高い見積をえようとするのが主眼である。

　デルファイ法の留意すべき点は、①バランスのとれた専門家を選定してチームを編成する、②アンケート質問を適正に行なう、③意見一致の強要や誘導は行なわない－の3点である。

61　デルファイは古代ギリシャで神託地として栄えた都市の名前である。

なおデルファイ法と同じく、専門家グループによる討論会によって将来を予測する手法としてパネルディスカッションがある。これは、異なる意見を持つ3人以上の複数の討論者による公開討論であり、アンケート質問によるものではない。

　わが国の情報機関や研究機関には、さまざまな分野の専門家を複数抱えているような贅沢な環境にはないので、実際にはデルファイ法を用いるケースはほとんどないと思われる。したがって、情報分析官は、解決すべき課題に対する複数専門家による異なる意見を公刊資料（書籍など）から入手し[62]、情報分析官自らが批判的かつ客観的に未来予測のシナリオを作成していくことが重要である。

■時系列回帰分析

　本手法は、過去のトレンドを分析して将来を定量的に予測する手法の1つである。この手法は探究的手法に該当し、等間隔の連続した時間内に起こった現象を時間順に並べた統計から一定の趨勢を算出して未来を予測する。

　基本回帰線には直線型、指数曲線型、対数曲線型、ロジスティック曲線、循環曲線などがある。

　循環曲線の代表的なものが循環法であり、これは人間の行為にはある種の循環性が存在するという思考法に基づいている。景気の循環理論では短期的な波が40カ月、ジュグラーの波は10年、コンドラチェフの波は50年で繰り返したとされている。コンドラチェフの「戦争曲線」は次頁のようなものである。

---

[62] 文藝春秋が1992年から毎年発行している『日本の論点』は、政治、経済、教育などのテーマに関して、違う主張をする専門家がコラムを発表している。同書は批判的かつ客観的に物事を考察するうえで参考になる。

科学技術の発達と戦争の周期

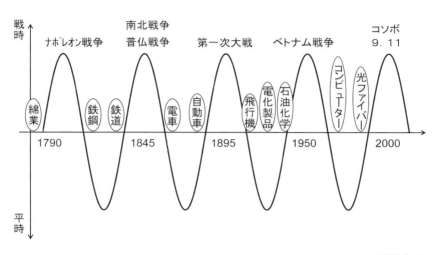

筆者作成

　このコンドラチェフの波は科学技術の発達と戦争の周期にも当てはまる。戦争曲線ではさまざまな産業革命と戦争の関係を表しているが、22世紀の戦争は果たしていかなる産業革命の下でどのような戦争になるのだろうか。Ｃ４ＩＳＲと無人機や小型ロボットなどが戦場を支配する戦争になるのであろうか。

■タイムライン（Timelines）

　タイムライン分析とは、事象がどのような背景でどのような間隔で生起したかを含めて図示したものである。生起事象の相互関係や傾向を特定し、見積の参考とするために用いられる。
　『ＤＩＡ分析手法入門』では、「某国のミサイル発射時期」を見積もるための手法として次頁のような事例を紹介している。
　これは以下の設定に基づいている。
　① 戦略ミサイル部隊の情報分析官チームは、某国の核ミサイルの発射準備に必要な手順を知っており、新型中距離弾道ミサイルの発射試験が近づいていると考えて観測を続けていた。
　② ２月中旬に、発射試験のための初期段階の準備が観測されたため、第１・第２試験場の集中的な監視を決定した。

インテリジェンスの分析と作成　159

事象クロノロジー

月　日	事　　　　　　　象
2月 7日	計測レーダーの活動初確認
2月12日	機体の地上輸送初確認
2月13日	発射が推測される地域でTEL（発射台付き車両）を確認
2月16日	発射施設で輸送車両確認
2月24日	テレメトリーの初作動確認
2月28日	軍の通信リンク初確認
3月 2日	訓練発射台にミサイル確認
3月 6日	**＊見積実施日（以降は過去事例などから予測される活動）**
3月11日	推進剤の取り扱い活動観測
3月13日	発射台に方位のマーキング（Azimuth markers）観測
3月18日	輸送車両の発射地区への移動、飛行危険区域の発表
3月23日	ミサイル本体の観測
3月26日	指導者の誕生日
4月 1日	推進剤の充填開始
4月 3日	軍記念日、発射台・関連器材の搬入、飛行禁止区域の発表
4月 5日	発射支援のため部隊派遣、ミサイル発射準備完了
4月10日	独立記念日

ミサイル発射時期の見積（3月6日現在のタイムライン）

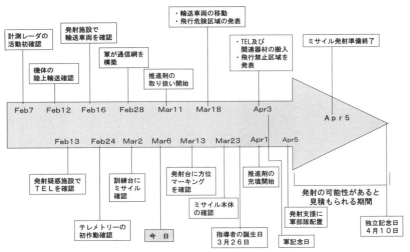

出典：『A Tradecraft Primer：Basic Structured Analytic Techniques』38頁

3月6日現在の観測結果と予想される活動をクロノロジー的に表すと前頁のようになる。なお3月6日以降は、過去および一般的なミサイル発射手順から情報分析官チームが予測した活動である。
　観測済みの活動（過去の事実）と、予想される観測活動を考察し、タイムラインを作成することで、発射までに起こる活動（兆候）と、ミサイル発射時期を見積ることができる。また、前頁下段のタイムラインを作成することで、政策決定者に対して、説得力のある分析を示すことができる。

　この手法は、時間軸を視覚的に表すことにより、見積の効率性を向上させるが、情報分析官としては次のような点に注意しなければならない。
　　◇　将来の事象が、必ずしも過去に発生したとおりに起こるとは限らない。
　　◇　タイムライン上に、事象に関係あると思われる適切な情報を情報分析官
　　　が想像して盛り込むことができなければ、この手法の効果は低減される。
　上述例でいうならば、過去はミサイルの発射が飛行危険区域公表から〇〇日後に行なわれたからといって、今回も〇〇日後に発射するとは限らない。そもそも危険区域を公表しない可能性すらある。
　また、発射見積期間の天候や某国の記念日など、発射と重要な関連性がある情報を、情報分析官がタイムラインに入れなかった場合や思いつかなかった場合には、タイムラインの価値は大きく低下することになる。

■シナリオ法

　本手法は、特定分野の趨勢や状況に関して、複数の仮説を立てて包括的に将来の予測を述べるものである。簡単にいえば将来（5年〜10年程度）に関する物語である。
　一般的には「最もありそうなケース」「最悪のケース」「最良のケース」の3種類の将来シナリオを作成する。単一シナリオの予測は稀であり、厳密にいえば予測ではない。
　この手法は、第二次大戦中に米軍による軍事演習で初めて用いられた。その後、米ランド社が民間領域における使用を開始し、同社を辞職したハーマン・カーンが設立したハドソン研究所がさらに大きく発展させた。
　1974年、国際政治学者のジョセフ・ナイが論文の中で、冷戦後のインテリジェンス領域での変化を「ミステリー比率の増加」と表現し、「誰も確信を持って答えられない抽象的パズルが増えた」と指摘した。そして予想が外れた場合の

「代替シナリオ」の重要性を主張し、「代替シナリオを示すことにより、高まる不確実性に対処すべきである」と強調した。

国際的石油会社のロイヤル・ダッチ・シェルはシナリオ法によって、石油危機以降の環境の変化に素早く対応できる「組織としての認識力と適応力」を培って成功した。この分析手法を採り入れることで第一次および第二次石油ショックにおける石油価格の暴騰とその後の石油価格の暴落の可能性を察知し、さらにゴルバチョフ登場以前にソ連の崩壊を予見して、これに対して非常に巧妙に対処することができた。その結果、1970年に7大メジャー中最下位だったシェル石油は90年代には世界最大の石油会社になった。

シナリオ分析は実社会においても広く有用性が認識されている。本分析を活用することで、より直感的に社会の構造的な変化を理解することができ、より迅速に意思決定を下すことができるようになる。そのため現在、軍隊および実業界において主要な将来予測法になっている。当然、戦略的インテリジェンスにおいても有効な分析手法の1つになりえる。

シナリオ法は物語形式であるため人々が理解しやすく、興味を持ちやすいという利点がある。一方で網羅する範囲があまりに広く、説明が漠然としているという欠点も指摘されている。

シナリオ法の根底にある考え方は、以下のとおりである。
1）未来を正確に予測することは不可能であるが、多くの企業が戦略を策定する際に事業環境の見通しを1つしか持っていないのは危険である。
2）複数のシナリオを検討することにより、自分が選択した、これから選択しようとしている戦略のリスクを測ることができ、注視すべき指標、採るべき対策も事前に考えることができる。
3）シナリオを作成することにより、自分たちの事業環境の構造に関するマインドセットを客観的に検討して進化させることができる。企業が変革を成し遂げるためには、まず実際に行動する人たちのマインドセットが変わらなければならない。
4）組織に属する人たちのマインドセットが進化する時に組織は学習する。シナリオが組織内で共有された時、事業環境に関する共通認識が生まれて学習が促進される。学習する組織を築くことこそが、競争力の源泉である変化に対応するスピードを生む。

本手法の手順は、以下のとおりである。
① 問題および対象期間の明確化
② 主要な影響要因（キーファクター）の列挙

③ 影響要因の背後にあるドライビング・フォース[63]の列挙
④ 影響要因やドライビング・フォースの整理
⑤ シナリオの選定・検討
⑥ シナリオの作成・完成
⑦ 各シナリオへの対策シナリオの検討
⑧ シナリオが発生する際の指標や兆候の整理

　実際には必ずしも、上述のように順序を立ててシナリオを作成するわけではない。どちらかといえば、まず大きなシナリオを最初に選定し、それに影響を及ぼす要因との相互関係からシナリオを修正していくほうが一般的である。
　その際、以下の例示のような各シナリオと影響要因との関連表を作成し、各シナリオの主たる特性や相違点、シナリオの分岐点となる影響要因を明確にし、対象期間の主要事象（政権交代、国家的行事、国際会議など）を加味して、具体的かつ現実的なシナリオを作成することになる。

中国の対台湾政策のシナリオ分析

影響要因	現状維持	武力統一	平和統一
内　政	・政権は安定 ・党軍関係は安定	・政権内部の対立 ・軍の権限が強化	・政権は安定 ・党軍関係は安定
経　済	社会は概ね安定	少数民族問題等の生起により不安定	・社会は概ね安定 ・政治の民主化推進
	経済成長は持続	経済はやや鈍化	経済成長は持続
軍事能力	侵攻能力は不十分	侵攻能力は概ね十分	侵攻能力は十分
中台関係	・経済関係が深化 ・台湾の対中政策は現状維持	・政治交渉の途絶 ・台湾による独立宣言などによる緊張	・経済関係が深化 ・政治対話が進展 ・台湾側が統一を容認
米中関係	概ね協調関係が維持	政治的に緊張または米中経済関係は進展	協調関係が維持
米台関係	米国の政治的・軍事的な対台湾関与が継続	米国の対台湾軍事関与が低下	米国の政治的な対台湾関与が低下

筆者作成

　上記のマトリックスを基にすれば、次頁のようなシナリオ（「現状維持」シナ

63　「シナリオ・プランニング」では、社会の変化動向をとらえるために情報を収集し、そのなかから戦略立案に影響を与える変化要因を抽出し、シナリオ作成するが、それらの影響要因を「ドライビング・フォース」と呼んでいる。

リオの一例、2020年頃を想定）を効率的に作成できよう。

　なおシナリオは将来のある時点において、すでに起こったこと、現在進行形のことについて記述する。したがって、「X国は達成した」（すでに起こったこと）、「X国は現在、達成しつつ」（現在進行形のこと）といった表現を用いる。記述に「・・・このような可能性がある」「・・・の公算が高い」「・・・の可能性も否定できない」などの将来の評価が含まれてはならない。

習近平政権の現状維持シナリオ

　習近平政権は2017年の「第19回党大会」を平穏裏に終了して、第二期目に入り、政権内部の安定度は高まっている。国家安全委員会の権能強化など、党による軍の統制・管理が進展する一方、国防費の成長率10％以上を継続するなど、党による軍事優先路線が継続されている。『解放軍報』紙上では習に対する忠誠を誓う文面が随時に掲載され、習に対する軍内支持は高い。高級軍人による「軍事闘争に断固として勝利すべき」などの強硬発言は時折みられるが、戦争や武力行使を予見させるような具体的な兆候はない。また、軍による「独断先行」を懸念させるような軍事行動は確認されていない。

　国内社会は、一部において人権問題、言論統制などを批判する散発的な事象は発生しているものの、本格的な共産党批判には発展していない。また、少数民族による分離・独立運動および民主化運動の発生も小規模かつ地域限定的であり、国内社会を揺るがすような事態となっていない。また、習政権の汚職・腐敗への取り組みに対する賛辞が報じられるなど、特権に不満を持つ国民は習近平を評価している。

　経済は過去の一時期に上海を中心とするバブルの崩壊を予見させる兆候も確認されたが、党指導部による経済改革の推進、アジアインフラ投資銀行（ＡＩＩＢ）の設立が奏功し、国内にダブついた生産設備や在庫の輸出が進展している。また「一帯一路」構想に基づく周辺国の開発、食料・エネルギールートの確保なども順調である。経済成長率は6.5％前後の安定推移を継続している。国家全体としての地域格差についても過去5年間縮小しつつある。

　軍事的には、中国は軍の情報化建設を指向し、とくに米国に対する「Ａ２ＡＤ」（接近阻止、領域拒否）のための海・空軍戦力およびミサイル戦力を中心に大幅に近代化が図られた。台湾に対しては、圧倒する海・空軍力と、攻撃の前段階に投射しえる1000発以上の短距離弾道ミサイルにより、一時的に航空、海上優勢を確保し得る。しかしながら、揚陸船および輸送機の不足から台湾本島に対する着上陸侵攻能力は不十分である。

　中台双方の経済関係は深化しており、台湾企業の中国進出が増大している。台

湾は 2016 年の総統選挙において、民進党の女性党首・祭英文が勝利し、独立を党是とする民進党政権に移行した。しかしながら、対中政策は国民党との違いはなく、「独立せず、統一せず」の方針を継続している。選挙期間中も含めて「独立」を問う住民投票の実施に関する発言もなく、住民による独立運動は盛り上がっていない。
　米中関係は比較的に安定し、とくに経済の相互依存関係が進展している。米国は、東シナ海、南シナ海における中国の進出を警戒しているものの、両国の政治・軍事における高官交流は継続されている。
　米国は依然として「台湾関係法」を根拠に、中国を刺激しない程度に政治的・軍事的な関与を継続しているが、大規模な武器供与はここ５年間に限っては実施されていない。
　以上の状況下、習近平は経済を最優先した国家政策を追求する方針を掲げており、中台問題を平和的に解決する姿勢を崩していない。2016 年の台湾総統選挙においても中国は静観する姿勢を保持した。2020 年現在も「中台統一は政治的対話を段階的に積み上げることで可能」と主張している。習政権の対台湾政策を"弱腰批判"とする党内の動きは確認されていない。

筆者作成

■４つの仮説（Quadrant Hypotheses Generation）

　本手法は事象に影響を及ぼす２つの重要な要因に基づき、４つの異なる仮説を立てるものである。とくにシナリオ分析において、異なるシナリオを列挙する際に使用される。
　その手順は、①事象にとって重要な影響要因（ドライビング・フォース）を特定する、②横軸、縦軸の両極端にドライビング・フォースを記述する、③２つの要因が規定される状況がどのようになるかについて詳細に記述する、といった手順を踏むことになる。
　本手法の最も難しい点はドライビング・フォースの案出にある。その案出には有識者によるブレーンストーミング法や専門家によるデルファイ法などを活用できれば便利である。
　例示として、中国の将来について「政治」、「経済」をドライビング・フォースとして、「経済がこのまま発展するのかそれとも停滞するのか？」、「政治が権威主義体制を強化するのか民主化に向かうのか？」をそれぞれの分岐点として、４つのシナリオを案出し、それぞれのシナリオに適するネーミングと、予想される動向の要旨を記述した。
　情報分析官は様々な事象を分析する際して、この分析手法を紙面に展開す

る習慣をつけることで、将来シナリオの案出技能や分析力が向上するであろう。

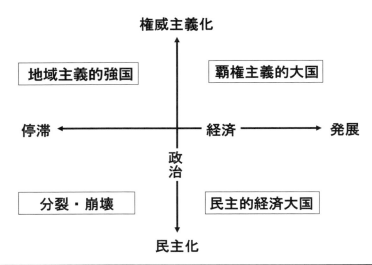

中国の4つの将来シナリオ

覇権主義的大国	中国が軍事力および経済力を背景に、対外的な強硬主義を採用し、力を背景に独自の国益追求を行なう。中国は米国に伍した世界大国となる。
地域主義的強国	覇権主義に基づく世界大国になることは経済力の停滞により困難となる。経済停滞がもたらす国内問題を解決するために、周辺国に対する強硬外交の採用が顕著となる。
民主的経済大国	政治的民主化が進展した経済大国となる。米国のような大国がアジアに出現し、経済力を梃子に周辺国に対し影響力を発揮する。状況により、いくつかの地域に分かれた連邦制が出現する可能性もある。
分裂・崩壊	共産主義体制はなし崩しとなり、国家はやがて分裂し、中国共産党の統治体制は崩壊する。経済の停滞が著しい場合には難民が大量発生する。

筆者作成

■ロジック・ツリー（Logic Tree）
　本手法は、問題の細分化、物事の全体像を把握するとともに、シナリオ分析における各シナリオの流れを考えるうえで活用できる。

この手法はマーケティング戦略などにおいて、問題解決を論理的に考察する際の有用なツールとして汎用性が高い。
　トップボックスを左に配置し、左から右へと上位ボックスから下位ボックスに進むにしたがって、2～4つ程度に枝別れしながら、ブレークダウンしていく樹形図がイメージである。同じ階層のボックスを配置する際には「重複せず、漏れなく（MECE：120頁参照）」と「同じレベルとする」ことが重要である。
　インターネット上では多数の事例が紹介されている。以下に示すものは筆者が理解しやすい良好な事例だと判断した「英語をマスターするため」のロジック・ツリーである。
　まずアトランダムに英語をマスターする方法を提出する。そこで提出された「独学で学ぶ」「通信教育で学ぶ」などの方法を「コストをかけずに学ぶ」という抽象度にまとめる。その際、「MECE」の考え方を利用し、「コストをかけずに学ぶ」方法以外はないかと考え、「コストをかけて学ぶ」方法として「語学留学する」「家庭教師を雇う」など案出する。
　さらに英語をマスターする主たる方法になりそうな「独学で学ぶ」をさらに深く分析し、ラジオ英会話、市販教材の利用などを下位階層に展開していく。

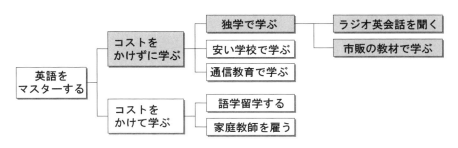

出典：http://www.kantokushi.or.jp/lsp/no612/612-02.html を基に作成

　ロジック・ツリーは戦略的インテリジェンスの分野においても適用することができる。例示として、中国が台湾に対して武力統一を行なう条件、それに至るシナリオを考察することを狙いにロジック・ツリーを作成する。
　まず条件について、台湾の独立宣言、中国国内の少数民族問題の生起、米国のアジア関与の低減など、中国の武力行使に関係あるものをアトランダムにできる限り多く列挙する。それら条件について同類、関係するものに整理し、抽

象概念に仕上げて整理する。ここでは中国の受動的意思決定によるものと能動的意思決定によるものというＭＥＣＥで整理した。さらに各事項の相関関係に配慮して以下のような樹形図を作成した。

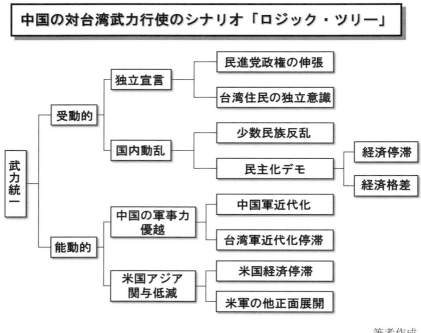

筆者作成

このような簡潔な図を描くことで、中国による対台湾武力統一に至る条件やシナリオの作成が容易になるであろう。本分析を基軸として分析内容をさらに深めることも可能であろう。

■イベントツリー（Event Tree Analysis）

　本手法は危機管理や原子力災害対処の分野で活用されている有力な分析手法である。
　次頁に紹介するイベントツリーは、爆発や火災などの最終事象を途中で阻止する条件を明らかにすることを目的としている。まず、爆発などの最終事象の

原因と思われる初期事象を想定し、それを左端に置き、時系列に事象の発展と対策を考えていき、その対策が成功した場合と失敗した場合に分岐させて、樹形図を作成していく。

樹形図が完成したならば、連なる各事象の確立を積算して発生確率を求め、最後に対策を検討する。

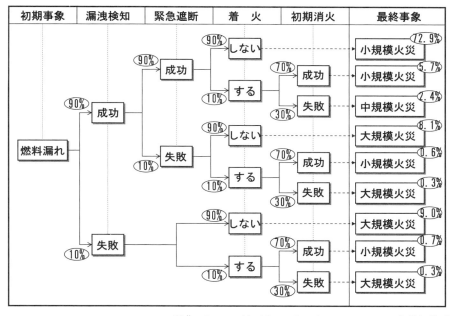

出典：http://weblearningplaza.jst.go.jp を基に作成

『ＤＩＡ分析手法入門』では「ボリビアのロサーダ大統領の政治危機」という例題を提示し、大統領の行動を辞任と留任に分岐させ、どのようなケースが軍事政権樹立に至るのか、あるいは選挙実施に至るのかを考察している。

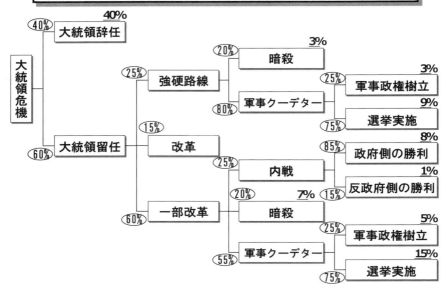

出典：ANALYTIC METHODOLOGIES "A Tradecraft Primer: Basic Structured Analytic Techniques"（1st Edition Mar 2008）から抜粋

　本手法を用いて、台湾選挙後の中国の対台湾武力行使がどのような推移となるかについて考察してみよう。
　まず、民進党が勝利した場合の分岐として「独立宣言をするか」「現状路線を維持するか」、国民党が勝利した場合は「台湾が現状の対中政策が維持できるか」、それとも中国による平和協定締結の圧力増大に対し、台湾が住民の意思を尊重して「平和協定を拒否するか」、それとも中国の圧力に屈して「平和協定を受け入れるか」をシナリオの分岐点とした。
　イベントツリーを作成したあと、それぞれの蓋然性を主観的に評価した。本分析手法を使用して、改めて考察したところ、中台危機は独立色の強い民進党政権下のみで生起するのではないことを改めて認識することができよう。

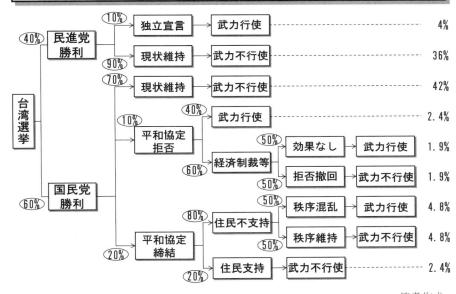

筆者作成

■兆候と警報の変化（Indicators or Signpost of Change）

本手法は、「特定事象が生起する可能性」「特定事象が生起するとすれば、いつ、いかなる状況で生起するのか？」などについて、各分野の兆候を列挙し、そのレベルの変化を個別の兆候ごとに評価し、将来の動向を見積るものである。

『CIA分析手法入門[64]』では「某国において2000年に政権交代がありえるか？」を例題として取り上げている。次頁の表はその概要である（一部を省略し、簡潔に提示）。

まず分野として、大きく政府の能力、政権の正統性、反対派の活動、経済的要因、環境問題など、政権交代をもたらす兆候を列挙する。次いで各兆候の評価を「深刻な懸念」（×）、「重大な懸念」（▲）、「中程度の懸念」（△）、「低度の懸念」（○）、「懸念なし」（◎）の5段階で評価する。そして全体的に政権交代

---

64 『A Tradecraft Primer : Structured Analytic Techniques for Intelligence Analysis』（US Government（CIA）、2009年3月）。以下、本文では『CIA分析手法入門』と呼称する。

の契機となる変化のシナリオとその時期について分析している。

兆候と警報分析（2000年の政権交代の可能性）

分野	兆候	1999				2000		
		I	II	III	IV	I	II	III
政府の能力	指導部の質／組織能力	△	△	△	×	▲	△	△
	国民要望への対応	△	○	▲	△	△	△	△
	基本的な物資・サービス提供能力							
	国内の治安維持能力							
	法治制度の有効性							
政権の正統性	政治参加の度合い	○	○	○	△	△	△	△
	汚職の程度	△	○	○	○	○	△	△
	人権侵害	○	○	○	○	○	○	○
	市民社会の脆弱性							
反対派の活動	民族・宗教上の不満	△	○	△	△	▲	▲	▲
	文民統制への軍の不満	△	△	△	▲	▲	▲	▲
	国民のデモ・抗議・暴動							
	武装勢力・分裂主義者・テロリストの活動							
経済的要因	国内経済・失業・インフラの脆弱性							
	収入格差							
	資本流出							
環境問題	環境問題の程度							
	食料・エネルギー不足							
	自然災害対応能力							
政権交代の契機となる兆候								
	選挙の混乱				⇒			
	食料・エネルギー価格の変化に対する不満			⇒				
	不評な政策の突然の断行							
	クーデター計画				⇒			
	自然災害等への不適切な対応							
	重要人物の死亡							

凡例：深刻な懸念（×）、重大な懸念（▲）、中程度の懸念（△）、低度の懸念（○）、懸念なし（◎）　⇒起こりえる時期　　出典：『CIA分析手法入門』13頁を一部修正して作成

7 仮説などの見直しを行なう

■仮説などの見直し手法

　分析は、仮説、証拠および論証の3つの要素から構成されている（69頁参照）。分析とは仮説を立てて、証拠に基づいてその仮説を立証することである。しかし著名な地質学者のT．Cチェンバレンが「我々は一度仮説を立てると、これに愛着を覚えてしまう」といっているように、誰しも、苦労の末に生み出した仮説に固執し、それを正当化したいとの野心が働く。

　こうした弊害を除去するためには、分析の前提（Assumptions、後述）を疑うことや、敵側サイドまたは政策サイドから複数の仮説を立て、いずれの仮説が妥当であるかを情報分析官同士により議論（競合）させることが重要となる。

　米CIAおよびDIAの分析入門書などでは、仮説などを見直す手法として、「重要な前提の見直し」「反対の主張」「仮説の検証」「チームA／チームB」「レッドチーム」「代案分析」「もし、ならば分析」「競合仮説分析」などを紹介している。

　以下、『DIA分析手法入門』および『CIA分析手法入門』などを基に代表的な手法について概要を紹介することとする。

■重要な前提の見直し（Key Assumptions Check）

　本手法は、正しいと思っていた「前提」（Assumptions）を、手順を踏んで見直すものである。この手法は分析の当初あるいは最終確認段階で活用できる。

　前提（Assumptions）は仮説（Hypotheses）とは異なり、仮説を立案するための基礎となるもので、「前提」とは「情報は不完全であるものの、おおよそ正しいと判断されること[65]」であり、「想定」と呼ぶこともある。

　たとえば、中国関連の分析では「世界情勢は大規模な核戦争の蓋然性が低下している」「今後、何年間は中国共産党が政権を維持する」ことを前提とし、中国の対外政策や軍事戦略などを分析することが多い。これらの前提を欠いては、いわゆる「何でもあり」の状態となってしまい、中国分析は複雑怪奇をきわめ、結局はわが国の国家政策や防衛戦略の立案に資する有用なインテリジェンスを生成することはできなくなる。

　しかし、これらの前提を無批判に受け入れることは、分析上の大きな誤りが生じる可能性がある。上述例でも「大規模核戦争の蓋然性の低下」や「中国共産党政権の維持の可能性」は共に蓋然性は高いが、「100％」ではない。

　『CIA分析手法入門』[66]によれば「重要な前提の見直し」は以下の手順にし

65　野田『CIAスパイ研修』118頁
66　『CIA分析手法入門』7－9頁

たがって行なう。
① 現在行なっている分析の方向性を見直すために、この方向性の裏付けとなっているすべての前提を列挙する。
② すべての前提について明示されたもの、黙示のものを含めて、その妥当性を検証する。
③ 各前提について、「それがなぜ正しいのか」「あらゆる状況下において妥当であるか」を検証する。
④ 主要な前提を、分析の方向性を支持する正しいもののみに精選する。あわせて、どのような状況が生起した場合、あるいは、いかなる新たな情報に接した場合に、前提を見直さなければならないかを考察する。

同入門書では「ワシントンDC狙撃事件」(2002年) を事例として提示している。事件発生後まもなく、「単独犯行」「軍事訓練を受けた白人の犯行」「白い業務車(バン)を使用」との推理が確定した。しかし、実際にはこの推理は間違いであった。結局、犯人は軍事訓練の経験はあったが、単独犯ではなく黒人男性と少年による2人の犯行であった。犯行には白いバンではなく青のシボレー・セダンが使用されていた。

この事件では、捜査段階において「狙撃手が特殊モデルのシボレーで現場から逃走した」との目撃情報もあったが、これは多数の証言のなかで無視された。同入門書は「白いバンを使用した」との情報にもっと注意を払うべきであったなどの教訓とともに、「個々の重要な前提（推理）を慎重に評価していたならば（次頁の表のように）、捜査当初から真実ではない容疑者に犯人を絞るといった失態を回避できたであろう」と指摘している。

なお、この「重要な前提の見直し」は「リンチピン分析」と説明されることもある。「リンチピン」とは荷車などの車輪が外れてしまわないように、車輪の両端に打ち込む楔のことである。インテリジェンスの分野では「ここが変わると、分析全体が変わってしまう」という、分析の基礎をなす重要な要素のことを指す。リンチピン分析は、1990年のイラクによるクウェート侵攻を予測できなかった反省を基に、CIA分析部長のダグラス・マキーチンが論文の中で提唱した分析手法[67]である。

この手法は情報分析官によって広く共有されている前提を、再度洗い直し、現実の事象を構成している重要な前提を一つずつ検討し、それらに疑義が生じた場合には、分析を振り出しに戻って行なうというものである。

---

67 北岡『インテリジェンスの歴史』244頁

重要な前提の見直し（ワシントンＤＣ狙撃事件）

重要な前提 (Key Assumptions)	評　価 (Assessment)
狙撃手は男性	過去の連続殺人事件の傾向から可能性は大。 ただし、女性を捜査から外すことには若干の危険性あり。
狙撃は単独犯行	過去の傾向から可能性は大
狙撃手は白人	過去の傾向から可能性はあるが、不確か。非白人を捜査から外すことは危険
狙撃手は軍事訓練経験者	可能性あり。軍事訓練の経験者を捜査から外す十分な理由はなし
狙撃手は白いバンを使用	信頼できる目撃情報から可能性あり。 ただし、地域には白いバンは多数あり、他の車両に関する情報もあるため継続捜査が必要

出典：『CIA分析手法入門』

■代替分析（Alternative Analysis）

　本手法は「主要な前提が間違っていた」として分析を組み直すものである。たとえば2003年のイラク戦争においては、米国政府が判断した「サダム・フセインは大量破壊兵器を保有しており、"ウソ"をついている」という前提を、「彼は大量破壊兵器を保有していないし、彼は真実を述べた」という前提に置き換えて分析を組み直してみることである。

　2004年の米インテリジェンス法は、代替分析やレッドチーム分析を奨励している。しかし、重要な論点にこのような競合的分析を採り入れると、分析の諸段階から政治的要素が加わり、意図的に自らの都合のよい結論に導こうとする「インテリジェンスの政治化」（38頁参照）が起こる可能性もある。

■仮説の検証（Hypothesis Review）

　本手法は仮説を立案したあとで、敵や政策決定者の立場から仮説を検証する方法である。ミラー・イメージングなどのバイアスを排除して、個々の仮説の理解を深めることを狙いとする。本手法は通常以下の4つの段階を1つずつ経て、次の段階に進む[68]。

① 仮説の利益（Benefit）および利点（Plus）を敵対者、または意思決定者の立場から考察（見直し）し、これを列挙する。

68　『CIA分析手法入門』28-29頁

② 選択肢を選ぶことでこうむるリスク（Risk）、不利点（Minus）について敵対者、または意思決定者の立場から考察し、これを列挙する。
③ 各リスクおよび不利点をどうしたら低減できるかを、敵対者または意志決定者の立場から考察する。もしくは、予期しない反応がどのように起こるかについて論理的に考える。
④ それぞれの仮説ごとに見直した結果を比較する。

　他国の指導者の意図を判断するためには、彼らの価値観や前提条件、さらには彼らの誤認や誤解までを理解する必要がある。彼らの行動が「非合理」「無益」に映ることはしばしばある。これは情報分析官が他国の指導者らが置かれている環境を、自らの価値観や思考の枠で考えるというミラー・イメージングの誤りによるものである（97頁参照）。つまり、自己中心的な思考や自分の文化的背景を排除して、異なる集団に属する人物の物の見方で創造的に考察することが大切なのである。
　「仮説の検証」は政策決定者に対し正しい代案を選択させることよりも、政策決定者がいかなる過程を経て意思決定を行なうかを洞察、理解することを目的としている。
　『ＤＩＡ分析手法入門』では、2006年の「テポドン２」の発射を事例として取り上げている（次頁参照）。当時、米情報コミュニティでは「北朝鮮が取りえる選択肢は何か？」が議論され、「北朝鮮の政権維持は近隣諸国に依存しているため、ミサイルを発射しない」と説く情報分析官がいた。同入門書では、「この仮説は北朝鮮を大局的に分析していたが、『仮説の検証』を採り入れていたならば、情報分析官は北朝鮮が考えていたさまざまな選択肢に対する理解を高めることができたであろう」としている。

仮説の検証（北朝鮮のミサイル発射）

仮　説	利益/利点	リスク/不利点	リスクの軽減
発射しない	・近隣諸国からの支援がえられる ・追加制裁措置が回避できる	・国内支持を失う ・技術的能力を誇示できない	・米国などを非難する国内宣伝を強化する ・なし
発射する	・技術的能力を誇示できる ・科学者・技術者に技術検証のための必要情報を与えられる ・軍民の士気を高揚できる ・米国による軍事行動に対する安全保障が高まる	・発射失敗の可能性がある ・近隣諸国からの支援を失う ・国際社会の圧力が増大する ・追加制裁措置の可能性がある	・発射は成功したとの宣伝を展開する ・短射程で発射し、関心を低減する ・短射程で発射し、抗議を低減する ・短射程で発射し、制裁要求を低減する

出典：『DIA分析手法入門』28-29頁を基に筆者が作成

■ **反対の主張（Devil's Advocacy）**

　本手法は支配的な仮説に対して、あえて異議を唱えることで仮説を再検証し、思い込みを打破するものであり、「悪魔の代弁者[69]」（devil's advocate）とも呼称される。

　本手法にはこれといった定式や決まりはないが、『ＣＩＡ分析手法入門』では、重要な事象を取り扱う場合、主要な前提を見直す場合、異なる仮説を支持する議論やデータを提示し別途にプロダクトを作成する場合などにおいて「反対の主張」が有効であると指摘する。

　その手順はおおむね以下のとおりである。
① 　主流の仮説と前提、判断を支持する証拠を列挙する。
② 　明示・黙示を問わず異論のある前提を抽出する。
③ 　抽出した前提を、「妥当性のないものはないか？」「欺瞞を示唆するものはないか？」「大きく欠落したものはないか？」という視点で見直す。

69　ディベートにおいて多数派に対し、敢えて批判や反論を行なう役割を担う者を指す。ディベートにおいては同調を求める圧力が強くなると、批判・反論しにくい空気が生まれ、健全な思考が妨げられるので、それを防ぐために「悪魔の代弁者」という役割を設定する。

④ 異なる仮説を支持する証拠、現状の思考と相反する証拠を強調する。この際、前提に問題があること、証拠の信頼性が低いこと、もしくは欺瞞の疑いがあることを示す論拠を提示する。
⑤ 既存の分析の欠点が明らかになった場合、別途、反証のプロダクトを作成し、異なる結論(仮説)とその論拠を説明する。この際、現在の主流となっている仮説を明示し、主流のプロダクトとは「反対の主張」であることを明確にする。

1973年10月、イスラエルはエジプト軍とシリア軍による奇襲攻撃を許してしまった。イスラエル情報機関ＩＤＩ(アマン)は、この原因は「エジプト側の欺瞞に引っかかり、真実の攻撃を攻撃準備と誤解したことにある」と反省し、組織内に「修正課」を設置した。同課は、既設の「分析課」と同じインフォメーションを使用して、「分析課」とは異なるインテリジェンスを分析・作成する任務を有している。国家組織レベルで「悪魔の代弁者」が取り入れられていることは極めて興味深い[70]。

■チームＡ／チームＢ (team A/team B)

本手法はチーム内に、異なる２つの主要な仮説が存在することを前提に、仮説を相互に競わせるものである。「反対の主張」とは異なり、１つの仮説に反対する「悪魔の代弁者」の役目を「チームＢ」に演じさせるものではなく、「レッドチーム」とも異なり、「チームＢ」に敵対国の役割を演じさせるものでもない。

本手法は「ソ連の核戦略と戦略的意図」に関するインテリジェンスを見直すために1976年に「チームＡ」と「チームＢ」が結成されたことに端を発する。当時、「チームＡ」は情報機関の情報分析官で編成され、「チームＢ」は明確な"タカ派"の外部専門家で編成された。この試みにおいて「チームＢ」は予想どおりソ連の意図を"脅威論"の立場から見積もった[71]。

本手法の狙いは、双方の分析に「どのような強みがあるのか？」「欠点や証拠不足はあるのか？」などを明らかにすることで、他国の指導者などの考え方を理解することにある。この手法は同一グループ内の情報分析官個人の摩擦を低減し、仮説に対する共通認識を高めることができる。政策決定者にとっては専門家グループのなかに異なる仮説が存在し、議論を行なうなかで何が重要な前提であり、仮説を裏付ける重要な証拠は何かを明らかにし、どの仮説が最も論理的であるかを判断することができる。

---

70 『イスラエル情報戦史』304-309頁
71 茂田『インテリジェンス』171頁

本手法は一般的に次のような手順で行なわれる。
① 2つ、もしくはそれ以上の競合する仮説（見解）を特定する。
② それぞれの仮説に基づいてチームを編成する。
③ 各チームは自らの主張（仮説）と整合する証拠を全面的に見直す。
④ 欠けている証拠、仮説を補強できる証拠を特定する。
⑤ 各チームは重要な前提、重大な証拠を明示し、論理的な議論を行なう。

　仮説を戦わせる方法はアトランダムな形でのブレーンストーミング方式でもよいし、定型が定められたディベートでもよい。いずれにせよ審判員を選出し、双方の主張を評価することが重要となる。
　1998年5月のインドによる核実験を、米国の情報コミュニティが予測することに失敗したことを受けて、退役海軍提督のデヴィッド・ジェレマイアが『CIA情報本部における競争（代替）分析』（Alternative Analysis in the Intelligence, May 1999）という報告書で、「CIAは競争分析にもっと力を注ぐべきだ」と強調した。これを受け、CIA情報本部は外部専門家の使用を拡大し、本手法を頻繁に使用するようになったという。とはいうものの、わが国の情報機関などでは、2つのチームを編成して仮説を戦わせる環境や時間はないのが実情であろう。

■レッドチーム（Red team）

　本手法は敵対国（レッドチーム）を編成し、特定の問題について、敵対国がどのように考えるかを再現することで、敵対国の意図や考え方を理解するものである。つまり、情報分析官の「合理的思考」「文化的規範」「個人的価値観」から離れて、敵対国の文化・政治的背景から特定の問題に関する仮説を見直すものである。
　本手法は「重要な前提の見直し」（173頁参照）「チームＡ／チームＢ」と同じく、情報分析官が陥りやすい欠点であるミラーイメージング（97頁参照）から解放することに狙いがある。
　レッドチーム分析は、しばしば情報要求の言い換えから始まる。たとえば、「Ａ国が緑海から撤退したならば、Ｘ国はどのような行動に出るか、島嶼に対する武力侵攻はあるか？」という情報要求を、Ｘ国の立場に立って「無関係な第三国がわが国の聖域から撤退する好機をとらえて、わが国はどのようにして武力行使の政治的正当性を確保し、上陸兵力を結集できるか？」などに書き換えて、敵対国の立場から具体的な戦略目標を立てていくことになる。
　本手法の最大の欠点は「レッドチーム」の編成が容易ではないことである。

チームは敵対国の言語や文化のみならず、敵対国の意思決定機構の性格や思考法、敵対国に存在する組織の活動環境などについて深い見識を持った専門家によって編成される必要がある。つまり敵対国の文化圏を実際に経験した者、民族的背景がある者、類似の環境で育った者などから編成される必要がある。

しかしながら、多民族国家であり多くの亡命者などを受け入れている米国とは異なり、単一民族国家であるわが国は残念ながら「レッドチーム」を編成できる良好な環境にはない。

■競合仮説分析（ACH：Analysis of Competing Hypotheses）

9.11同時多発テロとイラク戦争における「インテリジェンスの失敗」以降、「競合仮説分析」が注目を集めている。この手法は米CIAなどで行なわれている分析手法であり、修正／アンカーリングのヒューリスティック（98頁参照）の回避・軽減を最大の目的としている。

この手法は仮説と証拠を洗い出し[72]、仮説と証拠との関連性（整合性）を評価するものである。それぞれの仮説を「整合する証拠」（仮説を裏付ける証拠）によって立証していくよりも、むしろ「不整合の証拠」（仮説を否定する証拠）が多い仮説を削除していくという考え方に立脚している。

ACHは紙と鉛筆があれば、どこでもできるが、表計算ソフトなどにデータを入力してデータの評価を数値化して集計したり、ACH専用のソフトウェア[73]を活用したりすれば、膨大なデータの整理などにかかる労力を低減することができる。

ACHは、とくにデータの流れを取り込んだり、評価したりする時に適している。たとえば、「この部品は、どの武器システムのために輸入されているのか？」とか「X国はどのようなミサイルシステムを輸入または開発しているのか？」といった技術的案件の分析に適している。

ACHは1人でも実施できるが、6～8名のチームを編成し、1つの評価に対して複数の人が意見を加えることができるような状況で実施した場合、また、ほかの情報機関などと情報（証拠）や意見を交換することができる場合などにおいては、より効果を発揮する。

長年、CIAで教育にあたってきたリチャード・ホイヤーおよびランドルフ・パーソン[74]によると、この手法は次の8つのステップを踏んで実施する。

---

72 筆者がある専門家に確認したところ、「仮説は5以下、証拠は10から20個が妥当」との回答をえた。
73 http://www.pherson.org/ach/や www2.parc.com/istl/projects/ach.html などを参照。
74 Richards J. Hewer Jr., Randolph H. Pherson. "Structured Analytic Techniques" CQ Press 2011.

なお、それぞれのステップには筆者が考えるＡＣＨ活用時の着意事項を付記する。

1）ステップ①【仮説を列挙する】

　成り立つと思われる仮説を考えられる限り、漏れなく列挙する。それぞれの仮説には、それを説明する簡単なシナリオやストーリーを考える。
　（筆者付記：仮説の列挙は個人では限りがあるため、グループでブレーンストーミングしながら仮説を列挙することを奨励する）

2）ステップ②【証拠リストを作成する】

　それぞれの仮説を支持する、あるいは否定する証拠（主張、前提などを含む）を列挙して、証拠リストを作成する。このリストには「もし、ある仮説が正しいならば、発生するはずのない事項」が含まれる。
　（筆者付記：「ある仮説が正しいならば、発生するはずのない事項」とは、現時点で「最も有力な（ありそうな）仮説」をより確実なものにするため、または「最も有力な仮説」を削除するために、能動的に探し出す証拠（情報やデータ）のことである。たとえば、現時点では仮説３が「不整合の証拠」が少なく、「最も有力な仮説」である場合でも、それで満足することなく、もしこういう証拠があれば、仮説３は削除できると考えて、あえてそのような証拠を探し出すことである。これは「アレクサンダーの質問」とも呼ばれている。1976年、当時のフォード米国大統領が、「豚インフルエンザの予防接種を行なうべきか？」について、専門委員会に諮問した。ワシントン大学のラッセル・アレクサンダー教授と委員会メンバーは、「どのようなデータ（証拠）があれば、予防接種を行なうべきではないか？」を考えた。その時点では、教授もメンバーも「予防接種を行なうべきではない」ことを決定づけるデータは入手していなかった。そのようなデータが存在するかどうかもわからなかった。教授らは、「徒労に終わるかもしれないが、そのようなデータを探す努力だけはすべきだ」として、実際に探した結果、そのようなデータが存在したのである。）

3）ステップ③【仮説の判定に影響する証拠を評価する】

　仮説（横軸に記入）と証拠（縦軸に記入）からなるマトリックスを作成する。各証拠（主張、前提を含む）を仮説に照らし、評価結果をマトリックスに入れていくことで、証拠と仮説との整合性を評価する。
　この際、「仮説と証拠が整合する」場合はＣ（Consistent、整合）[75]、「仮説

---

[75] ＡＣＨではＩの「不整合」を重視するため、Ｃは「整合しないわけではない」という程度の証拠で構わない。

と証拠が不整合する」(証拠が真ならば、仮説が偽になる) 場合は、
I (Inconsistent、不整合)、「いずれともいえない」場合にはN (Neutral、中立) と判定し、それぞれの判定結果をマトリックスに記入していく。非常に強く整合するものには「CC」を、整合性が非常に弱いものには「II」を記入する。(次頁のACHマトリックスの一例を参照)

4) **ステップ④【仮説と証拠の両面からマトリックスを精査する】**

　必要であれば2つの仮説を1つに整理・統合したり、別の仮説を付加したりする。証拠についても新たなものを入手し、必要であれば追加する。

　また、ステップ③においてすべての仮説に整合または不適合であった証拠は、仮説の判定に影響しないので削除し、マトリックスを精査する。

　下図のマトリックスの例では証拠3と証拠6を削除する。

ＡＣＨマトリックス (一例)

	仮説1	仮説2	仮説3	仮説4
証拠1	I	I	I	C
証拠2	I	C	CC	I
~~証拠3~~	~~I~~	~~I~~	~~I~~	~~I~~
証拠4	I	C	N	C
証拠5	C	II	I	I
~~証拠6~~	~~C~~	~~C~~	~~C~~	~~C~~
証拠7	N	I	C	C
証拠8	C	I	C	I

5) **ステップ⑤【「暫定的結論」を出す】**

　精査したマトリックスに基づいて、不整合 (IまたはII) の数を計算し (ソフトウェアでは自動的に計算してくれる)、現時点での「暫定的結論」を出す。不整合の数が最も少ないものが「最も有力な (ありそうな) 仮説」、すなわち「暫定的結論」となる。逆に不整合の数が最も多いものが「最もありそうでない仮説」である。

　次頁のマトリックスの一例では、仮説3が「暫定的結論」であり (I不整合の数が2)、仮説2が「最もありそうでない仮説」(I不整合の数が5) ということになる。

精査したACHマトリックス（一例）

	仮説1	仮説2	仮説3	仮説4
I（不整合）の数	3	5	2	3
証拠1	I	I	I	C
証拠2	I	C	C C	I
証拠4	I	C	N	C
証拠5	C	I I	I	I
証拠7	N	I	C	C
証拠8	C	I	C	I

（証拠3と6を整理／削除）

ACHマトリックスの一例（ソフトウェア使用）

Classification:			Type	Credibility	Relevance	H:1	H:2	P
Project Title:		Weighted Inconsistency Score				-3.0	-1.0	
Available Matric Main		Enter Evidence						
	E5			MEDIUM	MEDIUM	NA	NA	
Evidence Link:	E4	missing money from evidence room		MEDIUM	MEDIUM	C	C	
Evidence Notes:	E3	left cell phone.		MEDIUM	MEDIUM	I	C	
	E2	no defensive wounds		MEDIUM	MEDIUM	I	I	
	E1	repeat trip		MEDIUM	MEDIUM	I	C	

　このソフトウェアでは、「I」を－1として計算している。実際には仮説も証拠もさらに入力すべきであるが、現時点では仮説2（H:2）が「暫定的結論」であり、仮説1（H:1）が「最もありそうでない仮説」となる。

6）ステップ⑥【「最も有力な証拠」を再検討する】

　「暫定的結論」が依拠している「最も有力な証拠」を明らかにする。「最も有力な証拠」を「偽情報や誤情報ではないか」、または「異なる解釈ができないか」などの視点から再検討する。もし異なる解釈ができ、「暫定的結論」を別の仮説に変更（たとえば、上述のマトリックス（ソフトウェア使用）では

仮説2から仮説1に変更)する必要があれば、もう一度前に戻って考え直す。
　(筆者付記:このステップは極めて重要である。「Ｉ(不整合)の数が最も少ない仮説が正しい」というように明確な答えがでることもあるが、それはまれである。むしろ、通常はＩの数が同程度に少ない複数の仮説が残ることが多い。また、ＡＣＨの結論が長年の経験に基づく直観と異なる場合もある。その際、直観によって単純に結論を修正すれば、ヒューリスティックのバイアスに陥るだけである。このステップでは、なぜＡＣＨによる結論と直観とに開きがでたのかに焦点を当てて、もう一度マトリックスを見直すことが重要なのである。
　煩雑なようだが、これが直観の引き起こす問題を最小限に抑えつつ直観の素晴らしさを最大限に生かす唯一の道である)

7)　ステップ⑦【結論を報告する】

　結論として、検討したすべての仮説について報告する。この際、「最も有力な仮説」を提示するだけではなく、「判定に対して最も緊要な証拠はどれである」「相対的にありそうな仮説はどれである」「そのほかの仮説の"確からしさ"はどの程度か」などについても報告する。
　(筆者付記:現実は、絶え間なく変化するため、予測する未来も絶え間なく変化し続ける。今日の段階で「最も有力な仮説」が、明日には、新たな証拠の入手により、別の仮説に取って代わられることもある。このように分析は終着点のない不断の業務であるので、途中で報告を求められれば、その時点におけるベストな分析結果を報告する)

8)　ステップ⑧【将来の観測のための指標・兆候を特定する】

　将来が結論どおりに進んでいるか、それとも結論とは異なる方向に進んでいるかを見定めるための指標は何か？　報告した結論を大きく変更する事象が生起した場合にはどのような兆候が生じるか？－を考察し、将来の観測に必要な指標・兆候を特定し、指標・兆候リストを作成する。
　(筆者付記:このようなリストを作ることにより、アレクサンダーの質問へも対応できる。)

　競合仮説分析は最も体系的な分析手法であるといわれるが、それほど難しく考えることはない。先述のようにＡＣＨは紙と鉛筆があればどこでもできるし、1人でも実施できるのである。まずはマトリックスを作って、分析を開始してみることが重要である。
　そこで新たな証拠があればそれを追加する。その結果、新たな仮説が立てら

れればそれも追加する。同じような証拠は整理・統合し、結論に影響を及ぼさない証拠は削除する。このようにして、マトリックスを精査し、証拠と仮説との整合性を評価するレベルを高めていけば良いのである。

では実際の使用例について説明しよう。2010年9月7日の中国漁船が尖閣諸島領域内で海上保安庁巡視船に衝突した事件は、読者の方々にとっても、いまだに記憶に新しいと思う。中国側の圧力により、漁船船長が同年9月24～25日に釈放され、これで「両国の対立関係は一段落か？」と思いきや、10月16日から18日にかけて、中国内陸部の地方都市で、尖閣諸島領有を主張する地域住民（学生ら）による反日デモが展開され、日系スーパーや日本車などが破壊された。

この事案に関する関連事象の推移およびその背景に関するクロノロジーは187頁のとおりであるが、まず要点を整理、捕捉説明しておこう。

中国漁船衝突事件の概要
- 9月7日、中国漁船がわが国海上保安庁の巡視船に衝突。海上保安庁は漁船船長を公務執行妨害で逮捕し、9日、船長を那覇地方検察庁石垣支部に送検した。
- 9月9日、北京の日本大使館前で40人規模の反日デモが発生した。
- 9月19日、日本政府（石垣簡易裁判所）が漁船船長の拘置期間を延長すると発表した。
- 9月21日、中国政府による報復措置が強化され、中国に駐在中のフジタ社員4人が中国当局に拘束された。
- 9月24日、日本政府が漁船船長の釈放を発表し、10月4日には両国首脳によるＡＳＥＭでの「交談」が実施。10月9日には中国当局がフジタ社員全員を解放した。
- 10月16日、成都、西安、鄭州、錦陽、武漢などの内陸部の地方都市で反日デモが発生した。

10月デモ当時の日中関係
- 中国漁船船長が保釈され（9月24日）、日中指導者による両国関係の修復の兆しがあった。
- 10月下旬の東アジアサミット、11月のＡＳＡＮ会議を控え、これら会議における日中首脳会談の開催可否などが焦点になっていた。
- 日本においては前原外務大臣の強硬発言や中国漁船衝突事件のビデオ

を公開する動きがあり、中国側はこれを警戒していた。
- 2010年5月、温家宝総理の訪日時、日中双方は東シナ海ガス田の共同開発で話し合うことで合意した。しかし、中国漁船衝突事件の直後にその合意は白紙となった。白紙後、白樺ガス田の掘削作業が再開され、中国法執行船による現場海域への進出が恒常化した。

党5中全会をめぐる動向
- 2009年の4中全会（第17期第4回中国共産党中央委員会全体会議[76]）では習近平の党中央軍事委員会副主席への就任が有力視されていたが、見送られた。
- 5中全会（2010年）では習近平の副主席就任が重要審議事項になっていた。（各種報道）
- 大幅な人事異動が予想される2012年の共産党大会に向けた指導部内の水面下での権力闘争が始まっていた。（各種報道）

デモ発生場所の政治的・経済的特性
- デモが最も活発であった四川省は胡錦濤政権とは別の派閥である江沢民派（上海閥）の勢力圏に帰属していた。
- 四川省等の内陸部は沿岸部との経済格差が大であり、就職難、貧富の格差、地方政府の横暴などに対する地域住民による不満が根強い。
- 2008年の四川大地震の復旧活動に対する住民の不満が残存していた。

---

[76] 通常は1年に1回、10月から11月にかけて開催。5年に計7回の開催。中国共産党の最も重要な会議の一つであり、党内人事などが決定される。

事件を巡る関連事象の経過（クロノロジー）

時　期	関連事象
9月7日	中国漁船が海上保安庁巡視船に衝突した。
9月9日	北京の日本大使館前で40人規模の反日デモが発生した。「船長違法逮捕、即時解放」「釣魚島（尖閣諸島）はわが領土」などのスローガンおよび対日批判を展開した。
9月12日	午前0時、中国政府は北京駐在の丹羽大使を呼び出し、日本側の措置に抗議し、船長の即時解放を要求した。
9月13日	日本政府、船長以外の船員を帰国させ、漁船を解放した。
9月15日	事件発生後、中国人による北京日本大使館や日本人学校への抗議やいやがらせが約30件に達した。
9月18日	「柳条湖事件[77]79周年」行事に連接し、北京の日本大使館前、瀋陽および香港の日本総領事館前、深圳市において反日デモが生起した。いずれも小規模かつ抑制的であった。
9月19日	日本政府（石垣簡易裁判所）、漁船船長の拘置期間を10日間延長すると発表した。
9月21日	・中国政府が「閣僚級の往来停止」など複数の報復措置を開始。 ・中国に駐在中の日本人（フジタ社員）4人を「許可なく軍事管理区域を撮影した」として、中国当局が拘束した。
9月21日	訪米中の温家宝総理が「必要な強制的措置をとらざるをえないな」と発言した。
9月24日	日本政府、漁船船長の釈放を発表。船長は25日、"凱旋帰国"。
9月29日	細野豪志議員が個人的な理由で中国を訪問した。
10月4日	ブリュッセルのＡＳＥＭでの菅総理と胡錦濤総書記が20分間の「交談」が実施された。
10月9日	中国当局がフジタ社員全員を解放した。
10月15日	党5中全会が予定どおり開催された。
10月16日～18日	成都、西安、鄭州、錦陽、武漢などの内陸部の地方都市で反日デモが発生した。最大規模は約3万人規模まで膨張し、一部が暴徒化した。「釣魚島（尖閣諸島）はわが領土」などのほか、台湾総統を讃えるプラカードなどが確認された。
10月17日	党5中全会が平穏に閉幕され、習近平が党中央軍事委員会副主席に就任した。※次期指導者としての階段をまた一歩前進

筆者作成

---

[77] 1931年9月18日に発生。満州事変の契機となった。

〔競合仮説分析の適用〕

ステップ①【仮説を列挙する】

仮説を列挙し、それを説明する簡単なシナリオ、ストーリーを考える。実際には仮説2と仮説3の複合型などが考えられるが、シナリオの特異性を浮き上がらせることが重要である。

仮説の列挙

仮　説		シナリオ、ストーリー
仮説1	党指導部による対日牽制デモ	党指導部が地域住民による自発的デモを装い、日本側の対中発言を牽制する、衝突事件のビデオ公開を妨害するなどの目的で実施。あわせてAPEC等の国際会議において、日本側に対して対中譲歩を迫るための政治的口実（日本の横暴ぶりが中国国民に怒りの感情を扶植しているなど）をえようとしている。
仮説2	「地域住民（学生含む）による自発デモ」	地域住民や学生等が「反日＝愛国主義」を利用する形で、党・政府に対する不満（就職難など）を表明する。あるいは形を変えた民主化要求を行なう。
仮説3	敵対派勢力による党指導部に対する揺さぶりデモ	敵対勢力が5中全会開催中という時期をとらえ、厳重な警戒態勢下の北京から離れた地域におけるデモを主導し、エネルギー権益の確保、あるいは現政権に対する揺さぶりなどを企図する。

筆者作成

ステップ②【証拠リストの作成】

2010年10月18日時点での分析とするため、この時点で収集できたていたと思われる証拠のみを案出した。当初の証拠の案出に当たっては、「階層の斉一に留意する」「合理的な順序に入れ替える」などの措置にあまり拘る必要はない。マトリックスを精査する段階で、階層の斉一化や順序の入れ替えなどは逐次行えばよい。なお、証拠リストには情報源を付記することが望ましい。

証拠リスト

	証　拠	内　容
証拠1	日中関係の改善兆し	漁船船長が釈放され、日中間の最大の障害は解決され、日中関係が逐次に改善される兆しが生じている。
証拠2	現政権の統制困難な時期・場所に限定	デモは5中全会の最中、北京から離隔した、上海閥の根拠地で発生した。
証拠3	日本政府機関等の明確な抗議対象なし	デモは日本の政府機関の所在しない場所で生起した。
証拠4	扇動者は未特定	特定の扇動者は不明。表面上は地域住民がデモの主体となっている。
証拠5	デモの拡大と暴徒化	9月のデモとは異なり、規模が拡大して一部暴徒化する様相がみられた。
証拠6	権力闘争の存在	2012年の党大会人事を巡り、政権内部における権力闘争が開始されている可能性がある。
証拠7	東シナ海ガス田に対する既得権益者の存在	温家宝総理が2010年5月におこなった東シナ海ガス田の共同開発の話合いで合意に対して、激しい反発があった。
証拠8	地域住民による政府批判・不満の存在	デモ発生場所の地域住民は他の地域の住民に比して政府に対する不平・不満が相対的に根強い。
証拠9	日本政府の強硬対応の動き	日本の前原外務大臣の強硬発言や衝突ビデオの公開に関する動きがあった。
証拠10	政権に大きな揺らぎなし	5中全会は予定通り開始され、平穏裡に終了。習近平は軍副主席に選出された。
証拠11	国際会議等における尖閣諸島問題の注目	日中はAPEC等の国際会議を控えており、首脳会談の開催の可否が注目されている。尖閣諸島領土問題の存在が世界的にクローズアップされることが予想されている。
証拠12	習近平に対する責任追及	習近平の軍副主席就任と国内問題はリンクしている可能性がある。国内問題を習の責任として追求できる可能性がある。

ステップ③〜④【仮説の判定に影響する証拠を評価する】

以下のようなマトリックスを作成して、各証拠と各仮説の整合性を評価する。マトリックスは逐次に精査する。

〔マトリックス〕

ACH（反日デモ）

証拠		仮説		
		党指導部による対日牽制デモ	地域住民による自発的デモ	敵対者による党指導部への揺さぶりデモ
		仮説1	仮説2	仮説3
証拠1	日中関係の改善兆し	I I	C	C
証拠2	現政権の統制困難な時期・場所に限定	I I	I	C C
証拠3	日本政府機関等の明確な抗議対象なし	I	C	C
証拠4	扇動者は未特定	C	C	I
証拠5	デモの拡大と暴徒化	I	C C	C
証拠6	権力闘争の存在	I	I	C C
証拠7	東シナ海ガス田問題に対する抵抗勢力	C	I	C
証拠8	地域住民における政府批判・不満の存在	C	C C	N
証拠9	日本政府の強硬対応の動き	~~C~~	~~C~~	~~C~~
証拠10	政権に大きな揺らぎなし	C	N	I
証拠11	国際会議等における尖閣問題の注目	C	I	I
証拠12	習近平に対する責任追及	I	I	C

筆者作成

ステップ⑤【「暫定的結論」を出す】

　ここでは、Ｉが３個と最も少ない仮説３「敵対派勢力による党指導部の揺さぶりデモ」を「暫定的結論」として提示することになる。最も「ありそうではない仮説」は、Ｉが８個の仮説１の「党指導部による対日牽制デモ」ということになる。競合仮説分析の趣旨は、「不整合の証拠」（仮説を否定する証拠）が多い仮説を削除していくという考え方に立脚しているので、仮説１は削除して、仮説２と仮説３に焦点が絞られることになる。

ステップ⑥【「最も有力な証拠」を再検討する】

　「暫定的結論」を支えている「最も有力な証拠」を再検討する。つまり、仮説３の最も有力な証拠を「政権内部の権力闘争の存在」とした場合、たとえば「報道ベースであり、信頼性に疑問がある」「そもそも政権移行期になれば権力闘争説の浮上は珍しくないが、これまで政権交代において大きな権力闘争は発生していない」「マスコミの商売主義による偽情報である」などの視点から、最も有力な証拠を再検討することになる。この再検討によっては、仮説１が復活することもある。

ステップ⑦【結論を報告する】
　政権内に権力闘争があり、デモの発生場所が現政権の統制困難な時期・場所に限定されていることなどから「敵対派勢力による党指導部に対する揺さぶりデモ」の仮説が最も有力と考える、といった現時点での結論を報告する。
　そのほか、仮説１および仮説２についても理由や蓋然性を含め、要点を報告する。その際、蓋然性は低いものの「仮に党指導部による対日牽制デモ」であった場合、中国指導部は日本に対するさらなる対中譲歩を企図しており、譲歩がみられなければ、デモは繰り返し行なわれる可能性がある、といった、わが国に影響度の大きいものについて言及する着意が必要である。

ステップ⑧【将来の観測のための指標・兆候を特定する】
　このデモが発生した数日後に、「10月16日に四川省成都などで最初のデモが起きた直後、中国公安部が『デモは違法行為であり厳格に取り締まるように』とする内部通達を地方都市や大学当局に発出した」ことを、複数の中国筋の情報として邦字紙が報道した。この情報は報道ベースであるため、情報の正確性には疑問があるものの、仮に、競合仮説分析を行なっている時点で、デモに対する党中央の指示が、信頼できる情報源から明確になっていれば、仮説１はさ

らに自信を持って排除できたであろう。

　同様に、9月29日に細野豪志議員が個人的な理由で中国を訪問した。これに関して、『毎日新聞』(2010年11月8日朝刊)によれば、細野議員は「衝突事件のビデオを公開しない」「沖縄県知事の尖閣諸島視察を中止する」などという密約を結んだという。この報道が正しければ、仮説1を支持する理由はより少なくなったであろう。

　本分析は2010年10月18日時点を想定しているが、上記のような結論(この場合は仮説3)をさらに裏付ける指標・兆候(政権内部の権力闘争の具体化、習近平と対立している勢力・個人は誰かなど　コラム参照)、あるいは結論を変更するような事態の生起を見極める指標・兆候(地域住民による反政府主張の増大、党指導部による対日圧力の再強化など)を探していくことで、その後の情勢推移を正しく見積もることができよう。

　だから、競合仮説分析では、最後のステップにおいて、そのようなリストを作成しておくことを推奨しているのである。

　ＡＣＨは本来、とくに技術的案件の分析や、"白黒"がはっきりしている犯罪事件の捜査などに適している。本事例のように、各仮説の分岐点がかならずしも明確でない場合では、証拠と仮説との整合性の評価はさまざまな要因が複雑に織り成すなかでの主観的評価にならざるをえない。しかし、マトリックスを全く作成せずに、やみくもに仮説を裏付ける理由のみを案出するとすれば、それは単なる"直感"であり、もはや分析とはいえない。また、往々にしてあるのは、ベテランであればあるほど自らの経験に基づき最初から「仮説1」はありえないといった発想になりがちで仮説から外してしまうことがある。

　本手法は、結論(最も有力な仮説)出すことに主眼があるのではない。マトリックスを作成し、証拠と仮説との整合性を丁寧に、かつ複眼的に行なうことで、不正常なマインドセットからの脱却や、バイアスの排除を行なうものである。とくにマトリックスにおいてそれぞれの仮説を立証する、または否定する「有力な証拠」としているものを経歴、立場、専門性の異なる複数の目で考察することにより、個人が陥るバイアスを排除しようとするものである。

　イラク戦争では「フセインは大量破壊兵器を持っていない」などの特定の仮説をメンタルチェックにより排除してしまい、分析上の大失敗を晒した。こうした失敗を繰り返さないために、ＡＣＨを活用することが重要なのである。

　ＡＣＨの厳格な適用を意識するばかりに、その使用に躊躇したり、学問的研究に留まったりするよりは、「証拠が不確実」「仮説の分岐点が明確でない」などの少々の支障があっても、「躊躇せず、現実の事象に対して柔軟に使用すべきである」と筆者は考えるのである。

敵対派勢力の首謀者は誰か？

　反日デモからしばらく立って、さまざまな関連事象が生起した。今となっては、敵対派の首謀者は当時の政治局常務委員・周永康であったという説が有力になっている。

　周は、元総書記の江沢民らの上海派の後押しにより、石油企業代表から中央政界に抜擢された。その後、四川省トップ（党委員会書記）を経て、公安部長を歴任。デモ当時は党中央政法委員会書記として、デモを取り締まる公安部を指導・監督する立場にあった。こうした彼の経歴からみるならば、デモの発生場所が四川省を中心として生起したことの合点がいく。

　では、なにゆえに周永康はデモを画策する必要があったのだろうか？これに関しては、実は"習近平追い落としクーデター"との見方がある。

　周は当時の重慶市トップであった薄熙来（当時、重慶市のトップであり、2012年の第18期党大会で政治局常務委員入りを目指していた人物）と良好な関係にあった。薄は2012年2月に生起した某重大事件（薄熙来事件）によって失脚した。一方の周永康もその後に汚職・腐敗で追及され、2015年に完全失脚した。ともに党籍剥奪、無期懲役という重刑である。しかし、周の本当の失脚理由は、薄が企てた"習近平追い落としクーデター"に加担したからだといわれている。両名によるクーデター説は2012年の薄熙来事件で暴露したのだという。

　2009年秋の4中全会では、大方の予想を裏切り、習の党中央軍事委員会副主席への就任は見送られた。習は当時、国家副主席として国内治安の責任者であり、同年7月に新疆ウイグルで起きた「七七事件」がマイナス材料になったといわれる。2010年秋の5中全会でも同様の治安問題が発生すれば、再び副主席の就任が見送られる。習の次期総書記就任に赤信号が灯れば、薄と周にとって時間かせぎとなり、クーデターが成功する可能性がでてくる。それが、日中関係の改善兆しのなかで起きた摩訶不思議な反日デモの真相ということだろうか？

　筆者は当時、この内陸部で生起したデモが「純然たる官製デモではない」との結論には直ぐに達し、周永康の存在にも注目した。しかし、それは彼が「東シナ海の石油利権の確保に関係しており、日中関係が早期に修復することで、この利権を失わない」との仮説に立ってのことであった。

　よもや"薄熙来が企てたクーデターへの加担"とは、かように分析とは、ほとんどが不透明な領域に支配されているのである。

インテリジェンスの分析と作成

第4章
情報活動

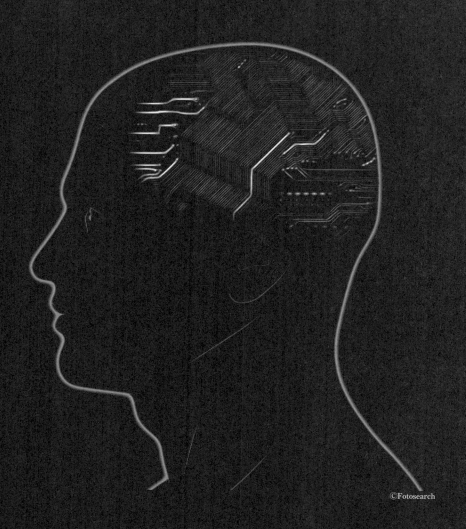

第1節　情報活動の区分

■「積極的情報活動」と「消極的情報活動」

　これまで一般的な情報活動、つまり情報を収集し、分析・処理してインテリジェンスを生成する活動についてみてきたが、本章では諜報活動、カウンターインテリジェンス、秘密工作といった、情報活動のその他の領域を扱うこととする。

　これら活動については、「わが国が取り組むべき、取り組むべきではない」の議論をさておき、各国情報機関が常態のように行なっているものであるから、最低限の知識だけは持っておくべきであろう。現に、欧米のインテリジェンスに関する書物ではこれら活動は当然のごとく網羅されている。そうはいうものの、筆者自身もかかる活動についての教育を受けたこともなければ、そのような業務に従事した経験もないので、本章にて紹介する内容は一般書籍からの限定的な知識提供にならざるをえないことをお断りしておく。

　ところで、それぞれの情報活動は、何らかの規準に基づいて区分することで理解が容易になる。しかしながら、これまでさまざまな先人によって情報活動の区分が試みられてきたものの、その管轄範囲を明確に区分できていない[1]のが実態である。そうはいうものの、情報活動の理解を容易にするために、以下、各種の文献に基づき活動を区分することとしよう。

　まず情報を積極的に入手して活用するか、それとも情報またはインテリジェンスを保全するかにより、「積極的情報活動」（Active Intelligence）と「消極的情報活動」（Negative Intelligence）に区分できる[2]。さらに積極的情報活動は「収集活動」

---

[1] フランス駐留軍総司令部の将校として第二次世界大戦に参加した戦史研究家であるドイツ人のゲルト・ブッフハイトは、情報活動を①情報収集、②敵の諜報および破壊工作に対する防御、③敵の情報活動に対する能動的な解明、④秘密活動の4つに区分する一方、「それぞれの専門分野は密接な関係にあるので、管轄範囲を明確に区分しようとすることはほとんど不可能に近い」と述懐した。ゲルト・ブッフハイト『諜報』北原収訳（三修社、1982年8月）4-32頁。ドイツ語の原文は未確認。

[2] ラディスラス・ファラゴー（Ladaslas Farago）は『WAR OF WITS』（邦訳名『知恵の戦い』、日刊労働通信社1956年4月）の中で、「Active Intelligence」と「Negative Intelligence」に区分した。

（情報を収集する活動）と、水面下で行なわれる政治的活動などの「秘密工作」（Covert action）に区分される[3]。

収集活動は外国の新聞、書籍、通信傍受、その他の情報源から情報を収集する「公然的な収集活動」（Collection）と、専門の組織によって諸外国の活動を非公然に観察して情報を獲得する「諜報活動」（Espionage）に区分できよう[4]。

秘密工作には「宣伝」（プロパガンダ）「政治活動」「経済活動」「クーデター」「準軍事作戦」などがある[5]。

秘密工作が「情報機能であるか作戦機能であるか」については議論があるが、これに関し、米国防省には「秘密作戦」（Covert operation または Clandestine operation）という作戦機能を示す用語が別に存在するので、秘密工作は情報機能として扱うことが可能となろう[6]。

■情報保全とカウンターインテリジェンス

次に消極的情報活動は、受動的で公然的に情報等を守る活動である「情報保全」（セキュリティ・インテリジェンス、Security Intelligence）、非公然で能動的に情報等を守る活動まで含む「カウンターインテリジェンス」（Counter Intelligence）[7]に区分できる。また、米国においてカウンターインテリジェンスは「収集」（Collective Counter Intelligence）、「防御」（Defensive Counter Intelligence）、「攻撃」（Offensive Counter Intelligence）の３つに区分されている[8]。

ハンガリー生まれで、第二次大戦中に米海軍情報部で勤務したラディスラス・ファラゴー(Ladaslas Farago)は、「情報保全（セキュリティ・インテリジェンス）とカウンターインテリジェンスとの間には精細な一線が画されている。情報保全は『部外者に対して隠蔽する活動の総称』であり、一般組織が当然に行なう通常の活動であるが、カウンターインテリジェンスは『特別な組織活動』である[9]」との見解

---

3 ファラゴー『知恵の戦い』58-61 頁ほか。
4 ファラゴー(Ladaslas Farago)『知恵の戦い：WAR OF WITS』ほか。
5 Lowenthal『Intelligence from Secrets of Policy』170 頁
6 "Covert" の意味することは「否定できる」、"Clandestine" は「隠す」という意味である。前者は計画や実行についてスポンサーの身元を隠すこと、またはスポンサーによる関与をもっともらしく否定することであり、後者は作戦自体が秘密である。つまり、「コバート・オペレーション」は活動に誰が関与したかを隠すことであり、「クランデスティン・オペレーション」は作戦そのものを隠すことであるという相違がある。『The Department of Defense Dictionary of Military and Associated Terms (Joint Publication JP1-02)』。
7 「カウンターインテリジェンス」の邦訳語には「対情報」あるいは「防諜」があるが、今日、両語ともに馴染みがないので、英語の「カウンターインテリジェンス」をそのまま使用する。
8 茂田『インテリジェンス』187 頁

を示した。

またファラゴーは「カウンターエスピオナージ」（対諜報、Counter Espionage）について「さらに積極的かつダイナミックな活動であり、究極の目的はスパイを捕まえることである。情報保全とカウンターインテリジェンスは本質的にはインテリジェンス機能であるが、カウンターエスピオナージは基本的には警察機能であるとし、両者の根本的な相違を理解すべきである[10]」と述べた。

以上の考察から、筆者は以下のとおりインテリジェンスの活動を区分することとする。

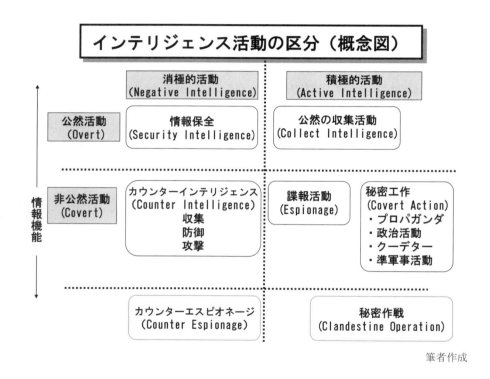

筆者作成

---

9 彼は秘密保全を「国家の政策、決定された外交方針、軍事資料、その他の米国の安全に影響を与える性質の秘密情報を部外者に対して隠蔽するすべての活動を称する」と定義した。ファラゴー『知恵の戦い』289頁。
10 ファラゴー『知恵の戦い』289-290頁

第2節　諜報活動

■諜報活動の指揮系統

　諜報活動(Espionage)は専門の情報機関をもって非公然に行なわれる秘密活動である。諜報活動は一般の収集活動（Collect Intelligence）と同様に各国政府の法令に基づいた基本的国家機能である[11]。秘密が存在する以上、相手側は秘密を探ろうという行為を生じさせる。これが基本的な諜報活動の課題であり、その活動は決して卑劣なものではなく、情報保全の活動と同程度に人間本能に根ざした働きである[12]。

　諜報活動は重大問題を追及するために当初に行なわれる戦略段階の諜報活動と、調査対象が比較的に限られた戦術段階の諜報活動に区分される。さらに対象目的によって政治諜報活動、軍事諜報活動などに区分できる。

　諜報活動は一般的に、第一線で活動するスパイ[13]と称せられる者によって行なわれ、通常の収集活動に比べて一層複雑な指揮系統を必要とする。指揮系統の頂点には責任者（スパイマスター）が君臨し、その下で管理官（ケース・オフィサー、オペレーションズ・オフィサーあるいはディレクター）が配置され、さらにその下に現地で活動を管理する現地指揮官（レジデント・ディレクター）が配置され、彼らの指揮下で現地のスパイが秘密情報を収集し、通信連絡員（トランスミッター）または連絡員（クーリエ、クリエール）を通じて上級者を経て責任者に報告するといった体制がとられている。

　諜報活動の安全を維持するために連絡員との接触については周到な用意と慎重な行動が求められる。かつて日本で諜報活動に殉じたリヒャルト・ゾルゲは、公判廷においてソ連諜報活動機関が連絡員との連絡方法の設定に周到な配慮を払った事実を力説した。ゾルゲは、ある時の連絡員との接触のため、「日本からはるばる香港の料理店までいけ」とソ連から指令を受けた事実を公表した[14]。

　なお、今日の防衛省及び自衛隊には諜報活動の専門部署は存在しない[15]。

11　ファラゴーは「すべての国家は自国の活動の重要面を隠蔽するという事実によって正常づけられ、また自国の平和や安全に影響を及ぼし、あるいは脅威を与えるような他国の秘密に関する情報を入手しなければならないという緊急性によって必要とされる」と述べている。ファラゴー『知恵の戦い』165頁。
12　ファラゴー『知恵の戦い』167頁。
13　スパイの中には秘密スパイ（シークレット・エージェント）、現地スパイ（オペレーティブ）、定住スパイ（レジデント・エージェント）、連絡員（クーリエ）、中間連絡員（カットアウト、ゴー・ビトゥイーン）、発掘者（リクルーター）などが存在し、それぞれに役割分担がある。ファラゴー『知恵の戦い』168-171頁。
14　ファラゴー『知恵の戦い』228-229頁。
15　塚本勝一『自衛隊の情報戦』（草思社、2008年10月）206頁ほか。

> ## 日本軍における諜報活動の定義
>
> 　日本陸軍の『作戦要務令』の第三編「情報」では、敵の状況や戦場の地形、気象を対象とする情報を「捜索」と「諜報」に区分した。その中で、諜報は代表的な間諜（スパイ）によるもののほか、住民や捕虜からえた情報、新聞の情報、通信傍受などが含まれるとしている。一方で『作戦要務令』では「諜報勤務は通常、特殊の組織的機関による」とされ、「○○機関と呼ばれていた組織が、間諜（スパイ）を使って情報収集をえたり、対敵宣伝活動をしていた」と記述された。また、陸軍中野学校では「秘密戦」を「諜報」「謀略」「宣伝」および「防諜」の4つに区分した。よって、日本軍が定義した諜報にはオープンな収集活動も含まれるが、主体は非公然な収集活動であると理解できる。
>
> 　　　　出典：『作戦要務令』（池田書店、1977年9月）、熊谷直『日本陸軍
> 　　　　　　　作戦要務令』（朝日ソノラマ、1995年5月）。『陸軍中野学校』

■身分偽装（カバー・ストーリー）

　諜報活動の基本は「接近」であり、情報をえるためには対象とする物、場所、人に接近しなければならない。最も簡単な諜報活動はよく隠蔽された「一種の偵察」であり[16]、こっそりと対象とする人の行動や物の現象などを観察するだけで重要な情報がえられることがある。しかし、保全された"鉄のカーテン"の内側を覗くには、それでは不十分である。時にスパイを相手側組織の内側に深く「潜入」（Penetration）[17]させ、重要な秘密情報を窃取させ、報告させることが求められる。

　スパイが相手側組織に潜入して行動するためには、自分の身分を偽装し、相手側組織内に協力者網を設定し、所属組織との通信連絡手段を確保する必要がある。スパイが第三国で怪しまれずに活動を行なうために自らの経歴を偽って別人になりすますことを、米国では「カバー・ストーリー」（偽の経歴、隠れ蓑）と呼ぶ。

　「カバー・ストーリー」には公式な「オフシャル・カバー」と非公式な「ノン・オフィシャル・カバー」の2つがある[18]。前者は、情報機関の要員が外交官やその他の政府関係者などに扮することである。この方法は、相手国情報機関による厳重監視下におかれるために活動が制限されるが、活動が露見しても外交特権で逮捕拘留を

16　アレン・ダレス『諜報の技術』鹿島守之助訳（鹿島研究所出版会、1965年9月）84頁
17　最古の諜報活動の1つで諜報工作員が相手側組織等に一定期間留まること。諜報工作員を相手側組織に潜入させることを「植え込み」（プラント）という。
　　ダレス『諜報の技術』85頁。
18　吉田一彦『知られざるインテリジェンスの世界』（PHP研究所、2008年12月）44-45頁

免れることができる[19]。一方の後者は、自由な活動が可能であり、相手国との外交関係が断絶しても相手国にとどまることができるが、所属国との連絡保持には困難性がともなう。また活動が露見した際の身分保証もない。後者の工作員は米国ＣＩＡでは「Non-Official Cover：ＮＯＣ、ノック」と呼ばれ、政府の公的保護を受けない最も危険の高い職業とみなされている[20]。

最も成功した偽装事例として、よく題材とされるのがリヒャルト・ゾルゲである。ゾルゲは1920年代にはドイツ共産党に所属してモスクワにも住んでいた。その彼が妹に対し「共産主義者を捨てて、ナチ党員になる」といった[21]。まず身内を欺いたのである。そして、ゾルゲはドイツ有力紙『フランクフルター・ツァイトゥング』紙の東京特派員で、かつ忠実なナチス党員になりすまし、堂々と公式旅券で日本に入国し、その偽装によりさまざまな情報活動を公然と行なった。

旧ソ連では諜報活動組織の全員が「カバー・ネーム」（偽名）をつけることが徹底され、個々の人間の正体はごく限られた範囲内だけしかわからないように配慮されていたという。

■ スパイの潜入手口

スパイが秘密情報を獲得するなどのためには相手側組織に潜入する必要がしばしば生じるが、その潜入を成功させるためには、その人物が相手側組織にとって有用な人物である必要がある。

2003年、中国系の米国人女性であるカトリーナ・レオン（中国名は陳文英）がスパイ容疑で逮捕された。彼女は中国国家安全部の指令の下で、ＦＢＩ捜査官２人と性的関係を結んで、米側の秘密情報を窃取し、それを北京に流していたという。

1997年11月、江沢民・国家主席は、初訪米時、ロサンゼルスの中国系米国人コミュニティの年次晩餐会に主賓として参加した。その時、レオンは通訳と司会進行役を務めて大いに注目を集め、その後、彼女はコミュニティ内で名声を博すようになった。

ＦＢＩ捜査官はレオンの中国要人との豊富な人脈に目をつけ、捜査官のほうから中国側の重要情報を獲得するために彼女に接近した。しかし、中国国家安全部が彼女のハイレベルの人脈形成に背後で関わっていた。国家安全部は彼女に対し、中国高官との結びつきを演出する一方で、ＦＢＩに渡す中国側の秘密情報を与えていた

---

19 陸上自衛隊調査学校元副校長と接触したソ連大使館付武官のコズロフ大佐（KGB）、防衛研究所所員と接触したビクトル・ボガチョンコフ海軍大佐（GRU）は逮捕されることなく本国に帰国した。
20 豪甦『NOC、CIA見えざる情報官』金連縁訳（中央公論新社、2000年7月）7頁
21 ブッフハイト『諜報』172-173頁

のである[22]。つまり、スパイを潜入させるには情報機関の支援が不可欠であり、情報機関が"真実らしい"秘密情報を、スパイを通じて相手国機関に提供することは常套手段なのである。

他方、我が情報機関としては、ハイレベルの人脈を持つ人物が接近してくることを警戒し、かかる人物の接近からもたらされる秘密情報については意図的な仕掛けが行なわれている可能性があることに配慮する必要がある。

■内通者の獲得と運用

相手側組織への潜入が困難な場合には組織内の内通者(インフォーマント)を獲得するという手段がとられる。そもそも諜報活動は外交官などの公開身分の者や、偽装したスパイが自ら活動するよりも、現地の協力者(エージェント)や内通者を獲得して、これを運用することの方が一般的である[23]。

たとえば、ゾルゲは朝日新聞記者の尾崎秀美を内通者として運用していた。尾崎は朝日新聞記者でありながら著名な中国専門家でもあり、第一次近衛内閣の側近として軍首脳部とも密接な関係を有していた。したがって、ソ連コミンテルンの意向を受けた尾崎の論説や発言は、当時の日本の対中政策に大きな影響を及ぼしたであろうし、日本の対外政策がゾルゲを通じてソ連コミンテルンに筒抜けになっていたと考えられる。

近年ではソ連大使館付武官のコズロフ大佐(KGB)が陸上自衛隊調査学校元副校長を、ビクトル・ボガチョンコフ海軍大佐(GRU)が防衛研究所所員の3等海佐を内通者として運用した。

中国の情報機関は、上海のカラオケ店「かぐや姫」を舞台に、上海総領事館の電信官をハニートラップで籠絡し、内通者として獲得しようとした。2008年1月、内閣情報調査室職員がロシアの対外情報機関であるSVRの内通者となり、金銭と引き換えに情報漏洩を行なったという。

旧ソ連は1917年のロシア革命後、対英国工作において大がかりな獲得工作を実施した。ボルシェビキ政権の外相になったマクシム・リトビノフは、英国のオックスフォードやケンブリッジの両大学にロシア革命への"同調"があることを知った。1919年に設立されたコミンテルンは、リトビノフの判断に基づき、1920年代から両大学における獲得工作を展開した。

こうして獲得された主要人物にはキム・フィルビー、ドナルド・マクリーン、ガイ・バージェス、アンソニー・ブラント、ジョン・ケアンクロスらがいる。彼らは

22　この事件の顛末は、デイヴィッド・ワイズ『中国スパイ秘録—米中情報戦の真実』(原書房、2012年2月)に詳述されている。

23　アレン・ダレスは情報の秘密収集には、「スパイ」「ソース」「内通者(インフォーマント)」などを用いると述べている。ダレス『諜報の技術』83-84頁。

「ケンブリッジ・ファイブ」と呼ばれた。

　なかでも最も有名な人物が、伝説的なアラビア学者ハリー・セント・ジョン・フィルビーの息子のキム・フィルビーである。彼はケンブリッジ大学を卒業したあと、いったんはジャーナリズムの道に進むが、その後、対外情報機関のMI6に転職し、ここで順調に出世街道を歩んだ。彼は将来のMI6長官候補とも目されていた優秀な人物であり、数々のソ連関係の保管記録にアクセスでき、重要情報をことごとくソ連に送った。

　マクリーンは英国外務省に勤務し、在米大使館一等書記官の時代には、原爆製造の秘密情報を入手し、ソ連に送った。バージェスはBBC放送に勤務し、対敵宣伝放送に関与するかたわら、MI5関係情報をこまめに収集した。後年に女王陛下の美術顧問となったブラントもMI5にもぐりこみ、バージェスの共犯者として、MI5に関わる秘密情報の収集にあたった。

　ケアンクロスは、同性愛者のブラントがケンブリッジ大学で獲得した人物である。彼は1936年から外務省ドイツ課に勤務して、ドイツに関する秘密情報を収集した。その後、大蔵省に転出して英国の戦時経済に関する情報をソ連に送った。ケアンクロスの活躍により、ソ連赤軍は「クルクスの戦闘[24]」に先立ってドイツ空軍の配置を知りえた[25]。

　このように相手側の情報機関はさまざまな方法で我が組織の重要人物に接触を図り、内通者として獲得しようとする。そうした状況下、我が組織の重要情報が相手側に筒抜けとならないためには、組織内から決して内通者を出さないよう、要員の保全に万全を期すことが重要なことはいうまでもない。

第3節　情報保全

■情報保全の特性と区分

　我の情報活動を適切に行なううえで、我が情報機関の配置・種類・能力、情報活動の意図、作成したプロダクトなどを、相手側組織から完全に秘匿しなければならない。こうした試みは情報保全（セキュリティ・インテリジェンス：Security Intelligence）とカウンターインテリジェンスに区分される。

　情報保全は相手国の情報機関による収集活動から、我の情報およびインテリジェンスなどを守る活動である。カウンターインテリジェンスとは異なり、相手国の情報活動に対する積極的解明を行なわない。つまり消極的、防勢的、受動的な活動で

24　第二次世界大戦の東部戦線で行なわれたドイツ軍と赤軍との史上最大の戦車戦（1943年7月4日-8月27日）

25　フリーマントル『KGB』新庄哲夫訳（新潮選書、1983年10月）84－103頁

ある。カウンターインテリジェンスが専門の情報機関によって行なわれるのに対し、この活動は通常の組織や個人によって行なわれる。

情報保全の対象には、組織に所属する要員、組織および要員の活動、文書・物件などの秘密、組織が所在する施設などがある。

情報保全の活動の基礎は一般に隠蔽することにある。すなわち秘密文書を重要度に応じて分類・保管することや、相手側を惑わす偽情報も含む各種の遮蔽工作を実施すること、一般人が秘密情報を不法に所有しないような法律を制定すること、秘密保全のための訓練を実施すること、重要施設の防護計画を作成することなどがある。

■要員の保全

相手側の情報機関およびスパイは、情報収集やさまざまな影響を及ぼすことを目的に、我が組織に所属する要員を内通者として獲得、運用することを狙っている。相手国の情報機関にとって、我の情報機関の要員を内通者として獲得できれば極めて有利である。なぜならば、その要員が所属している情報機関の活動を解明することができるし、偽情報を流布して情報活動を混乱させることも可能となるからである。それゆえに、相手国の情報機関やスパイの"魔の手"から、我が情報機関は所属する要員を守らなければならない。

我が組織の要員を守るためには、相手側組織がいかなる人物を内通者として獲得しようと狙っているのか、その傾向を把握しておくことが前提といえよう。

内通者として獲得されやすい人物の特徴を端的に表示する言葉が「ＭＩＣＥ（マイス）」である。これは、①金銭（Money）、②思想・信条（Ideology）、③虚栄心（Compromise）、④顕示欲（Ego）の頭文字を取ったものである。

米国ＣＩＡのオルドリッチ・エイムズ（224頁参照）は、①の金銭的欲望からＫＧＢのスパイとなった。尾崎秀美や英国のキム・フィルビー（203, 223頁参照）は、②の共産主義イデオロギーを信奉しソ連のスパイになった[26]。上海総領事館電信官はハニートラップにより籠絡されたケースであり、女性との関係が暴露されることを恥とする、③の虚栄心に該当するであろう。④は出世に遅れ、組織に不満を持った人物が、相手国などのスパイから、能力の高さを褒められ、自尊心を巧みに鼓舞されてスパイとして籠絡されるケースである。2008年1月の内閣情報調査室職員の籠

---

26 尾崎は女たらしで、女性に貢ぐためにスパイになったという説もある。藤田忠『勝つための謀略学』（現代書林、1986年11月）61-62頁。つまり、スパイになる理由は一つとは限らないということか。

絡事件はこれに該当するといわれている[27]。

かつてＫＧＢは内通者の目標を「モラルに欠ける政府職員」「甘やかされっ子」「不満を持つ知識階級」「孤独な秘書」の４つに置いていた[28]。

こうした状況を踏まえ、我が情報機関としては自らの要員がスパイと接触し、弱点に対する攻撃を受けないように留意する必要がある。このため、組織としては要員が不審者や不審な外国人と接触した場合などには報告を義務付けること、協力者として目標・籠絡されやすいタイプの人物を把握してその人的弱点を是正すること、彼らに対して情報保全に関する教育を行なうことが重要となってくる。

■秘密文書等の保全

情報機関は大量の文書やデータを扱う。組織にとって秘密が漏れて重大な影響を受けないように、保全がとくに必要な文書やデータのことを「秘密文書等」（物件を含む）という。通常は法令によって、重要度に応じ「機密」、「極秘」、「秘」などの秘密区分が指定され、取り扱いが厳重に管理されている。なお最近は個人情報についても秘密情報として取り扱うようになった。

情報漏洩事故は依然として紙媒体が主流であるが、一方でパソコン、インターネットの発達により、ファイル共有ソフト「Winny（ウィニー）」などのインターネット経由や、ＵＳＢメモリーを介する情報漏洩事件についても頻発している。2006年6月、海上自衛隊の護衛艦の訓練関係の情報（データ）が、「Winny」を通じて流出する事故が発生した。報道によれば、流出データには自衛艦のコールサインの一覧など、情報の重要度で「秘」とされる文書や隊員の名簿などの個人情報が含まれていたという。

紙面文書やパソコン上のデータなどの秘密文書等が外部に漏洩することは、組織にとって甚大な悪影響を及ぼすことになる。海上自衛隊の漏洩事件では、（報道が事実とすれば）事件調査やコールサインの乱数表の変更などが余儀なくされ、平素の訓練活動が停止状態になったことが容易に推察できる。したがって、秘密文書等の保全は戦略的インテリジェンスに携わる情報分析官としては最も留意すべき事項だといえる。

究極の保全は秘密文書等を作成しない、作成したとしてもすぐに破棄するということになる。しかし、これは情報を有効に活用するという本来の目的からして、本

27　この男性職員は中国専門家であり、ロシア担当に回されたことから、待遇の不満を抱いていたと伝えられる。他方、報償として約400万円の金銭を受け取っていたという情報もある。『知られざるインテリジェンスの世界』41頁。

28　ウィリアム・V・ケネディ大佐ほか『諜報戦争』落合信彦訳（光文社、1985年2月）145-154頁。他方、ＫＧＢの前身のＮＫＶＤ情報部は、情報要員の選定基準を①異性関係がだらしなくない、②飲酒癖が悪くない、③浪費癖がない、④口が軽くない、保安規律を守る、とした。北側衛『諜略日本列島』（財界展望新社、1969年6月）

末転倒であろう。

そこで秘密文書等を保全するための工夫が必要となる。

第1は保全意識の高揚である。つまり、その文書等が「秘密」に該当し、それが漏洩されれば国家的損失につながるという個人の意識を高めることである。これは「意識的管理」と呼ばれている。すべての保全事故は個人および組織の保全意識の低下に起因しているといっても過言ではない。

第2は「物理的管理」といわれるものである。不要な秘密文書等は作成せず、管理すべき秘密文書等を必要最小限に留める。重要度に応じた管理区分（機密、極秘、秘）に基づき金庫などの適切な場所で管理し、アクセス権を有する人物を必要最小限に留めることである。今日は、ネットワークシステムから重要な情報が窃取されるケースが増加しているので、システム上の秘密データの管理についてはシステムに詳しい要員をもって管理することが必要である。

第3は「非物理的管理」といわれるものであり、秘密文書等の日々の点検、平素からの管理態勢・体制の確立などである。つまり、秘密文書等の管理が有効に機能しているのか否かを随時に監視できる態勢・体制を組織的に確立し、秘密漏洩に対する罰則等を定めることである。

秘密文書等は、情報分析官などがプロダクトを作成するための貴重な素材であり、いわば「生活の糧」である。それが漏洩・紛失するようでは、「インテリジェンスを取り扱う資格なし」ということになる。

情報は隠せば秘密が守れるのか？

第二次大戦前の日本では、多くの情報を秘密にすれば、保全は向上すると考えられていた。その結果、1937年以前の改正前の軍事機密保護法では「何が秘密か」についても秘密にされ、秘密指定を知っているのは軍部の限られた高官のみであった。

この一見、厳しい秘密保護体制によって、効果的に秘密が守られたかといえばそうではない。むしろ逆に重要な秘密がしばしば漏洩した。それは、秘密対象が不明確であったため、一般国民、公務員はもちろん大部分の軍人までもが秘密情報であることを知らずに無意識に漏らしてしまったからだ。また、警察当局も、「何が秘密か」を明確に知らないから捜査がしにくかった。その結果、重箱の隅をほじくるようなつまらぬ事犯のみを取り締まり、重要な秘密漏洩は見逃す始末であった。さらに「秘密漏洩犯を裁く裁判官も、秘密基準が明確でないから判決の下しようがないという奇妙な事態にしばしば直面した」ということである。

1937年の軍事機密保護法の改正で、秘密指定は公表されるようになったが、

> 秘密保護をめぐる状況は大して変わらなかった。秘密保護の必要性が強調され、厳しい取り締まりが行なわれたが、重要な秘密情報の漏洩は止まらなかった。あまりにも多くのものを秘密指定にしたからである。
> 出典：細川隆元監修、吉原恆雄編著『スパイ防止のための法律制定促進議員・有識者懇談会　国家の機密を守れ』（山手書房、1985年、28、29頁）

■施設の保全

　かつての盗聴といえば、スパイが家屋に潜入し、室内の会話を直接盗み聞く方法が一般的であった。しかし、盗聴技術が発達した現在では、遠隔地から無線電波を飛ばし、離隔した室内の会話を盗聴することも可能となった。室内の会話による音声が、窓ガラスなどの物体の振動として伝わり、それを離隔したスパイがレーザー光線で計測して、その振動を変換・音声として出力させる技術が実用化されている。

　インターネットのサイバー攻撃により、パソコン内のデータを窃取することも日常茶飯事である。したがって、データ管理も重要な課題となっている。

　相手国の情報機関から会話が盗聴されないよう、建物、塀などの施設を保全する必要もある。この基本的なものに、立ち入り制限区域の指定がある。これは、秘密情報を取り扱っている区域に不必要な人物を立ち入らせない、あるいは立ち入ることができる者（アクセス権限保有者）を最小限にするというものである。

　次に秘密情報を盗聴や窃取されないように施設を物理的に強化する。たとえば、監視カメラを設定してスパイの動きを監視する、重要な会話が盗聴されないように、盗聴器が機能しない特別な部屋（シールドルーム）を設定するなどである。在外大使館の内部で行なわれる会合や電話での会話は現地情報機関などから盗聴されているのが一般的であるため[29]、各国大使館がシールドルームを設定することは常識だ。

　中国は2008年7月29日、新しい在米大使館を建設した。報道によれば、中国は自らが設計図を作り、建築材料および設備はいずれも中国国内から直接輸入し、現地の建設労働者を雇用することなく、建築労働者全員を中国から派遣したという。我が国の在外大使館の建設、修繕などはすべて現地人労働者を雇用する態勢であることと比較すれば、中国の重要施設に対する保全の徹底ぶりは顕著である。なお、これは中国情報機関が在中国外国大使館において恒常的に盗聴を行なっていることの裏返しであるとみなければならない。

　戦略的インテリジェンスは「敵を知る」ことが基本となる。しかし、盗聴されていては「敵を知る」どころか、我の活動が探知され、そのうえで偽情報の流布など

29　かつて在モスクワ日本大使館には盗聴器が仕掛けられていた模様であり、盗聴器調査に現地に派遣された自衛隊の専門家が毒を盛られるという事件が発生した。塚本勝一『自衛隊の情報戦』（草思社、2008年10月）214頁。

の情報操作を受けることになる。そうならないために、情報機関は要員の行動を保全し、秘密文書などの漏洩を防止することはもとより、施設の保全強化についても十分に配慮しなければならない。

> **ペルー事件は甘い施設保全が奏効した？**
>
> 　1996年の12月、トゥパク・アマル革命運動（MRTA）が在ペルー日本大使公邸を占拠した。事件の舞台となったリマの大使公邸の内部には、事件前から国内情報機関を統括する国家情報局によって盗聴器が仕掛けられており、人質の一人となった海軍退役少将がその設置場所を探し当てて、外部との極秘交信に使った。（陸軍関係者などの証言）
> 　退役将校は、この盗聴器や、のちに邸内に運び込まれた多くの盗聴器を使って、トゥパク・アマル革命運動の行動を伝えていた。盗聴器が強行突入の成功に重要な役割を果たしたことになるが、一方で日本大使公邸の動静も日常的に探られていた可能性が高いということか。
> 　出典：『東京新聞』（1997年5月5日）

■**情報保全の本質とは？**
　情報保全に関して米ＣＩＡ元長官アレン・ダレスは次のように陳述している[30]。

「私がＣＩＡ長官であった当時、秘密保全にはあらゆる方法をとるが、その対象は真に秘密保持を要するものだけに限り、常識的なもの、敵味方を問わずあきらかなものについてまで神秘のベールをかぶせるようなことはしない、というのがＣＩＡの一大方針であった。
　私は、長官就任直後、ある種の秘密主義が全く無益である好例にであった。
（中略）
　当時ＣＩＡ本部は、「連邦印刷局」の看板を掲げていたのであるが、観光バスは必ず門の前で停り、ガイドは乗客に向かってこの有刺鉄線が張りめぐらされた中はワシントンで最も秘密の場所、アメリカスパイ組織の総本山、中央情報局があるのでありますとベラベラまくし立てるのであった。
（中略）
　情報に関するものは一切合財秘密の衣に包んでおくという態度を取るならば、真に秘密を必要とする事柄について払われるべき努力を無駄に浪費してしまうことになろう。

30　アレン・ダレス『諜報の技術』64-78頁

（中略）
　情報業務について国民の信頼を得、情報官の地位について正当な認識をえるためにある程度の情報をながすことこそ必要なのである。
　（中略）
　情報活動が昼夜休みなく続けられ、危険を予知警告するということ自体が、敵の攻撃意図に対する最も効果的な抑制力の一つとなる。したがって、このような警報組織の方法と機構は、秘匿されるべきであっても、その存在自体は隠蔽することなく、むしろ広く知らしめねばならない。情報活動はタブーの話題になってはならない。われわれが世界で最も効果的な情報活動を達成せんと努力を重ね、著しく進捗をみたという事実は広告し、宣伝すべきことなのである」

　情報活動が暴露されたり、秘密情報が漏洩されたりするたびに、「羹に懲りて膾を吹く」の喩えのごとく、公開資料のスクラップに至るまで、なんでもかんでも秘密等に指定し、規則で取り締まろうとする風潮がないだろうか。しかし、その効果はダレスの言を借りるまでもなく、歴史が証明している（206頁「情報は隠せば秘密が守れるのか？」を参照）むしろ、情報保全と情報公開は一体として行なうという意識が必要であろう（245頁参照）。
　また、インテリジェンスに関する論議、情報分析官による論文執筆なども、過度に"タブー視"していては、突っ込んだ論議は遠のいてしまい、情報分析官の能力と国家の「インテリジェンス・リテラシー」の向上は望めないであろう。ただし、あくまでも組織に所属する情報分析官が個人の判断で勝手に対外的な活動をすることは危険であり、所属機関による許可・統制が必要であることはいうまでもない。

第4節　カウンターインテリジェンス

■カウンターインテリジェンスの必要性
　相手国の情報機関による水面下での諜報活動や潜入工作から、我が情報機関を防護するためには受動・防勢的な情報保全だけでは不十分である。相手国のスパイが所属している情報機関の組織、活動方法および活動目標を能動的に解明し、これを破砕する必要がある。能動的な対抗策、すなわちカウンターインテリジェンス（Counter Intelligence）が必要となる。
　諸外国はいずれもカウンターインテリジェンスを重視し、そのための専門組織を持っている。いくら情報機関の対外情報収集機能が優れていても、相手側のカウンターインテリジェンス機能が強力な場合、我のヒューミント活動の成果を上げることはできない。なぜなら相手国の組織にスパイを潜入させても、カウンターインテ

リジェンス機関によってスパイ網が解明、摘発され、逆に偽情報によって我が組織は壊滅的打撃をこうむることになるからだ。

　我の情報活動を防御するためには、相手側の情報機関が何を目指しており、どのような活動および工作を行ない、いかなる種類の人間をスパイとして使用しており、それが誰々であるか、などについても把握しなければならない[31]。

■カウンターインテリジェンスの特性

　カウンターインテリジェンスは「敵の情報機関にとって価値のある特定の情報を防護するための組織的な活動」である。この活動には文通や電話通話などの検閲、特定容疑者に対する記録の保存、敵情報機関に浸透して敵情報機関の意図や活動を解明するなどが含まれる[32]。つまり、この活動は相手側情報機関による情報活動や各種工作から、我が情報機関の要員や情報活動を防護する、組織的かつ積極的な情報活動なのである。

　上述のとおり、カウンターインテリジェンスは「収集」、「防御」および「攻撃」の3つに分類できる。この際の「収集」とは、我にとって必要な知識をえるための一般的な収集活動を意味しているのでない。我に向けられている相手国情報機関に対する積極的な解明を指しており、相手側の諜報活動や秘密工作などを積極的に探知することである。その手段には敵組織に潜入する、あるいは住民を懐柔するなどの能動的かつ非公然な秘密活動が主体となる。

　「防御」とは通常の組織が行なう情報保全を指しているのではない。相手国の情報機関から働きかけを受けている要員、あるいはすでに内通者として獲得された要員をポリグラフや人物審査などにより、排除する活動などが含まれる[33]。

　「攻撃」については敵の工作員を二重スパイに変える、あるいは本国に報告する敵の工作員に偽情報を提供するなどのほか、敵側のスパイの検挙、暗殺、逆用および敵側情報機関の撹乱、壊滅などの活動が含まれる[34]。

　このようにカウンターインテリジェンスは、我の重要な秘密情報や情報活動を守るという目的こそは防御的であるが、その方法は本質的に攻撃的なものである[35]。したがって、その活動は高度な危険性をともなうため、専門の機関をもって組織的に慎重かつ周到に行なわなければならない。このことは、一般的な組織で行なう情報

31　ダレス『諜報の技術』175 頁
32　ファラゴー『知恵の戦い』289-290 頁
33　Lowenthal『Intelligence from Secrets of Policy』152-153 頁、茂田『インテリジェンス』188-193 頁
34　「軍事用語の基礎知識」(『軍事研究』、2012 年 3 月号)
35　アレン・ダレスは「カウンターインテリジェンスは敵の情報活動を可能な限り困難にするものであり、その活動の狙いは、探知し、確認し、無害化することにある。その目的こそ防衛的な活動であるが、その方法は本質的に攻撃的なものである」と述べている。ダレス『諜報の技術』178 頁。

保全とは大きく異なる点として認識されなければならない。

■不適格者の排除

　相手国による諜報活動や秘密工作は我が組織内に浸透し、内通者を獲得・運用することが一般的である。よって不適格な志願者や忠誠が疑わしい人物を特定し、これらを排除することがカウンターインテリジェンスの基本となる。

　米国情報機関では、採用志願者に対する経歴、交流関係、犯罪歴などの審査が厳格に行なわれ、この際、ポリグラフが使用されるという[36]。

　ポリグラフは一連の質問に対する脈拍や呼吸などの身体反応の変化をモニターする機械であり、米国などの多くの国家機関が使用しているが、その有効性には疑問も呈されている。中国国家安全部副局長の肩書きを有し、米国ＣＩＡ職員として41年間にわたり対米諜報活動を展開したラリー・ウタイ・チン（中国名：金怠無）と、ＣＩＡ工作本部でソ連防諜担当の要職にあり、ロシアに秘密情報を漏洩していたオルドリッチ・エイムズ（204, 224頁参照）はポリグラフ・テストを通過していた[37]。

　このほか、我が組織にいる相手側内通者が相手側情報機関と行なう通信連絡の傍受、封書などの郵便物の点検は、相手側の工作を解明し、不適格な内通者を特定するために行なわれてきた通常の方法である[38]。第一次大戦以前のオーストリア・ハンガリー帝国の軍人で、カウンターインテリジェンスの責任者であったアルフレッド・レードル[39]大佐は1902年から1913年に逮捕されるまでロシア帝国に秘密情報を提供していたが、スパイ活動が発覚したのは、皮肉にも彼が開発・発展させた防諜法の１つである郵便検閲法によるものであった[40]。

■活動の無力化

　カウンターインテリジェンスにおける「攻撃」とは、相手側のスパイ、あるいは諜報活動および工作活動を特定し、これらの活動を無力化する試みのことをいう。活動自体が攻撃的あるいは能動的ということではない。むしろ、相手側の情報機関

36　Lowenthal『Intelligence from Secrets of Policy』154-156頁
37　Lowenthal『Intelligence from Secrets of Policy』152-153頁、茂田『インテリジェンス』189頁。ただし、エイムズについては、小さな嘘の兆候があったが、試験官がそれを無視したとの見方もある。『NOC、CIA見えざる情報官』22頁。このほか落合浩太郎『ＣＩＡ　失敗の研究』（文藝春秋、2005年６月）48−49頁。
38　旧日本陸軍『作戦要務令』130条には「軍の秘密は私信により漏洩すること少なからず。（中略）各部隊長は所要に応じ、部下の私信を点検することを得」と規定され、郵便物の点検が行なわれていた。熊谷『日本陸軍—作戦要務令』113頁。
39　1864年生まれ。1901年から05年にかけてオーストリア・ハンガリー帝国陸軍報部のカウンターインテリジェンス責任者（大佐）。その後、プラハ駐在武官として勤務。ロシア側の秘密スパイとして活動。彼の"裏切り"行為により、第一次大戦の緒戦でオーストリア・ハンガリー帝国は大苦戦。1913年５月25日、ウィーンのホテルの一室でピストル自殺。
40　ダレス『諜報の技術』178-179頁

を解明するために潜入する「収集」の方が、行動はより能動的である場合が多い。
　「攻撃」の主な活動は、相手側スパイを「二重スパイ」に転向させる、あるいは、相手側スパイに偽情報を提供し、まんまと本国に報告させることなどである。
　二重スパイは「カウンターインテリジェンスの最も特徴的な道具[41]」であるとされる。情報機関は相手側のスパイを特定してもただちに逮捕して、刑務所に拘留するわけではない。スパイをしばらく泳がすことで組織の全貌を解明し、あるいはスパイに対し、二重スパイに転向するよう働きかけを行なう。その際、スパイに対し、より素晴らしい生活の保障を与える、刑務所に何年もつながれるよりも二重スパイになるほうがましという取引を仕掛けるのである。
　そして、転向したスパイが本国に伝達する情報に偽の情報を混入させることで、相手側の情報活動の効果を無力化する。この際、相手側から二重スパイとして寝返ったと思われないように、相手側の出方をみつつ、スパイには真実の情報も適度に織り交ぜて渡す（201頁参照）。また、その成果を相手側に潜入している我のスパイが確認するという、非常に高等な組織的連携が必要となる。

日本軍における防諜の定義

　カウンターインテリジェンスに相当する旧日本軍の用語は「防諜」である。旧軍は「防諜」を「外国の我に向かってする諜報活動、謀略（宣伝を含む）に対し、我が国防力の安全を確保する」ことであると定義し、「積極的防諜」と「消極的防諜」に区分した。
　「積極的防諜」とは、「外国の諜報活動、もしくは謀略の企図、組織、またはその行為、もしくは措置を探知、防止、破壊」することであり、主として憲兵や警察などが行なった。その具体的内容には、不法無線の監視や電話の盗聴、物件の奪取、談話の盗聴、郵便物の秘密開緘などがあった。
　「消極的防諜」とは、「個人、もしくは団体が自己に関する秘密の漏洩を防止する行為、もしくは措置」のことであり、軍隊、官衙、学校、軍工場等が自ら行なうものであった。主要施策としては、①防諜観念の養成、②秘の事項、または物件を暴露しようとする各種行為、もしくは措置に対する行政的指導、または法律による禁止、もしくは制限、③ラジオ、刊行物、輸出物件および通信の検閲、④建物、建築物等に関する秘密措置、⑤秘密保持のための法令および規程の立案およびその施行などであった。
　　　　　　出典：「研究ノート　陸海軍の防諜-その組織と教育-」林武、和田朋幸、
　　　　大八木敦裕。『防諜ノ参考』（陸密第1246号、昭和13年9月9日）ほか

41　ダレス『諜報の技術』184頁

第5節　秘密工作

■秘密工作の特性

　戦略的インテリジェンスの世界に「秘密工作」(破壊工作、隠密工作ともいう) という分野があることには疑いがない。秘密工作は相手の活動自体を破壊する目的を持って非公然に行なわれる活動である[42]。

　秘密工作は相手国の機能発揮を妨害することが目的であり、一般的に非公然性および非合法性が強い。したがって、外交官などの公然活動家 (ホワイト) が実施するケースは稀であり、身分を偽装した非公然活動家 (ブラック) が実施する。

　秘密工作が情報機関の任務であるのかについては疑問の余地もあるが[43]、CIAやKGBが歴史的に大がかりな秘密工作に従事してきたことは間違いない。だからといって「わが国の情報機関も秘密工作に従事すべきだ」との議論は論外ではあるものの、諸外国の情報機関が秘密工作を常態としている以上、戦略的インテリジェンスに携わる者は組織防衛の立場や情報活動を適切に行なう (正確なプロダクトの生成) という観点から秘密工作に対する最低限の知識を持つことは必要であろう。

　米国の「国家安全法」では「秘密工作」(covert action) を「国外の政治的、経済的または軍事的条件に影響を与え、米国政府の役割が公に看取されたり認知されたりすることが意図されない、単一または複数の米国の活動」と定義し、その範疇にはプロパガンダ (宣伝)、政治活動、経済活動、クーデター、準軍事作戦が含まれ、この順番で暴力性のレベルが高まるとしている[44]。

　以下、この区分に基づいて秘密工作に関する説明を加えることとする。

■宣伝 (プロパガンダ)

　秘密工作の中で日常茶飯的に行なわれているのが宣伝 (プロパガンダ) である。宣伝は政治戦争の重要な手段であり、とくに第三者をして、我が方に利益をもたらし、相手側には損失を与えるような行動を行なわせる狙いがある[45]。

　レーニン、毛沢東、ヒトラーなどの独裁者はいずれも「宣伝が必要不可欠である」と認識し、政権奪取および政権維持の過程で宣伝を重視した。宣伝はロシア革命後のソ連において急速に発展し、イデオロギー戦の支援などに貢献した。

42　Lowenthal『Intelligence from Secrets of Policy』169-172 頁
43　ブッフハイトは「秘密工作は、情報機関に課せられる今一つの任務」としているが、その一方で彼は「これは単に情報機関のものではなく、どの程度のものまでを情報機関の工作及び作戦とみなすかは、それぞれの場合ごとに決める以外にない」と述べている。ブッフハイト『諜報』26、30 頁。
44　Lowenthal『Intelligence from Secrets of Policy』170 頁、茂田『インテリジェンス』。211 頁。一方、ブッフハイトは秘密工作の内容を欺瞞工作、転覆工作、奇襲攻撃、イデオロギー戦への支援に区分した。ブッフハイト『諜報』4, 32 頁。
45　ファラゴー『知恵の戦い』348 頁

旧日本軍も宣伝を諜報活動、謀略と一体化し、組織的な宣伝を行なうことを重視した[46]。

　宣伝には白色（ホワイト）、灰色（グレー）、および黒色（ブラック）の区別がある。白色宣伝とは国家が偽装せずに計画的に行なう宣伝活動である。灰色宣伝とは、主体は公然かつ明白であるが一定の宣伝目的を達成するように重点的に作成するものをいう。黒色宣伝とは隠された主体が処理されたインテリジェンスを使用し、特別の宣伝目的をもって行なうものである[47]。

　宣伝は、誰がいかなる目的で行なったのかが簡単に見破られないよう、また真実と思わせるよう、細心に偽装して行なわれる。目標となる国家に関する政治、文化、軍事、経済、国民感情の傾向などに精通した知識が必要であるため、知識のない個人が簡単にできることではない。敵に対する宣伝と、我に対する広報または放送活動を区別して、宣伝は組織的かつ周到に準備されなければならない。

　宣伝は通信手段をもって行なわれる。従来は放送・新聞・定期刊行物・書籍などが一般的であったが、現在はインターネットの利用割合が高まっている。これにより宣伝は国家の十八番ではなくなり、テロリストや武装勢力もインターネットにより直接大衆に呼びかける宣伝を展開している。世界の主な集団は独自のサイトを持ち、自分たちの主義主張を述べるだけでなく、親近感を植えつける工作も行なっている[48]。

インターネットによる宣伝戦、心理戦

　インターネットは大衆を扇動する手段として大きな力を発揮する。1999年11月の米国シアトルにおけるWTO閣僚会議の時に、経済のグローバル化に反対する大衆が世界各地から集結し、会議場の外で過激な行動をとった。この呼びかけ手段は主にネットであった。2005年春に中国各地で発生した大規模反日デモでもネットによる呼びかけが行なわれた。

　インターネットによる宣伝戦、心理戦も常套手段になりつつある。1999年のNATOの空爆作戦では、セルビア側はネットを使って巧妙な宣伝活動を展開した。多くはアニメで、内容はNATO軍をナチスになぞらえたものや、セルビア人勢力に

46　旧軍は宣伝を「平戦両時の何れかを問わず内外各方面に対し我に有利なる形勢、雰囲気を醸成しむる目的をもって特に対手を感動せしむべき方法、手段により適切なる時期を選びて某事実を所要の範囲に宣明伝布するを宣伝と称し、之に関する諸準備、計画及び実施に関する勤務を宣伝勤務という」と定義した。中野学校校友会図書刊行部『諜報宣伝勤務指針』（1956年3月）30頁。
47　ファラゴー『知恵の戦い』353-354頁
48　江畑『情報と国家』24-27頁

反対してコソボ自治区の独立を目指して武装闘争しているコソボ解放戦線が麻薬取引に手を染めているといったものであった。時のクリントン米大統領やオルブライト国務長官をマンガにしておとしめるようなものもあった。

イスラム国（ＩＳＩＬ）によるインターネットを活用した情報発信力は国際社会から大きな脅威として認識されている。ＩＳＩＬはソーシャル・メディア上でハッシュタグなどを活用したメッセージの発信や、デジタル技術・音楽を活用した完成度の高い動画発信を通じ、組織の宣伝や戦闘員の勧誘、テロの呼びかけなどを巧みに行ない、多数の外国人戦闘員を魅了している。

出典：江畑謙介『情報と国家』、平成27年度『防衛白書』

■政治活動

政治活動は「我が方に反対する政治家を窮地に陥れ、親政治家を擁立すること」と定義される。政治活動は、自分に友好的な反体制派の支援と、我が方に反対する政治家の妨害に分けられる。手段としては、前者における資金援助、後者における反体制派を利用した政治集会の混乱、出版妨害などがある。

2006年7月18日に公開された米国務省編纂の『外交史料集』によると、冷戦期には、ＣＩＡは米国政府の反共政策に基づき、岸信介、池田勇人両政権下の自民党有力者と社会党右派（のちに民社党を結党する勢力）に資金提供を行なっていたという。このほか、ＣＩＡは世界中の数多くの親米政府・ゲリラなどに人材および資金面で交流・援助してきたといわれている。

一方、米国も政治活動による被害と無縁ではない。1979年、米国連大使アンドリュー・ヤングとＰＬＯ代表との打ち合わせに関する秘密情報が漏洩した。ヤングは史上初の黒人国連大使であり、第三世界やそれらの国々が抱える諸問題の擁護者であり、パレスチナ人に対しても同情的であった。これに対し、背後で暗躍したのがイスラエルのモサドであり、モサドはヤングとＰＬＯ代表の電話を盗聴し、『ニューズ・ウィーク』誌を使って暴露した。これによりヤングとＰＬＯとの話し合いは停止を余儀なくされ、結局、ヤングは国連大使を辞任することになった[49]。

■経済活動

経済活動には、物資欠乏の恐怖を作り出すプロパガンダ、偽造通貨を流通させての通貨制度への信用破壊、禁輸措置などがある。

戦時中、日本の陸軍参謀本部第二部が、敵対国の経済撹乱を目的とし、陸軍登戸研究所で製造した中国紙幣を流通させる「杉工作」を展開したことは有名である[50]。

49　P. M. チャイルズ著『ＣＩＡ―日本が次の標的だ』（NTT出版、1993年11月）185頁
50　『陸軍中野学校』134頁

またベトナム戦争では、中国が米偽ドルを流通させ、米国の通貨制度にダメージを与えた。米国は1950年代末から1960年代にかけて、キューバに対して禁輸措置により、キューバの経済的危機を画策し、この成果をクーデターに結びつけようとしていた。このように経済活動に関する戦史事例は多く確認できる。

経済はさまざまな要素と密接に関連している。経済が混乱し、ガタガタになると国民の不満は高まり、心理的なパニックを起こし、戦闘意志は瓦解してしまう。

今日のような世界経済の一体化が進んでいるなかでは、経済活動は秘密工作において有用性の高い活動であるといえよう。

■クーデター

クーデターは宣伝、政治活動、経済活動といった技法を集積して行なう、我が方に反対する政府の転覆活動である。通常は秘密工作機関が現地の代理を使用して行なう場合が多い。

クーデターは、かつて米国CIAの常套手段であった。第二次大戦後の1948年のイタリア選挙において、共産主義化の防止を狙って、CIAは莫大な資金を投入し、反共主義であるキリスト教民主党の多数政党化に成功した。

1953年、CIAはイランのモサデグ首相を失脚させ、親米派の政治家に据え代える工作を計画した。当時の米大統領ルーズベルトはCIAに命じ、親米派のザヘディ将軍の擁立を画策したが、モサデグは抵抗し、パーレビ国王（シャー）を追放した。しかしCIAは、モサデグの失脚工作を継続し、ついにはモサデグを逮捕し、ローマに亡命したパーレビ国王の帰国工作を支援した。以後、20年間にわたるイラン親米政権の樹立に成功したのである。

しかし、クーデターは簡単ではない。CIAの政治活動は当初こそは順調であったが、その後は失敗続きとなった。1956年、アイゼンハワー大統領は、スエズ出兵に失敗したイーデン英首相の要請を受けて、ソ連に接近するエジプトのナセル大統領の暗殺をCIAに指令したが、この工作は完全に失敗した。同時期に中南米においては、左翼に傾斜しつつあったグアテマラのアルベンス大統領の失脚工作を謀ったが、これも失敗した。

■準軍事作戦

準軍事作戦は戦争の一歩手前で、相手国の大規模な武装組織に装備供給・訓練を行なうことである。戦争は戦闘員が公然に行なうが、準軍事作戦は偽装した情報機関の要員が非公然に行なうという相違点がある。しかし両者の行動自体に境界はない。

準軍事作戦は最も大規模で暴力的かつ危険な秘密工作である。しかし、戦争行為

とならないように、戦闘部隊に属する国家の軍事要員自体を使用することはない[51]。

準軍事作戦で最も象徴的な事例はキューバ侵攻である。1961年、ＣＩＡは亡命キューバ人約1400名による反カストロ軍を結成して、キューバ国内で武装蜂起を起こすことを計画したが、カストロがこれを事前に察知したことで、その作戦は全面的に失敗した。

アジアにおいても、1958年、反西欧のスローガンを掲げるインドネシアのスカルノ大統領の失脚を計画した。沖縄とフィリピンを前線基地とし、ここから傭兵部隊をインドネシアに侵攻させ、国内反乱軍を決起させ、回教徒と共産党から揺さぶられていたスカルノ派を壊滅するという計画であった。しかし、インドネシア国軍が反乱軍を制圧したため、ＣＩＡの秘密工作が日の目をみることはなかった。

■謀略とは何か？

わが国では秘密工作を「謀略」（Conspiracy, Plot, Deception）という言葉で総称することが多い[52]。また「謀略」は過分に暴力性のともなう行為であると解釈される傾向が強い[53]。

これは、戦前の日本の特務機関が秘密戦の一環として、暴力性をともなう非公然、非合法な活動を展開し、これを一括して「謀略」として説明したことが原因とみられる。陸軍参謀本部第二部第八課は謀略課と通称され、陸軍は「秘密戦」を「諜報」「宣伝」「防諜」と「謀略」からなると定義し、陸軍中野学校では「諜報」、「宣伝」「防諜」と「謀略」とが一体的に教育された[54]。そして、「謀略」は戦後の左翼平和主義におけるタブー視と相まって、"ダーティで排除すべきもの"としてのイメージが先行していったのであろう。

他方、中国では古来、才能有徳の士を「君子」と尊称し、その君子が事前に周密

---

51 Lowenthal『Intelligence from Secrets of Policy』170-171頁、茂田『インテリジェンス』211頁
52 小林良樹『インテリジェンスの基礎理論』130頁。なお国語辞典では、「謀略」は「人を欺くようなはかりごと」と定義し、「謀略をめぐらす」「敵の謀略に乗る」などの適用例と、「たくらみ、はかりごと・策謀・密謀・陰謀・秘密工作・欺瞞工作・宣伝工作・プロパガンダ」などの同義語・類語が挙げられている。
53 『生き抜くための戦略情報』では、「謀略」を「国家がある政治的な目的を達成するため、特定の目標に施行される、妨業、転覆、無力化工作等、非合法の破壊活動を総称したもの」と解説している。『生き抜くための戦略情報』249頁。
54 陸軍中野学校では秘密戦を諜報、宣伝、防諜、謀略と定義することとし、防諜については従来の軍機保護法的な考え方から進んで敵の諜報活動、謀略企図を探知することはもとより、敵の企図を逆用するいわゆる反間謀略業務を重視することとした。『陸軍中野学校』（中野校友会、1983年3月）23頁。また、謀略は「間接或いは直接に敵の戦争指導及び作戦行動の遂行を妨害する目的をもって公然の戦闘若しくは戦闘団体以外の者を使用して行なう破壊行為若しくは政治、思想、経済等の陰謀並びにこれらの指導、教唆に関する行為を謀略と称し、之がための準備、計画及び実施に関する勤務を謀略勤務という」と定義された。中野学校校友会図書刊行部『諜報宣伝勤務指針』（1956年3月）30頁。

な計画を立てることを「謀」といい、これを政治・軍事面で用いた言葉が「謀略」である[55]。『孫子』謀攻篇においては、「上兵は謀を伐ち、その次は交わりを伐つ」と記述され、「謀略」は敵を欺き、「戦わずして勝つ」ことの意味で用いられた。

謀略と定義するか、欺騙（Deception）と定義するか[56]はさておき、諸外国においても相手側に対し我に対する誤認識を生起させ、我が作戦目的を有利に達成するための情報活動が存在していることには異論がない[57]。つまり情報活動には「頭脳戦」や「知恵の戦い」により相手側を欺く活動の領域が存在するのである。

わが国は「謀略」を「ダーティな活動」と一括して忌み嫌い、「知恵の戦い」や「戦わずして勝つ」という活動のすべてを"タブー視"すべきではない。宣伝や偽情報の流布[58]などについては、インテリジェンス機能と積極的に捉え、情報機関や情報活動の研究対象とすべき余地はあろう。

戦略的インテリジェンスにおける分析・作成の観点からも偽情報を用いた謀略の手口や特性を知っておく必要がある。偽情報に基づくプロダクトは、正確性がゼロであり、使用者に対し誤った判断を誘引させることになる。分析の正確性を期す観点からも、謀略の歴史やその効用についての研究を行なうことが必要だといえよう。

■秘密工作の留意点

我がプロダクトを作成するうえで利用する相手側の演説や出版物には、巧妙にいろいろと手が加えられている。理解力を欠いたり、判断力が不十分だったりすると、正しいインテリジェンスを生成することはできない。安全保障、国防政策においては、断固たる国家意思と軍事能力の高さを能動的に情報発信することで、相手側の錯誤を誘引し、危険な軍拡や軍事力行使を抑制する方策も考えなくてはならない。

そのため、宣伝によって相手国の侵攻意図を崩すことも広義な意味での情報活動ととらえるべきであろう。

他方、クーデターなどの暴力性の高い、より攻撃的な秘密工作については高度な組織性と秘匿性が必要となる。しかも失敗は避けられない。事実、米国ＣＩＡの秘密工作は失敗続きであったといっても過言ではない。その原因について、アーネス

55　張可炳『孫子之謀略』（JCA出版、1978年12月）13頁
56　Deceptionは「欺騙」とも翻訳されるが、ダレス『諜報の技術』209頁では「謀略」と翻訳されている。
57　ドイツのブッフハイトは自著『諜報』214頁において「謀略はある国が自分の意図について他国に誤った認識を与えようとする一連の策略」と述べた（原語は未確認）。旧軍情報部の実松譲も謀略の定義を『諜報』から引用している（実松『国際諜略』153頁）。米国のダレスはDeception（謀略）について「国家がその能力や意図について、顕在的、潜在的な敵たる他の国家に誤った認識を与えるための策略一切を総称する極めて幅広い概念である」と定義した。
58　偽情報の流布に関しては、中国清代の朱逢甲の『間書』において「死間」や「反間」を活用した事例が多数紹介されている。近代の戦争においても、偽情報や情報操作を活用して戦勝を獲得した戦史事例は多い。

ト・ボルクマン『情報帝国ＣＩＡの崩壊』では、①同じ人材を使用して秘密工作と情報収集をやらせた、②ヒューミントを軽視しテキントに過度に依存した、③インテリジェンスが政治的な圧力を受けたなどを挙げている[59]。

　こうした困難性と暴露性により、「秘密工作は作戦部隊の実施する作戦機能として扱う」との意見も多い。他方、秘密工作は事前の情報収集がとくに必要であり、非公然に準備を進めなければならない。だから情報機関が行なうインテリジェンス機能として管理していこうとの傾向も根強い。

　秘密工作では「非公然、秘密の状態はいつまでも続かない」ということを認識しなければならない。準軍事作戦のような暴力性の強い工作になればなるほど暴露率は高くなる。本来のインテリジェンス機能は長期にわたり、水面下に情報ネットワークを構築し、それを活用して秘密情報を収集したり、相手国の政策決定に影響を及ぼしたりすることであろう。よって秘密工作をインテリジェンス機能として管理するにしても、秘密工作が本来のインテリジェンス機能とは性質が大きく異なるということだけは十分に認識しておかなければならない。

59　アーネスト・ボルクマン『情報帝国 CIA の崩壊』春名幹夫訳（教育社、1987 年 4 月）13－19 頁

第6節　スパイ（諜報員、工作員）の活用

■スパイの区分

今日、世界においては水面下で多くのスパイ（諜報員、工作員）が跳梁跋扈している。日本国内においても、目には見えないが、水面下で多くのスパイが暗躍しているとみなければならない。

スパイは時に敵組織内に深く潜入し、重要な秘密情報を窃取し、所属国の組織に報告することが求められる。ただし、スパイの任務はそれだけにとどまらず、まことしやかに忠実な部下を装って指導者を籠絡させる者、偽情報を流して相手側を混乱させる者など、各種の工作を仕掛けるスパイがいる。

『孫子』第13章「用間篇」では「間を用うるに五つあり」として、以下の5種類の間（スパイ）を挙げている。
1）「郷間」：　敵国および第三国の一般大衆から情報収集を行なう者
2）「内間」：　敵国の官僚、軍人などを誘惑して、秘密情報を収集する者
3）「反間」：　敵方のスパイが寝返って、逆に敵方を探索する「二重スパイ」
4）「死間」：　敵を欺瞞するため自らを犠牲にして敵国に対し偽情報を提供する者
5）「生間」：　本国と敵国とを行き来する現代の斥候のような者

このようにスパイはさまざまな任務を担っているが、それは国家目的の遂行という一点に収斂される。『孫子』ではこれらを同時に投入しなければならないとし、これを「神紀」と称している。それは、ちょうど無数の紐から成ってみえる魚網が結局は一本の綱で結び合わされているということに喩えられる[60]。

中国兵法書『李衛公問対』にみるスパイの区分

兵法書『李衛公問対』ではスパイを以下の5種類に区分している。
1）「因任子」：敵国の子弟(エリート)を利用して、故意に偽情報を流布して、それを敵国に報告させるもので「内間」に相当
2）「因敵使」：敵国の死者に偽情報を与えるもののであり「反間」に相当
3）「択賢能」：有能な人物を選んで、敵国に派遣し、偵察状況を帰ってきてから報告させるもので「生間」に相当
4）「緩罪戻」：わざと犯罪者を偽情報とともに釈放し、敵国に逃がすもので「死間」に相当
5）「因邑人」：敵国の土地の住民を利用するもので「郷間」に相当

60　ダレス『諜報の技術』14頁

> さらに同兵法書では、スパイ活動を7種類に区分している。
> 1)「間君」：君主同士を離間させる。
> 2)「間親」：親族を離間させる。
> 3)「間能」：有能な人物を離間させる。
> 4)「間助」：協力者を離間させる。
> 5)「間隣」：友好国を離間させる。
> 6)「間左右」：君主の側近を離間させる。
> 7)「間縦横」：政治顧問を離間させる。
>
> 出典：朱逢甲『間書』守屋洋訳（徳間書店、1982年3月）71頁

■スパイの人物像

　スパイとはどのような人物であろうか。陸軍中野学校校友会図書刊行部が発行した『諜報宣伝勤務方針』によれば、スパイとして勤務する動機を、次のように区分している[61]。
1)　諜報勤務に先天的に大なる趣味を有する者
2)　衷心の希望により、奉公若しくは報恩の目的をもって勤務に従事する者
3)　諜報の対象たる国家、政府等に対し、思想、政見、主義、野心、境遇、民族的感情その他の原因により反感を有する者
4)　資力に窮するか或いは失意、落胆その他の一身上の原因により特別の利得を望む者
5)　単に貪欲愛銭の私念より出でたる者
6)　営利を目的とする常識的秘密偵知者
7)　使用者に私淑し、その腹心となれる者
8)　帝国または帝国国民に対し好感を有し、或いは殊に血族的若しくは職業的利害関係のある者

　またスパイの勧誘方法について以下のとおり整理している[62]。
1)　広告人を秘匿し、かつ召募名目を他に籍り、或いは目的を曖昧にした広告による。
2)　此種人物の出入りすべき料理店、茶店等に於いて彼らに接近する。
3)　貿易商会を経て先ず公正なる商業上の提言をなし逐次その目的に接近する。
4)　雇用条件を決定し、自己の名を秘匿して先方に提議する。
5)　婦人諜者を経てその知己間に適当の者を物色せしめ逐次接近する。
6)　要人と家庭的交際を求め漸次諜報勤務に誘致する。

61　『諜報宣伝勤務指針』14頁、『世界　謎のスパイ』（歴史読本、1988年6月）246-251頁
62　同『諜報宣伝勤務指針』16頁、『世界　謎のスパイ』246-251頁

7）情報の交換等により、第三国軍若しくは官憲の要人と交際を求め、次いで公務の用務を依頼して漸次に第三国軍憲の使用せる諜者と接近し、之を我が方の諜者に誘致する。
8）敵国に入らんとする者に普通用務を依頼し、漸次秘密諜報を依頼して、知らず知らずの内に諜者と為す。

　上記の記述から学ぶべきことは、スパイが諜報活動に殉ずる目的は決して一様ではないということである。そして、一見してスパイらしくない人物こそがスパイなのである。戦略的インテリジェンスに従事する者は、自らがスパイのターゲットであることを肝に銘じ、不審人物による不自然な接近には注意しなければならない。

■スパイによる積極工作

「相手国の組織内の協力者を利用することで、相手国の政策、世論・国民感情を工作する側の望むような方向、有利となる方向に導く」ことを一般的に積極工作（あるいは影響化工作）という。これは、ロシア語の「積極的措置（アクチーブヌイエ・メリブリヤーチャ）」が語源であり、英語では「アクティブ・メジャー」、翻訳すると積極工作[63]ということになる。

　スパイが、まことしやかに忠実な部下を装い、指導者を籠絡する積極工作を仕掛けた事例は多い。東ドイツの国家保安省（MFS）所属のスパイであったギュンター・ギョーム大尉は、難民として西ドイツに亡命し、西ドイツ社会民主党に入党。十数年を費やして西ドイツのブラント首相の秘書となり、さまざまな形で首相の政策に影響力を及ぼした[64]。スパイを送ることを業界用語で「植え付け」（プラント）と呼んでいるが、東ドイツ情報機関が仕掛けたプラントにより、ブラント西独首相は1974年5月に引責辞任することになった。

　フランスでも、ミッテラン大統領時代の国防相を務めたシャルル・エルニュが1950年代から1960年代にかけ、当時のソ連や東側諸国に情報を手渡し、報酬をえていた。ミッテラン大統領はエルニュ死去後（1990年）の1992年に内務省の国土監視局（DST）から、エルニュがスパイであった事実を知らされたが、国家機密として封印するよう命じたという[65]。

63　KGBによれば、この活動は文書や口頭による逆情報、文書偽造、偽情報の作成、外国マスコミに対する情報操作と支配、諸外国における政治活動の操作、影響力を行使できるエージェントの活用、秘密放送局の利用、外国共産党や国際的な前衛団体の利用と操作、内部革命やテログループ、そして可能ならば政治的脅迫の支援といった工作を含む。フリーマントル『KGB』178頁。
64　フリーマントル『KGB』139-140頁。このほか熊谷徹『顔のない男』（新潮社、2007年）
65　『東京新聞』（1996年10月30日）

北朝鮮の朝鮮労働党対外情報調査部所属の鄭守一[66]は1984年、ムハマド・カンスというアラブ系フィリピン人を名乗り、韓国に合法的に入国した。そして韓国の大学でアラブ史の教授として12年間にわたり教鞭をとりつつ、韓国軍の装備計画や総選挙情報等の諜報活動を行なった。鄭は1996年に国家安全企画部に逮捕され、諜報活動の容疑で5年間服役したが、2006年に特赦で釈放され、驚くことに思想転換して韓国の大学教授として再任用された[67]。これが摩訶不思議なスパイの世界なのである。

■二重スパイとは

　「二重スパイ」（ダブル・エージェント）とは敵の情報機関のスパイであった者が寝返って我のスパイとなった者を指す。

　二重スパイはスパイの中で最高峰とされる。『孫子』では「反間」と呼び、「五間の中で最も重要なのが『反間』であるから、その待遇はとくに厚くしなければならない」と説いている。

　英国の対外情報庁（MI6）の職員であったキム・フィルビー（203, 204頁参照）は、ソ連KGBの二重スパイであった。フィルビーはKGBへの貢献が認められ、レーニン勲章を受賞（1980年）し、ソ連の切手となり顕彰された。彼は将来のMI6長官候補と目された高官であったから、KGBは英国がソ連に何を仕掛けようとしたのかを彼を通じて容易に解明できたはずである。

　ソ連GRUに所属していたオレグ・ウラジミロビッチ・ペンコフスキー大佐も伝説の「二重スパイ」である。ペンコフスキーはソ連の軍事技術の極秘情報に通じたミサイルの専門家でもあった。英国のMI6のグレビル・ウィンが、トルコの駐在武官補であったペンコフスキーの獲得に成功した。1960年代初頭、ペンコフスキーはソ連通商代表団の一員としてロンドンに行った。その際、MI6は彼から秘密情報の提供を受ける手はずを整え、ロンドンに訪問したソ連通商代表団に対し、本来は立ち入り禁止区域である軍事施設を案内するなどの過剰サービスを行ない、通商代表団に扮したGRUメンバーを小躍りさせた。一方でペンコフスキーの活動をフリーにし、CIAと協力してペンコフスキーに接触し、秘密情報を受け取ることに成功した。この秘密情報により「世界中のGRUの将校リスト」「米国の核戦力がソ連よりもはるかに上回っていること」などが判明した。ケネディ大統領は、この情

---

[66] 韓国の国家安全企画部の調べでは、鄭守一は中国吉林省生まれで、北京大学アラビア語科を卒業しエジプトのカイロ大学に留学、1958年に中国外務省に入り駐モロッコ大使館勤務などの経験がある。63年に中国籍を放棄して、平壌外語大のアラビア語教授をしたあと、74年に労働党の工作員として選抜された。（『産経新聞』1996年7月23日）
　鄭の人物像や活動については、全富徳『北朝鮮のスパイ戦略』（2002年10月、講談社）に詳述されている。
[67] 佐藤、高『国家情報戦略』107－108頁。

報を基に1962年のキューバ危機では積極攻勢策に打ってでることができた。なおペンコフスキーは「二重スパイ」であることが判明し、ソ連はキューバ危機前にペンコフスキーを処刑し、GRUの大改造に着手した。

　オルドリッチ・エイムズ（204頁参照）も二重スパイである。1994年2月、FBIに逮捕されたエイムズは離婚の慰謝料から金銭的に追い詰められ、自らKGBに接触（ウォーク・イン）したという。そしてKGBから9年間にわたり、150万ドルの報酬を受け取り、CIA要員の名簿や工作情報を提供した。彼の提供情報により、ソ連で活動していたCIAのソ連協力者10名が処刑され、20件以上のCIA工作計画がソ連側によって阻止された。

　エイムズには年収の8倍もの高級住宅を即金で購入する、高級車ジャガーを保有するなど分不相応な振る舞いや、勤務中に酔っているなどの解雇に相当するいくつかの素行不良があった。さらにCIAは彼がソ連政府関係者と接触しているのを把握していた。こうした異常な状態の見過ごしは、「解雇するよりも飼い殺しにしておく方が得だとした官僚主義」「CIAに限って裏切り者は出ないとの思い上がり」が原因であった[68]。

　相手側の諜報活動によって国家は大きな痛手を受ける。情報機関がいかに現場や前線での活動において成功を収めたとしても、組織の本部に相手国の「二重スパイ」を抱えてしまっては、国家のインテリジェンス機能は完全に麻痺してしまう。
　相手国の諜報活動、秘密工作などを放置することは我の情報活動が妨害され、情報機関の崩壊につながる危険性があることを肝に銘じ、組織は自らの要員が相手国の組織から獲得されないよう、不自然な外部からの働きかけや、不良な要員の素行を点検するなどの注意が必要なのである。

第7節　注目すべき歴史的事例

■CIAによるキューバ工作

　キューバのカストロは1959年にキューバ革命を成功させて共産主義国家を樹立し、ソ連との連携を模索する一方で、カジノやホテルを経営していた米資本を没収した。それに危機感を覚えたアイゼンハワー大統領がCIAに対しカストロ暗殺の指令を下した。暗殺計画はアイゼンハワーの後継者となったケネディ大統領が引き継いだ。CIAはフロリダのマフィアボスであるサント・トラフィカンテと組み、カストロ、ラウル・カストロ（国防相、カストロの弟）およびチェ・ゲバラの3人

68　落合『CIA 失敗の研究』45−49頁

の毒殺を謀った。しかしCIA工作員が怖気づいたのか、その工作員がキューバの「二重スパイ」であったのかは不明であるが、工作員の逃亡により工作は失敗した。

1961年にはCIAはフロリダやグアテマラの米軍基地で軍事訓練を行なった亡命キューバ人約1400名による反カストロ軍を結成した。米軍のB-26爆撃機の支援下で反カストロ軍がキューバのピッグス湾に上陸し、これに呼応してキューバ国内で武装蜂起を起こすことを計画した。しかし、カストロはこれを事前に察知し、反カストロ軍がピッグス湾に侵攻する数日前に武装蜂起を試みる国内組織を壊滅し、上陸地点にはキューバ軍を配置し、反カストロ軍を迎撃して、これを全滅させた。

作戦失敗に激怒したケネディ大統領はアレン・ダレスCIA長官を解任し、CIAの解体まで口にするようになった。なお、その後のケネディ暗殺は解体を懸念するCIAの仕業であったとの説もある[69]。

米国による対キューバ工作の一連の失敗は、キューバ政権に対して派遣された米国CIAの工作員をキューバが「二重スパイ」として転向させることに成功していたからといわれている。秘密工作は高度な秘密性が保持されなければ成功せず、秘密性の保持は容易ではないということである。

■イスラエル・モサドの工作

イスラエルのモサドは組織規模こそCIAやKGBには及ばないが、秘密工作の成功率は両組織よりも高い。モサドの使命は「ナチに迫害されたユダヤ人が建国したイスラエル国家を滅亡の危機から救済すること」であり、世界中に逃亡するナチはモサドにとって必ず暗殺すべき対象である。

これまでモサドは1000人以上のナチ狩りを行なったといわれている。その手口は世界中のユダヤ人協力者(サヤン)を活用し、工作員(カッツァ)が暗殺専門の工作員(キドン)を運用して行なうというものである。

モサドの秘密工作では1960年の「アイヒマン誘拐作戦」と1972年の「神の怒り作戦」が有名である。

イスラエルの宿敵であるアイヒマンは、ゲシュタポのユダヤ人課の課長としてホロコーストに携わった人物である。1957年、モサドはアルゼンチン在住の協力者から、ブエノスアイレスにアイヒマンが居住しているとの情報をえた。その後、モサドは2年以上の歳月をかけてアイヒマンを追跡し、数十人の工作員を偽造旅券でアルゼンチンに入国させた。そして偽装の旅行社を設立し、イスラエル国営航空機をチャーターして、アイヒマン誘拐作戦が敢行された。モサドはアイヒマンを徹底的に泥酔させ、イスラエル国営航空の制服を着せ、酔っ払いのパイロットに偽装させた。チャーター機の秘密格納庫に隠しイスラエルまで連行し、イスラエル国民の前

---

[69] 他方、1960年代にKGBが息のかかったジャーナリストを使って「ケネディ大統領暗殺はCIAが仕組んだ」との偽情報を流布したとの見解もある。小谷『インテリジェンス』192頁。

で公開裁判にかけて、死刑に処した[70]。執念でどこまでもナチを追い詰め、確実に粛清する好戦性の高さを世界に示すことで、イスラエルの存在感の誇示と、世界に散らばるナチに恐怖心を与えたのである[71]。

「神の怒り作戦」はスティーヴン・スピルバーグ監督によって映画化されたことでも有名である。1972年9月5日早朝、パレスチナ武装組織「黒い9月」のメンバー8人が、ミュンヘン・オリンピック選手村のイスラエル選手宿舎に乱入し、イスラエル人選手とコーチを射殺し、さらに9人の選手を人質として誘拐した。最終的にイスラエル選手ら9人が死亡した。そこでモサドはゴルダ・メイヤ首相の命令一下、「神の怒り作戦」を発動した。1972年10月、モサドはアラファトPLO議長の従兄であるワエル・ズワイテルをローマで殺害し、大々的な復讐劇の開始を世界に発した。そして1979年1月、ついに実行犯のアリ・ハッサン・サラメの暗殺に成功した。プレーボーイであったサラメに対して、イギリス人女性のエリカ・チャンバースを使ってハニートラップを仕掛け、チャンバースの手引きで、サラメの車が通る道に爆弾を仕掛けて爆殺した。この暗殺に際しては、映画さながらに、事前に暗殺予告文を送付し、暗殺者に対し献花を捧げたという[72]。

両暗殺が成功した最大の要因は、世界中に展開するユダヤ人ネットワークにある。そして国家が一丸となってモサドの秘密工作を支援し、海外ユダヤ人の「ユダヤの敵は徹底的に復讐する。二度と刃向かわないように恐怖を知らしめる」という強い結束心があったからである。

■旧日本軍の工作

現在の日本には秘密工作機関は存在しないが、戦前、中国大陸において個人や特務機関（後述）が秘密工作（秘密作戦）を展開していた。

最も有名なのが明石元二郎（あかしもとじろう）[73]大佐（のちに大将）である。明石は1901年にフランス公館付武官として赴任、1902年にロシアのサンクトペテルブルクに転任し、その後、ロシアの膨脹主義に反発するスウェーデンに駐在武官として移動し、同地にて旧軍の特務機関の草分け的存在である「明石機関」を設置し、ロシア国内の反体制派「ボルシェビキ」への活動を支援した。

明石は日露戦争では参謀本部からの工作資金100万円を活用し、地下組織のボス

70　これはイスラエル国内で実行された唯一の法律上の死刑である。小谷賢「イスラエル」『世界のインテリジェンス』（PHP研究所、2007年12月）315頁。
71　アイヒマン誘拐作戦については、スチュアート・スティーブン『イスラエル秘密情報機関』中村恭一訳（毎日新聞社、1982年3月）145-155頁に詳述されている。
72　神の怒り作戦については、スチュアート『イスラエル秘密情報機関』367-385頁にて詳述されている。
73　1864年福岡藩生まれ、陸軍大学を卒業後、ドイツ留学などを経て、フランス、ロシアで公館付陸軍武官などを歴任。日露戦争後は台湾総督を歴任。陸軍大将。

であるシリヤクスと連携し、豊富な資金を反ロシア勢力にばら撒き、反帝勢力を扇動し、日露戦争の勝利に貢献した。当時の国家予算が2億5000万であったことから、渡された工作資金は単純計算では現在の2000億円を越える額となり、明石の活動に国家的支持が与えられていたことがうかがえる。明石の活動は陸軍中野学校の授業でも題材として取り上げられるなど、当時の日本軍の秘密工作に大きな影響を及ぼした[74]。

陸軍中野学校は秘密工作に従事する軍将校の養成学校として1930年代後半に設立された。1937年、岩畔豪雄（いわくろひでお）[75]中佐が参謀本部に『諜報活動・謀略の科学化』という意見書を提出して1938年に「防諜研究所」が設立された。これが中野学校の発祥となる。1939年に同研究所は「後方勤務要員養成所」、1940年に中野に移転し、陸軍中野学校に改名された。

陸軍中野学校の前身、後方要員養成所の初代校長はハルピン特務機関長の秋草俊（あきくさしゅん）[76]中佐である。秘密戦戦士には世の中の幅広い知識が必要であるとされ、入所（入校）者の主体は創立当初（1期学生）から民間大学等高学歴の甲種幹部候補生出身将校から採用することとし、各師団や軍制学校からの推薦を受けた者から選抜した。秋草自身も陸軍派遣学生として民間大学（現在の東京外国語大学）を修了している。

また、2期学生からは下士官養成も開始し、陸軍教導学校での教育総監賞受賞者や現役の優秀な下士官学生を採用した。さらに中野学校が正規の軍制学校になってからは陸軍士官学校出身将校をも採用し、戦時情報および遊撃戦の指導者として養成された。

中野学校では秘密戦戦士として必要な各種専門教育が行なわれるとともに、上意下達の一般軍隊と異なり単独での判断が要求される場面が多々予測されるため、「謀略は誠なり」「功は語らず、語られず」「諜者は死せず」など、精神教育、人格教育も徹底され、アジア民族を欧米各国植民地から解放する「民族解放」教育もなされていた。

終戦後、北朝鮮は現地に残った中野学校出身者を利用してスパイ工作機関を設立したとの噂がある。これに関しては、元韓国軍の情報将校であった高永喆は佐藤優との対談において「国防省の情報本部にいた時、北朝鮮のスパイ工作機関が優れた工作活動をしているのは日本帝国時代の陸軍中野学校の教科書を使ってスパイ活動のノウハウを覚えたからだ、と教育されたことがある」との逸話を紹介している。

---

74 明石大佐の工作活動については、一般的に広まっている明石工作の評価とは異なる研究書もある。たとえば稲葉千晴『明石工作』（丸善ライブラリー、平成7年5月）など。

75 1897年広島県生まれ。参謀本部第8課（謀略課）などで勤務し、大陸で岩畔機関を指揮。他方で日米開戦回避。京都産業大学設立者の一人で元理事。最終階級は陸軍少将。

76 1894年栃木県生まれ。ハルピン特務機関などで勤務した対ソ諜報の第一人者。敗戦後、ソ連軍に拿捕収監。モスクワ郊外の監獄で死去（享年54歳）。最終階級は陸軍少将。

また金正日が部下を褒める時、「チョンマル（さすが）、ナカノ」と言っていたそうである[77]。

しかしながら、戦中戦後の中野学校出身者と北朝鮮との関係を結びつけるような事実は確認されていない。

明石大佐と福島少佐

明石大佐はフランス語、ドイツ語、ロシア語および英語を完全に理解していたとされ、語学の天才であった。そして大変な努力家であり、同僚から「いつ眠っていつ起きているのかわからなかった」といわれるほど、各国の新聞を読んでいた。私生活は極めて質素であり、性格は清廉潔白で工作資金の残りの27万円は明細書を付けて返金した。明石はのちに陸軍大将まで昇任するが、参謀次長と第6師団長をわずかな期間務めただけで、軍人としては一貫として傍流であった。秘密工作が周辺から賞賛されるたびに「我の苦労が解ってたまるか」と、周囲からの表面的理解に対し憤慨していたという。

福島安正（やすまさ）少佐（のちに大将）は1858年に長野県松本の武家に生まれた。1874年に陸軍省に入省し、83年に北京公使館付武官として海外に赴任した。87年にはベルリン駐在武官となり、92年に単騎シベリア横断に出発し、ドイツからウラジオストックまでを15カ月かけて踏破した。表向きには冒険であったが、この本当の目的はシベリア鉄道の建設状況等のロシア情報を収集することにあった。こうしてえた現地情報が参謀次長の川上操六（そうろく）大将の下に届けられ、日露戦争で大いに活用されたことはいうまでもない。

出典：江宮隆之『明石元二郎』、篠原昌人『福島安正と情報戦略』、島貫重節『福島安正と単騎シベリア横断』など

■チャーチルの工作

第二次世界大戦中、英国のチャーチルとドイツのヒトラーの間では相手を欺く謀略合戦が仕掛けられた。1942年8月19日、英軍の友軍であるカナダ第2師団を中心とする約5000人の兵士がノルマンディのディエップ付近に上陸した（ジュビリー作戦）が、カナダ師団は多数の死者を出し、完全に上陸作戦は敗北した。カナダ師団の敗北はもっともな結果であった。なぜならばヒトラーは英国に侵入させていたスパイにより、カナダ軍がディエップに上陸をすることを事前に入手し、待ち構え

---

[77] 佐藤、高『国家情報戦略』110頁

ていたからである。

しかしチャーチルの方が一枚上手であった。実はチャーチルはすでにヒトラーが送ったスパイを英国側の「二重スパイ」として獲得していたのである。それにもかかわらず、ヒトラーがこのスパイが依然として忠実なスパイであることを疑わないように、チャーチルは「二重スパイ」に対し、ある程度の正確な情報を与えてヒトラーに報告させていた。ヒトラーはシュビリー作戦でカナダ師団が予想地点に上陸したことにより、英国に展開しているスパイ網の有効性をますます確信するようになった。

カナダ師団の敗北で終わったシュピリー作戦の2年後、1944年6月6日にノルマンディ上陸作戦が決行された。しかし、ヒトラーは英国が展開したスパイ網からのインテリジェンスを信じて、連合国軍の主上陸がカレー正面に来るものと確信してノルマンディ正面の防衛を怠った。そのため、連合国軍のノルマンディ上陸はまんまと成功した。チャーチルは「シュピリー作戦の損害は大きかったが、その成果はそれ以上のものがあった」と彼の回想録の中で述懐した。

■日本に対するソ連の積極工作

ソ連の積極工作の存在が、わが国において有名になったのはＫＧＢ少佐のスタニスラフ・レフチェンコ事件による。レフチェンコは1975年2月にＫＧＢ東京駐在部に赴任し、ソ連の国際問題週刊誌『ノーボエ・ブレーミャ』（新世代）の東京特派員として1979年10月に米国に亡命するまでの間、積極工作に従事した。

レフチェンコは1982年に7月、米下院情報特別委員会の秘密聴聞会で対日積極工作について暴露した。彼はＫＧＢの積極工作部に所属し、政財界、マスコミに接触し、親ソ反米世論の醸成などを企図した。そのため、10人前後のエージェントを獲得して運用したという。

最も成功した積極工作は、1976年1月の周恩来総理の死亡後にサンケイ新聞が1月23日付朝刊で報じた『周恩来の遺書』である。当時、サンケイ新聞社の山根卓二記者に、レフチェンコからニセの『周恩来の遺書』の内容が密かに告げられた。山根はそれを「ある筋の情報」として毛沢東の死亡前に党内対立があることを紹介した。同スクープ記事をソ連のタス通信が転電して全世界に流したことから大きな反響を呼んだ。

当時、毎日新聞記者であった古森義久記者（その後、サンケイ新聞に移籍）は1982年、レフチェンコ取材により、「『周恩来の遺書』はＫＧＢによる日中離反を狙った捏造記事であった」ことを明らかにした[78]。

ＫＧＢは中国指導部の対立を日本の新聞社を通じて意図的に報道することで日中離間を狙ったようである。古森の取材ではＫＧＢの日本における工作重点はマスコ

---

78 『毎日新聞』（1982年12月2日）

ミであり、レフチェンコ自身も自らの最大の功績は「日本のマスコミへの浸透」であったとしている。

　このように積極工作は各国情報機関の常套手段である。戦略的インテリジェンスを扱う情報分析官は、報道は誰かの意図によってしばしば偏向や捏造が行なわれているのが常態だということを忘れるべきではない。

第5章
情報機関

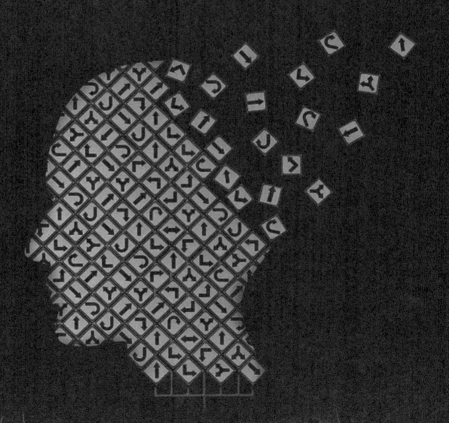

第1節　情報機関の研究

■情報機関の研究意義

　情報機関を研究することは、①自己の情報機関の在り方や、戦略的インテジェンスの業務を運営するうえでのヒントをえる、②相手国の情報機関が行なう活動を分析し、相手国の戦略的意図を明らかにする、③自己の保全およびカウンターインテリジェンスに役立てる、などの意義がある。

　インテリジェンスの良否はそれを生成する組織に委ねられている。よって情報分析官にとって情報機関を研究することは良質なプロダクトを作成することと無縁ではない。

　相手国の情報機関は国家の戦略的意図を達成するために活動している。つまり、情報機関は国家指導者や軍事指導者の情報要求に基づき、情報を収集、処理してインテリジェンスを生成している。あるいは国家指導者の意図に基づき、秘密工作などに従事している。こうした組織の活動が表面化することは少ないが、注意深く観察し、時として表面化する活動と情報機関との関連性をみることで、戦略的インテリジェンスの目的の1つである相手国の意図などの解明につながるきっかけをえることができる。

　自己の保全およびカウンターインテリジェンスに役立てるためには諸外国の情報機関の活動目的や活動実態を知っていることが重要である。こうした観点からは中国、北朝鮮、ロシアなどの組織を研究する必要性は大きい。これら国家の情報機関による活動実態を知ることで、情報分析官は宣伝、偽情報などの存在に気づき、かかる国家に関する情報の処理・分析を慎重に行なうことができる。

■情報機関の理想的な在り方

　シャーマン・ケントは、情報組織（情報機関）は大学、新聞社、実業団体に類似していると述べている[1]。そして、これら組織から自己の必要とするものを摂取することを推奨している。要約すれば以下の事項である。

1　シャーマン・ケント『米国の世界政策のための戦略情報』179頁

1）専門家による創造的な集団の育成
2）調査研究に必要な気風と施設環境（図書館、仕事場）の保持
3）新鮮な情報の供給源と迅速かつ確実な通信網の保持
4）情報の完全性と正確性に対する責任の保持と適時性の厳守
5）消費者のニーズに適した高質な情報の提供
6）情報機関の維持・運営に関わる将来構想・計画の保持
7）情勢変化に応じられる組織編制、将来計画に対する柔軟性の保持

　情報機関は組織として際立った"優秀性"を誇っており、各国の情報機関を考察することは、相手国の国民性、政治・経済、科学技術レベルなどの総合国力を分析することにも通じると思われる。

■研究上の考慮事項

　情報機関はその歴史、社会体制、国策、国防方針および環境によってさまざまな設立経緯と発展過程を経ている。情報機関は広範多岐に及ぶので、それを効率的に研究するためには組織を分類するとよい。

　分類法には国家別、機能別（情報収集、カウンターインテリジェンス、秘密工作など）、収集手段別（シギント、ジオイント、ヒューミントなど）、作成するプロダクトの型式別（カレント・警告、国家インテリジェンス見積、研究インテリジェンスなど）などがある。

　情報機関を研究するうえでの考慮事項は以下のとおりである。
1）組織の変遷および設立の経緯
2）国民性および情報活動との関係
3）情報活動が攻勢的性格か、また防勢的性格か
4）国家情報機関と軍事戦略組織との関連
5）中央情報機関と各省情報機関との関連、ならびに両者の結合の度合い（組織の有する専門事項、共通事項について）
6）公然組織と非公然（秘密）組織との関係や比率
7）諜報機関とカウンターインテリジェンス機関との関係
8）社会主義国家においては党、政府および軍の情報機関との関係
9）科学技術の発達と情報手段との関係
10）軍事情報機関の実態（軍独自で行なう情報活動の分野と軍以外に依存して実施している分野およびその比率）
11）情報機関の予算が国家予算に占める割合（情報機関の自己資金の割合）
12）国内の各団体等との関係

現実には情報機関には非公然性が付き物であるため、これらの考慮事項の全部が解明されることはありえない。情報機関の研究においては上記の分類方法と考慮事項を適切に組み合わせて実施することが効率かつ効果的である。

第2節　日本の情報体制の歴史

■国民性と情報活動の歴史

　日本は四周を海に囲まれ外敵の侵入が稀であったため、外国から自国を守るための対外インテリジェンスについてはあまり必要でなかった。弱肉強食の戦国時代には諸国大名は懸命に情報を収集し、政略や戦略を巡らした[2]。ただし、当時は諸国どうしの戦いであったため、国内インテリジェンスが主であり、外国に関するインテリジェンスの必要性は少なかった。当時、情報収集に携わった忍者は武士階級よりはるかに低い地位に置かれていた。江戸時代には鎖国政策がとられ、日本は世界から隔離され諸外国の情報は長崎の出島からわずかに伝えられるのみになった。とても対外インテリジェンスのための組織が育成される環境ではなかった。

　陸続きのヨーロッパでは、17世紀以来、国外の動向に関するインテリジェンスが乏しければ国家の生存が脅かされるという厳しい状況が続いていたため、否応なしに対外情報機関が整備されていった。とくに英国では、情報収集に携わるスパイは「紳士の職業」とされ、日本の忍者と対比すれば情報収集に対する感覚が大きく異なっていた。

　幕末になり、日本も西欧列強による侵略・植民地化の危機が迫るとようやく安全保障に関する諸外国の事情や世界情勢などについての関心が深まっていき、本書第1章に示すように、明治9年に「情報」という言葉が初めて定義された（10頁参照）。

　1890年代末、ロシアとの戦争の危機感の高まりにともない、情報収集や分析などに懸命の努力が払われるようになった。日露戦争における情報活動は有史以来の画期的成功を収めた。もっとも、この成功は世界のトップクラスであった英国の情報網に依存したところも大きい。しかしながら日露戦争の勝利により眼前の脅威が消滅すると、その活動は急速に真剣さを欠いた。

　昭和に入ると、日本は第一次世界大戦における近代戦を直接経験しなかったことと併せて国家財政の貧弱さから陸軍装備の近代化が遅れた。一方で第一次世界大戦を直接経験した欧米は軍近代化を進めた。旧軍はそれらに対抗しうる近代装備を持ちえない焦燥感から、敵に関する情報に目をつぶり、主観的意図のみを先行させるという傾向を育んでいった。

---

[2] 戦国武将でインテリジェンスを最も重視したのは織田信長であり、その伝統を継承したのが豊臣秀吉、徳川家康であったといわれている。

昭和期の陸・海軍は重大な情報すら軽視あるいは無視して主観的な作戦を行ない、数々の失敗を重ねた。また、情報の秘匿についても不十分でありワシントン軍縮会議において外交暗号が解読されて不利な交渉せざるをえなくなった。ミッドウェー海戦では情報保全の軽視から山本五十六連合艦隊司令長官の現地視察の暗号が解読されて米軍に待ち伏せされ、長官機が撃墜されるなど重大な損害を招いてしまった。

　戦後、「情報（インテリジェンス）の軽視は旧日本軍の宿痾（しゅくあ）であった」とまでいわれている。さらに、敗戦の後遺症として戦争に関するすべての行為が忌み嫌われ、なかでも諜報活動などが戦争中の憲兵や特高警察を連想させること、そのうえ米国やソ連の情報機関の工作活動などが"ダーティ・ビジネス"として、ことさらに強く報道されたことから、結果として日本国民の嫌悪感を助長した。これに拍車をかけたのが日本の予算制度である。日本ではインテリジェンスのようなソフトウェアに対して予算を付けるという制度は馴染まず、これがインテリジェンス機能の充実を妨げた[3]とされている。

■明治時代の情報体制

　日本の陸・海軍が専門の情報機関を設置したのは明治時代に遡る。上述のように日露戦争における情報活動は有史以来の画期的成功を収めたが、その活動を支えたのが明治の情報体制である。

　のちに陸軍大臣や総理大臣に就任した桂太郎[4]は1870年からドイツに3年間留学し、帰国後に陸軍省から参謀本部を分離独立することを建議した。かくして1878年（明治11年）に参謀本部が設立された。当初の参謀本部の機構は管東局（日本の東半分、樺太、満州、カムチャッカ、シベリアを担当）、管西局（日本の西半分、朝鮮から清国沿海までを担当）、総務課、地図課、編纂課、翻訳課、測量課、文庫課から構成されていた。

　1908年にインテリジェンスを専門に扱う参謀本部第2部が参謀本部から独立新編された。その立役者が川上操六（かわかみそうろく）[5]大佐である。川上は1885年（明治18年）1月、欧州巡歴から帰国すると参謀本部次長に就任、帝国陸軍の作戦運用の計画に従事した。1886年には再び欧州に留学し、ドイツで1年半にわたって軍令・作戦に関する研修を受け、1888年に帰国して参謀本部次長に再び就任した。1893年には田村怡与造（たむらいよぞう）[6]中佐（のちの参謀次長）、情報参謀の柴

3　塚本『現代の諜報戦争』71頁
4　1848年長州藩生まれ。戊辰戦争に参加。台湾総督、陸軍大臣、内閣総理大臣（計3次）などを歴任。陸軍大将。
5　1848年薩摩藩生まれ。戊辰戦争では薩摩藩として戦うが、西南の役では政府側として、恩人の西郷隆盛と戦う。桂太郎、児玉源太郎と「明治陸軍の三羽烏」とよばれる。陸軍大将。
6　1854年甲斐藩生まれ。ベルリン陸軍大学に留学、『野外要務令』などの策定に従事。日露戦争には消極的、同開戦の前年に死去（50歳）。陸軍中将。

五郎（しばごろう）[7]大尉らを帯同して清国と朝鮮を視察した。これは日清戦争を意識した国外視察であり、川上は「先制奇襲すれば清国への勝利は間違いない[8]」と確信をえて帰国した。

　参謀本部は、ドイツ軍の軍事顧問メッケル少佐を招き、ドイツ軍流の軍事情報活動を普及することとした。当初は、参謀本部の陸軍部作戦課が情報収集や分析を統括していたが、日露戦争以後にインテリジェンス部門を独立させることが決定され、参謀本部第２部の新編と相成ったのである。新編当時の第２部は人員35名で4課と5課で構成され、4課が内外情報の収集、5課が地誌調査と地図作成を担っていた。

　海軍におけるインテリジェンス専門部隊の歴史は陸軍よりも古い。1886年（明治19年）に参謀本部海軍部第３局が設立された。第３局は海軍大佐の局長以下10名たらずの小規模のものであったが、1904年の日露戦争を経て逐次強化されることになる。

■特務機関の設立と活動

　1918年のシベリア出兵以降、現地において諜報活動、謀略などの特殊任務を担当する機関が次々と設置され、これを特務機関と呼ぶようになった。特務機関の名称の発案者は、当時のオムスク機関長であった高柳保太郎（たかやなぎやすたろう）[9]陸軍少将で、ロシア語の「ウォエンナヤ・ミシシャ」の意訳とされるが、陸軍史上初めて特務機関なる名称が登場したのは、1918年（大正7年）に設立されたハルビン特務機関である[10]。

　初期の特務機関はシベリア派遣軍の指揮下で活動し、特務機関員の辞令はシベリア派遣軍司令部付として発令された。当初はウラジオストック、ハバロフスクなどに設置され、改廃・移動を繰り返しながらシベリア出兵を支援した。

　そのなかでも黒沢準（くろさわひとし）少将が率いるハルビン特務機関はイルクーツク、ウラジオストック、アレクセーエフカ、満洲里、チチハルなどに駐在していた情報将校グループを統轄し、シベリア撤退後も現地に残って終戦まで情報収集にあたった[11]。

　明治期後半から陸軍は袁世凱、張作霖政権などの地方政権や軍閥に対して軍事顧問を派遣し、それら軍事顧問と配下の要員が特務機関として活動した。

7　1873年会津藩生まれ。陸軍きっての中国通。日清戦争に参加後、英国、米国で勤務、日露戦争にも参加。陸大を出ずして陸軍大将まで昇任したのは異例。
8　柏原竜一『インテリジェンス入門』（ＰＨＰ、2009年8月）173頁
9　1870年石川県生まれ。対ロシア諜報活動に従事、満洲国建国後は満洲日報社長。陸軍中将。
10　陸軍中野学校校友会編『陸軍中野学校』9頁
11　1940年にそのハルビン特務機関は関東軍情報部に、それ以外の各特務機関は情報部支部へと改編された。

特務機関の代表的人物が土肥原賢二（どいはらけんじ）[12]大佐である。土肥原は陸軍大学校卒業と同時に参謀本部中国課付となり、坂西（ばんざい）機関長補佐官、天津特務機関長を経て 1931 年に奉天特務機関長となり、満洲事変に関与した。その後、上海に活動の場を移し、本部とした建物の名称からのちに「重光堂」と呼称する特務機関を率いて、占領地域において親日派組織の形成を目的とする工作活動を行なった。

　土肥原機関を引き継いだのが影佐禎明（かげささだあき）[13]大佐率いる「梅機関」である。「梅機関」は蔣介石のライバル汪兆銘（汪精衛）の懐柔工作を担任した。「梅機関」はやがて晴気慶胤（はるけよしたね）少佐が率いる「ゼスフィールド 76 号」へと受け継がれ、同機関は上海で、国民党の藍衣社やＣＣ団と血みどろの特務戦を展開した。

　東南アジア方面では、ビルマ独立と援蔣ルートの確保を目的に鈴木敬司（すずきけいじ）[14]大佐を長とする大本営直属の特務機関である「南機関」が 1941 年にビルマで設立された。なお南は鈴木大佐の偽名である。鈴木はビルマの独立を支持したことが問題となり帰国させられ、これにより「南機関」は消滅した。

　対インド工作では、1941 年 9 月、藤原岩市（ふじわらいわいち）[15]少佐以下 11 名が外務省員や商社員に身分を偽装してタイ国に潜入し、「Ｆ機関」（機関長藤原の頭文字と自由を意味する英語をかけて命名）を設立した。藤原はマレー工作、華僑工作、スマトラ工作などの英領インドの対英独立運動を支援した。藤原の当初の任務は、タイの日本大使館付武官の田村浩[16]大佐とともに、タイに所在していた秘密結社「インド独立連盟」（ＩＩＬ）と連携して、英軍のインド兵の離反工作を行なうことであった[17]。

　Ｆ機関はインド国民軍（ＩＮＡ）の結成を支援し、シンガポール攻略戦を行なったあと、岩畔大佐を機関長とする岩畔機関に発展改組され[18]、250 人規模の中規模組

12　1883 年岡山県生まれ。満洲国建国における中心人物で、満蒙のローレンスと渾名される。教育総監などを歴任。極東軍事裁判でＡ級戦犯となり処刑。陸軍大将。
13　1893 年広島県生まれ。陸大卒業後、参謀部付として中国に関与。陸軍参謀本部第 2 部 8 課（謀略課）の初代課長。大陸で里見機関を設立・指導。陸軍中将。
14　1897 年静岡県生まれ。陸大卒業後、参謀本部勤務。大本営 10 課長などを歴任。南機関では偽名が南益世で読売新聞特派員の肩書きを保有していた。陸軍少将。
15　1908 年兵庫県生まれ。陸大卒業後、作戦参謀の予定が病気（チフス）の影響で情報参謀となる。終戦後、自衛隊に入り、調査学校長等を歴任。陸軍中佐。陸将（陸自）。
16　1894 年広島県生まれ。陸大卒業後、参謀部付として香港駐在、タイ武官、捕虜情報局長などを歴任。陸軍中将。
17　藤原は「私達はインド兵を捕虜として扱わない。友情をもって扱いインドの独立のために協力したい」とインド兵に宣言した。
18　岩畔機関は 1942 年 4 月末、約人員 250 名で構成。同機関は岩畔機関長、大関参謀の下に総務班、諜報班、宣伝班、政務班があった。山本武利『特務機関の謀略』（吉川弘文館、1998 年 12 月）40 頁。

織へと成長した。この中には多数の中野学校出身者も含まれていた。

　岩畔機関は結成1年後には500名を超える大組織となり、光機関[19]と改称され、1943年、インド独立運動の指導者スバス・チャンドラ・ボース[20]を迎え、ボースと親交の深い山本敏（やまもとさとし）[21]大佐が機関長となった。藤原から始まった一連の対インド工作はインド人将校によるインド国民軍の結成を経て、チャンドラ・ボースのインド独立運動へと発展したのである。

■戦時の情報体制

　1908年（明治41）に新編された当時の陸軍参謀本部第2部は4課と5課の2個課編成であったが、その後、欧米課や中国課（支那課）が設立され、1936年11月の組織改編では、第5課（ロシア）、第6課（ロシア、中国以外の残りの国）、第7課（中国）の3個課編成になった。1937年11月に大本営が設置されて以降、宣伝・謀略を担任する第8課が加わり4個課編成に拡大した。

　一方海軍は、1932年には海軍軍令部第3班として、それまでの第5課（欧米担当）と第6課（ロシア・アジア担当）の2個課編成から、5～8課の4個課編成となった[22]。これにより第5課が米国、第6課がロシア・アジア、新設の第7課と第8課がそれぞれ欧州、戦史研究を所掌した。翌1933年には海軍司令部第3部に昇格し、少将の部長以下、人員は約50名まで増員された。その後、大本営が設置された以降は、計画・総合業務を担当する部長直属、南北アメリカを担当する第5課、中国・満洲国を担当する第6課、ソ連および欧州の一部を担当する第7課、英国および欧州の一部を担任する第8課の4課1直属編成となった。

　第二次大戦前のわが国の情報部の編成は実に貧弱であったといわざるをえない。米国と開戦したにもかかわらずソ連情報、中国情報が重視され、陸軍参謀本部第2部では米国の情報を担当する米国班は6課の1つの班に過ぎなかった。米国班が独立して課に昇格するのは実に戦争開始半年後のことであった[23]。

　『情報戦の敗北』の稲垣武によれば、「連合艦隊には昭和19年（1944）9月まで専任の情報参謀がおらず、情報は通信参謀が兼務しており、情報業務を補佐する士官も19年2月まではいなかった[24]」という。さらに稲垣によれば「陸軍士官学校・航空士官学校でも、陸軍大学校でも情報の収集・分析評価を教える特別の講座はなく、

19　機関の命名はインド語で"ピカリ"という言葉と、「光は東方より来る」という現地の伝説から"光"とされた。
20　ビハリ・ボーズが率いるILLS、モハン・シン将軍が率いるINAとの対立から、チャンドラ・ボースはドイツに亡命していた。
21　石川県生まれ。陸大卒業後に参謀部付としてベルリン駐在。陸軍中野学校長。陸軍少将。
22　若松和樹『対米情報戦』99頁
23　堀『大本営参謀の情報戦記』56頁
24　長谷川慶太郎編著、近代戦史研究会編『情報戦の敗北』（PHP研究所、1997年）248頁

情報訓練として与えられたものは、戦術・戦史・通信に付随したものに過ぎなかった。海軍でも兵学校をはじめ、どのレベルの軍学校でも、一般的あるいは基礎的な情報教育のコースは皆無だったし、戦時中に情報専門の学校も開設されなかった。通信についてのカリキュラムの中で付随的に教えられたにすぎず、あとはオン・ザ・ジョブ・トレーニングで情報勤務をマスターするよう期待された[25]」ということで、インテリジェンスに関する教育が不十分であったことがうかがえる。

■日本軍のインテリジェンスの問題点

　日本軍の持病とまでいわれたインテリジェンスに関する問題点とは、具体的にはどのようなものであったのであろうか？　それは、皮肉にも戦争直後に米軍によって評価されている。米軍は1946年4月『日本陸海軍の情報部について』という調査書を米政府に提出しているが、その結言は次のとおりである[26]。

　結局、日本の陸海軍情報は不十分であったことが露呈したが、その理由の主なものは以下の5項目である。

1）軍部指導者は、ドイツが勝つと断定し、連合国の生成力、士気、弱点に関する見積を不当に過小評価してしまった。
2）不運な戦況、とくに航空偵察の失敗は、最も確度の高い大量のインテリジェンスを逃がす結果となった。
3）陸海軍間の円滑な連絡が欠けて、せっかくインテリジェンスを入手してもそれを役立てることができなかった。
4）インテリジェンス関係のポストに人材をえなかった。このことは、情報に含まれている重大な背後事情を見抜く力の不足となって現れ、情報任務が日本軍では第二次的任務に過ぎない結果となって現れた。
5）日本軍の精神主義が情報活動を阻害する作用をした。軍の立案者たちは、いずれも神がかり的な日本不滅論を繰り返し声明し、戦争を効果的に行なうために最も必要な諸準備をないがしろにして、ただ攻撃あるのみを過大に強調した。その結果、彼らは敵に関するインテリジェンスに盲目的になってしまった。

　当時の大本営情報参謀の堀栄三は、「まさにその結論は当をえた答えである」と述懐している。また当時の情報機関そのものも情報収集手段と関係の人材が不足していた。そして精神主義に陥り根拠のない先入観から組織的情報活動を軽視し、米国をあまりにも過小評価するなど見積も著しく妥当性を欠いていた。

　なお、堀は戦後に自衛隊にも勤務し再び情報関係の道に進んだが、「旧軍の保有していた本質的な問題点は改善されることなくそのまま現在にも引き継がれてい

25　長谷川『情報戦の敗北』251、252頁
26　堀『大本営参謀の情報戦記』327頁

るのではないか」と指摘した。

■戦後の情報体制の整備
　1945年8月15日、日本は終戦を迎え、GHQのG-2が、わが国のインテリジェンスを担当することになった。当時、GHQは日本の国家主義の復活を警戒していたが、冷戦の進展にともない共産主義の浸透を警戒するようになった。その結果、公安警察が強化され、破壊防止法の制定とともに公安調査庁の設立が促された。
　同時に、「国家の自立」という観点から内閣直轄の中央情報機関の設立構想も進められた。その立役者は初代内閣調査室長の村井順（むらいじゅん）である。村井は1935年に内務省に入省し、福岡県警を皮切りに警察の要職を歴任し、終戦後は青森県警察本部長を歴任した。村井は1952年4月、前中央情報局総裁の緒方竹虎（おがたたけとら）の協力をえて吉田内閣の内閣調査室（内調）を立ち上げ、初代室長に就任した。発足当時の内調の職員数は30名程度で次長には外務省出向者が就任した。
　内調は1947年に設立された米国CIAを参考に「日本版CIA」を目指した。緒方はかつての中央情報局とはいかないまでも、内閣が的確な判断を持てる情報機関、すなわち中央情報機関として内調が発展することを期待した。つまり外務省、警察とはまったく独立して総合的な情報活動を行なう組織となり、各省庁から集めたインテリジェンスはすべて関係省庁に還元することを考えていた。また内調は日米情報連絡機関の日本側窓口として位置づけられていた。
　しかし、緒方構想がマスコミにリークされたことから、国民の警戒心が強くなり「日本版CIA」を作るという当初の構想は頓挫した。また室長のポストをめぐる警察と外務の対立によりボン事件[27]が起こり、これにより村井が失脚するなど、思うような発展はなかった。

第3節　日本の情報機関と体制

■英国型と米国型
　ここではわが国の情報機関と体制の概要についてのみ述べる。なお、わが国の各省庁の情報機関については、PHP総合研究所『日本のインテリジェンス体制変革へのロードマップ』、黒井文太郎『日本の情報機関』などの資料・書籍に詳述されていることから割愛する。

27　外務省情報文化局課長が、ボン大使館書記官から送られてきた私信の内容を新聞記者にリークし、怪文書が飛び交うなか、村井が失脚したという事件。私信には、ボンでの村井とダレスCIA長官との極秘会談が英国情報機関によって妨害された顛末が書かれていたという。村井は、「同事件は外務省による内閣調査室長のポストを奪うための謀略だ」との見解を述べて激しい憤りを表した、という。

わが国の情報体制は内閣官房につながる内閣情報会議、合同情報会議および内閣情報調査室、内閣府の下で治安や対テロインテリジェンスを担当する警察庁、軍事インテリジェンスを担当する防衛省情報本部、対外インテリジェンスを担当する外務省統括官組織、法務省隷下で公安インテリジェンスを担当する公安調査庁などからなる。

　わが国のインテリジェンスの取りまとめ・調整は英国型と米国型の併用であるとされる。まず、英国型の「首相⇒内閣官房長官⇒内閣情報会議／合同情報会議⇒各省庁情報機関」という流れがある。この際、内閣情報会議および合同情報会議が、各省庁の情報機関に対する直接な指揮権限は有しないものの英国型の取りまとめを行なう。

　一方で、「首相⇒内閣官房長官⇒内閣官房副長官⇒内閣情報調査室⇒各省庁情報機関」に連なる流れも形としてはある。これは内閣情報調査室をかつてのＣＩＡのような各省庁情報機関に対する統括的権限を付与するという、いわゆる米国型の体制である。

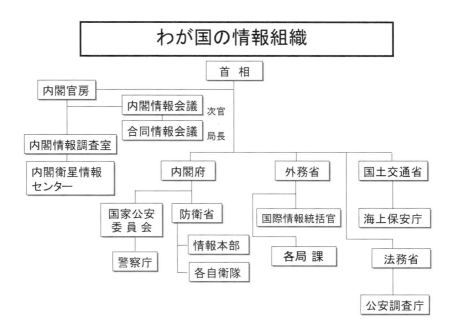

筆者作成

つまり、わが国の情報体制は、平時は英国型であり、有事の際には米国型へ移行し、迅速な情報の収集とインテリジェンスの管理・運用態勢を確立しようする狙いで整備されてきた。
　このようにわが国の情報体制は明確に「米国型」あるいは「英国型」と明確に言い切れないが、国家安全保障会議を支える常設機関として新設された国家安全保障局[28]が常設され、同局がインテリジェンスの強化にも取り組んでいる最近の状況をみるならば、「英国型」に向けて体制整備を進めようとしている傾向もうかがえる[29]。

1）内閣情報会議

　1998年10月27日の閣議決定によって、内閣の重要政策に関するものについて、関係行政機関相互の緊密な連携の下で総合的な把握を図るという狙いで設置された。同会議は年2回開催され、内閣官房長官が主催し、内閣官房副長官（政務2、事務1）、内閣危機管理官、内閣情報官、警察庁長官、防衛事務次官、公安調査庁長官、外務事務次官に加え、必要に応じてその他の省庁から適任者が参加する。

2）合同情報会議

　1986年7月1日の内閣官房長決済で設置された。当初は官房副長官の下に置かれた会議であったが、1998年の内閣情報会議の誕生とともに、関係行政機関相互間の機動的な連携を図るため、内閣情報会議の傘下に正式に入った。合同情報会議は隔週、首相官邸内で開催され、内閣官房副長官が主宰する。内閣危機管理官、内閣官房副長官補、内閣情報官、警察庁警備局長、防衛省防衛政策局長、公安調査庁次長、外務省国際情報統括官が参加する（必要に応じてその他の省庁からも参加）。

■省庁間の縦割り体制

　わが国の情報体制の欠点は、「回らず」「上がらず」「漏れる」だと揶揄される[30]。つまり、重要なインテリジェンスが「関係機関に回らず」「政府中枢に上がらず」「外部に漏れる」ということである。
　なかでも「関係機関に回らず」ということがとくに問題視されている。これは、各省庁の「縦割り行政」（ストーブ・パイプス）により、各省庁の情報機関が首相などの使用者に対し、各個バラバラに報告し、「いったいどこのインテリジェンスを信じればいいのだ」という状況になっていることである（52頁参照）。
　上述のようにわが国の情報活動の取りまとめ・調整機能は英国型と米国型の併用

28　初代局長には外務省OBが就任し、主要ポストは防衛、外務、警察（内調出向者）に割り振られた。
29　わが国の情報体制に関しては『諸君』（2008年5月）に小谷賢「日本の情報体制はいま＜英国型＞に向けて舵をきった」との論文が参考になる。
30　『朝日新聞』（2001年10月4日）

が目指されてきたが、いずれも中途半端で十分に機能していない。その対策として、米国型の要となる内調の機能を強化することも検討されてきたが、結局、内調は各省庁出身者の寄り合い所帯であり、発足当時から、ボン事件のような縄張り争いに見舞われたように（240頁参照）、独立した国家情報機関として発展することはなかったのである。

他方、内閣情報会議と合同情報会議の機能強化についても進展していない。内閣情報会議は年2回という開催頻度からしても形式的な会議にすぎない。一方の合同情報会議は頻度こそ隔週であるが、あくまでも非公式な連絡会議という位置づけであり、議事録の作成もなく、重要事案に対するインテリジェンスの評価や結論付けも行なわれていないようである。

■秘密保全規則

わが国は「スパイ天国」と揶揄され、残念なことに世界各国のスパイにとっての「活動のメッカ」となっている。わが国の防諜態勢の軟弱ぶりについては「日本における情報活動は成果を上げて当たり前。スパイにとって世界で最も厳しい勤務地は東京、逆が北京である」と揶揄される始末である。

わが国においては輸出規制対象品の不正輸出、日本企業が有する重要な国益情報の流出、自衛隊関連情報の流出などの国益侵害犯罪が発生しており、その事例には枚挙の暇がない。

わが国が「スパイ天国」とされたり、国益侵害犯罪が頻繁に発生したりする原因の1つには情報保全関連法が脆弱であることが指摘される。つまり罰則規定がゆるいために犯罪抑止の効果が期待できないということである。また、秘密保護規則があいまいで「どこまで公表してよいものかという判断ができず、自分や組織の責任を問われないようにするために、あらゆるものを秘密にするという民主主義体制においてきわめて憂慮すべき悪癖が生じている[31]」という指摘もある。

戦前のわが国では軍機保護法や国防保安法によって、外国人によるスパイ活動やそれに協力した者に対して、「死刑または無期もしくは3年以上の懲役」という厳格な罰則が設けられていた。戦前に共産主義スパイとして名を馳せたゾルゲにもこの罰則が適用され、彼は死刑になった。

しかし、終戦と同時にこれらの法律はすべて破棄され、戦後のわが国の政治指導者は国民心理に配慮し、適切な情報保全関連法を整備してこなかった。中曽根内閣時代の1985年に「スパイ防止法案」が衆議院に提出されたが、国民の「知る権利」を侵すものだとの反対論の中で結局は審理されないまま廃案となった。

一方の同盟国である米国では産業スパイに対して厳しい法的措置を講じたことから、重要情報の漏洩防止に一定の成果も上げつつあるという。米国は日本経由で米

31　江畑『情報と国家』236頁

国の重要情報が中国に流出することに極めて敏感になっている。つまり重要情報が漏洩したならば、日本の国益のみならず、同盟国の国益にも多大な影響を及ぼすことになる。かかる事態が放置されれば、わが国は米国情報機関からの信頼感を喪失し、ひいては日米同盟そのものの弱体化へと向かう可能性がある。

民主党の野田政権時、「尖閣諸島沖漁船衝突映像のビデオ流出事件」が契機になり、「国の安全に関わる秘密漏洩を防ぐ管理体制が不十分だ」とし、特定秘密保護法を制定する動きが始動した。安倍政権に移行した2013年12月、「特定秘密の保護に関する法律」（特定秘密保護法）が制定された。同法により、「特定秘密」に指定された情報を漏洩した国家国務員や不正入手した者は10年以下の懲役に処せられることになった。（次頁の図表参照）

特定秘密保護法の柱は以下の3点である。
1）日本の存立にとって重要な安全・外交に関する情報のうち「特に秘匿することが必要であるもの」を行政が「特定秘密」として指定する。
2）「特別秘密」を取り扱う人、その周辺の人々を政府が調査・管理する「適性評価制度」を導入する。
3）特別秘密を漏らした人、それを知ろうとした人を厳しく罰する。

これに対して、「特定秘密保護法の制定は国家主権の原則に反するもの」であるなどとして、弁護士会などが立法化に反対する動きを示した。その反対理由をまとめると以下のとおりである。
1）行政側が国家機密の名の下で、行政側の恣意的判断で「特定秘密」の指定が行なわれ、防衛関連の情報等はほぼすべて秘密にできる。
2）「特定秘密」の指定、取り扱いの妥当性を第三者がチェックする機能がない。
3）罰則規定がマスコミ等に際限なく及び報道の自由を害する。
4）国民の「知る権利」を冒瀆し、情報公開制度を骨抜きにする。

特定秘密保護法は制定されたばかりであり、いまだ同法の具体的な適用事例はない。同法がわが国の"スパイ天国"化の歯止めとなるのか、国益侵害犯罪が減少するのか、それとも弁護士会が危惧した事態が生起するのか、その判断には、いま少しの期間を要する。

秘密保護に関する法律と罰則

法　律	取り締まり対象者	対象とする行為	罰則の概要
国家公務員法	国家公務員	職務上知りえた秘密の漏洩	懲役1年以下等
自衛隊法	自衛隊員	職務上知りえた秘密の漏洩	懲役1年以下等
日米相互防衛援助協定等に伴う秘密保護法	行為実施者（一般国民を含む）	米国から供与された装備品等に関する特別防衛秘密の探知、漏洩	懲役10年以下等
特定秘密の保護に関する法律	「特定秘密」の取扱いの業務を行なうことができる者	「特定秘密」に指定された情報の漏洩	懲役10年以下等
	公益上の必要により「特定秘密」の提供を受け、これを知得した者		懲役5年以下等
	不正取得者	「特定秘密」の不正な取得	懲役10年以下等

※「特定秘密」とは、防衛、外交、特定有害活動の防止およびテロ防止に関する事項で、その漏洩が国の安全保障に著しく支障を与えるおそれがあるため、特に秘匿することが必要であるとして指定されたもの。

出典：法令の条文を基に筆者作成

■秘密保全と情報公開

　上述のとおり秘密保護法が「知る権利」を冒瀆するとし、情報公開制度の観点から反対が主張されている点も見逃せない。情報公開制度とは行政機関の保有する情報の公開に関する法律、すなわち情報公開法に基づき、国の行政機関が自らの業務上の記録などを公開することである。

　この法律は1999年5月に公布され、2001年4月から施行されている。立法趣旨は憲法の基本である「国民主権の理念」を実現するために行政文書の公開請求権を国民の権利として認めるというものである。

その要点は以下のとおりである。
1）法人や外国人も情報開示請求ができる。
2）開示請求を行なう対象は国の行政機関である。
3）個人情報、国の安全に関する情報、意思決定の中立性が不当に損なわれ国民に誤解と混乱をもたらすおそれのある情報については非公開とすることができる。

　国家機密や国家安全に関わるものについては国益遵守の観点から非公開とすべきであるが、情報公開制度の「知る権利」も尊重されなければならない。一方的な恣意的判断で情報を非公開として国民の「知る権利」を阻害するものであってはならない[32]。つまり秘密保全と情報公開は一体的に考えるべきであり、国家の情報機関といえども業務の一切合財を秘密に指定することは許されるべきではないだろう。国民が「知る必要があるもの」、国民にとって「知らせる必要があるもの」は、むしろ積極的に開示すべきであり、このことは決して秘密保全の強化に逆行するものでない。

　とくに時間が経過した活動などについては、民主主義国家である以上は情報機関にとっても説明義務は免れない。大森義夫は「秘密保護法は情報公開法とワンセットで運用され、三十年経過したらすべての国家記録を公開する制度も励行しなければならない[33]」と指摘している。情報史専門家の柏原竜一は「期間をおいた情報の情報公開は避けられず、機密裏に行われる情報活動は歴史家によって検証されることで初めてその正当性が担保される[34]」と指摘している。

　高度情報化社会においてはマスコミが常に情報を監視している。このため情報機関としては、情報保全に万全を尽くす一方で、マスコミ報道の先行によって、いたずらに国民の不安や不信感を招かないよう、時機を逸しない適切な広報活動や、可能な限りの情報公開は必要であるといえよう。

■カウンターインテリジェンス機能の強化

　日本政府は2006年（平成18）12月に内閣に「カウンターインテリジェンス推進会議」設置し、2008年4月、内閣情報調査室に「カウンターインテリジェンス・センター」および内閣官房副長官を議長とする「秘密保全法制の在り方に関する検討チーム」を設置し、2010年12月「政府における情報保全に関する検討委員会」を設置した[35]。

32　特定秘密保護法の制定の契機となった尖閣諸島沖漁船衝突映像については、「特定秘密」には該当せず、「国民に能動的に公開すべき情報であった」との意見も依然として多い。
33　大森『日本の情報機関』158-159頁。
34　柏原竜一『世紀の大スパイ　陰謀好きの男たち』（洋泉社、2009年2月）75-76頁
35　内閣官房「情報と情報保全」
　　www.kantei.go.jp/jp/singi/shin-ampobouei2010/.../siryou1.pdf

こうした組織機構の整備と併行して、2007年8月「カウンターインテリジェンス機能の強化に関する基本方針（以下、基本方針）」の決定、2008年4月に同基本方針の一部施行、2009年4月に基本方針の残りの部分である「特別管理秘密に関する基準」の施行が行なわれた[36]。

　基本方針では人的管理として「秘密取扱者適格性確認制度の導入、秘密保全研修制度の導入」、政府が統一的に取り組む施策として「カウンターインテリジェンスに関する情報の収集・共有、意識の啓発、事案対処、管理責任体制の構築」のほか、「カウンターインテリジェンス・センターを設置する」などが規定されている[37]。

　ここでいう「カウンターインテリジェンス」は米国などのカウンターインテリジェンスを指しているのか、どの程度のことを目指しているのかは明らかではないが、カウンターインテリジェンスが有する能動的機能（第4章で既述）については残念ながらこの基本方針から読み取ることができない。また基本方針が決定されて以降、カウンターインテリジェンス機能の強化に資する具体的な国家的取り組みもない。すなわち、わが国のカウンターインテリジェンス機能の強化とは掛け声ばかりで、残念ながら依然として停止状態にあるといわざるをえないのである。

第4節　米国の情報機関

■OSSからCIAへ

　米国の情報機関の本格的な整備は、日本軍の1941年12月の真珠湾攻撃以後に開始された[38]。当時、米国には国家情報機関や省庁間にまたがる体系的な組織も存在せず、当時の活動は主に陸・海軍情報部（陸軍G-2、海軍N-2）が実施していた。また両情報部には個々のシギント部門があり、日本に対する暗号解読の共同作業を行なっていたが、両軍の対立がインテリジェンス共有を困難にしていたという。

　国家情報機関の整備は1941年7月、省庁間の確執や重複を防止するため情報調整局（OCI：Office of the Coordinator of Intelligence）の長たる情報調整官（COI：Coordinator of Intelligence）を設置したことから始動する。元陸軍将校で

36　内閣官房「情報と情報保全」
37　『カウンターインテリジェンス機能の強化に関する基本方針』（平成19年8月9日カウンターインテリジェンス推進会議決定）
38　それ以前には、国務省のシギント解読機関である「ブラック・チェンバー」（通信技師ハーバート・ヤードリーが軍に入隊後に開始）がワシントン軍縮会議に関連する日本の外交文書、ソ連のチェーカー（後述）要員に対する暗号指令などを通信傍受・解読していた。しかし1929年、新任のヘンリー・L・スティムソン国務長官が「紳士は互いの手紙を見ることはしない」として「ブラック・チェンバー」の活動を停止した。

当時政治家であったウィリアム.J.ドノバン[39]が情報調整官として起用された。しかし、陸・海軍情報部が行なっていたシギントは情報調整官の共有から除外され、情報調整官は名ばかりのポストにすぎなかった。

真珠湾攻撃後の1942年6月、情報調整局は戦略諜報活動局（OSS：Office of Strategic Service）に発展した。OSSは第二次大戦中、統合参謀本部直属の機関として、情報収集と分析、破壊工作などを指揮した。なお、当時ドノバンは連邦捜査局（FBI）長官のJ.エドガー・フーバーと対立するなど、活動局の前途は多難であった。

第二次世界対戦後、OSSを基に中央情報局（CIA）が発足した。米国はCIAを中心に世界的規模での情報活動を展開するようになった。1953年にアイゼンハワー政権下で不世出のアレン・ダレスがCIA長官に就任するとCIAの規模は急速に拡大し、世界有数の情報機関へと発展し、1954年に設立されたソ連KGBと冷戦下のインテリジェンス戦争を展開した。

1980年代末のソ連崩壊直前にはCIAは世界中でKGBスパイの離反を成功させるなど冷戦終結に貢献したが、冷戦後はCIAの予算は大幅に縮小され、能力低下を招いた。2001年の9.11同時多発テロ後、事件を防げなかったのはCIAの能力低下が原因という反省から2002年よりブッシュ政権下で予算が再び増額された。

また、9.11同時多発テロの前にCIA、FBI、国家安全保障局（NSA）は独自のテロに関する事前の兆候を入手していたが、各情報機関の「縦割り行政」により、インテリジェンスの共有ができなかった[40]。

当時、CIA長官が中央情報長官としてコミュニティのまとめ役を務めていたが、中央情報長官は有名無実の存在であり、CIA長官はほかの機関の人事権、予算権を持っておらず影響力はまったくなかった。9.11同時多発テロの教訓から、2004年12月、ブッシュ大統領が「諜報活動改革法[41]」により国家安全保障法の改正に署名し、インテリジェンス共有を強化する狙いで情報コミュニティを統括する国家情報長官（DNI）制度が発足した。国家情報長官が米国の各省庁にまたがるコミュニティの長として君臨し、情報活動に対する統括的権限を行使するようになった。毎日の大統領ブリーフィングについても国家情報長官の任務となり、国家情報長官は限定的ながら予算配分権および人事権を持つことになった。しかし、国防省傘下の情報コミュニティには、依然として国防長官が強力な権限を保有しているなど、

39　1883年-1959年。元部下のアレン・ダレスらを通じてCIAの設立にも寄与した。強いリーダーシップの持ち主で、ワイルド・ビルと渾名されていた。

40　CIA長官が中央情報長官を兼務することで、情報コミュニティの取りまとめを行なっていたが、コミュニティのメンバーである個々の情報機関の独立性が重要であるとの主張も根強かった。北岡『インテリジェンス入門』168頁。

41　正式名「The Intelligence Reform and Terrorism Prevention Act of 2004」。日本語訳は「2004年の情報改革及びテロ予防法」。

国家情報長官の影響力は限定的であるのが実情だという[42]。

■情報コミュニティ（ＩＣ）
　米国の情報機関は国家情報長官を頂点に、国防省８組織および国防総省以外の省庁６組織、省庁に属さないＣＩＡの計16の組織で構成されている。総員は約10万人、予算は440億ドルと推定[43]される。
　16のメンバーの中では国内外のヒューミントの収集・処理および秘密工作を実施するＣＩＡ、国家シギント機関のＮＳＡ、国内の防諜、対テロなどを担任するＦＢＩ、軍事インテリジェンスを担任する国防情報局（ＤＩＡ）がとくに有名である。

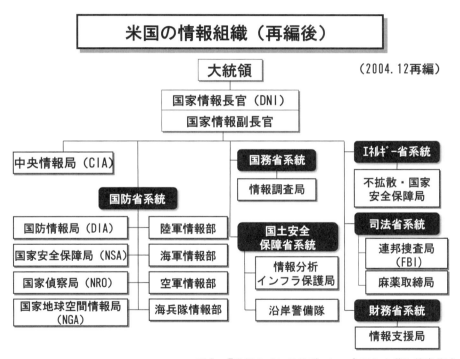

出典：『世界のインテリジェンス』ほかを基に筆者作成

以下、主要機関の概要について説明する。

42　仮野『亡国のインテリジェンス』205頁、『アメリカ情報機関の全貌』（『軍事研究』2006年７月号別冊）ほか。
43　2005年、メアリー・マーガレット・グラハム（Mary Margaret Graham）国家情報副長官は、テキサス州サン・アントニオの会合で、15の情報機関を合わせて年間約440億ドルという巨額に上ることを明らかにした。

■中央情報局（ＣＩＡ）

　1947年に設立され、人員約2万人。予算規模は年間50億ドル程度と推定[44]。ＣＩＡは非公然活動への関与から、「第二の米国政府」「みえない政府（invisible government）」「クーメーカー（クーデターメーカー）」とも呼称。また本部所在地のバージニア州ラングレーにちなみ「ラングレー」または「ザ・カンパニー」「ザ・エージェンシー」などと呼ばれることもある。イランや北朝鮮など反米国家からは逆にテロ組織に指定されている。

　大統領府（ホワイトハウス）直轄で、その任務は国家安全保障に資するインテリジェンス、その他の国外インテリジェンス、国外におけるカウンターインテリジェンス、軍事インテリジェンス、大統領の承認を受けた秘密工作など幅広い任務を遂行。ただし警察権、召喚権、法執行権および国内治安に関する権限はない。

　内部組織には、情報を分析してインテリジェンスを作成する情報本部、国外情報を非公然に収集する国家秘密作戦本部（National Clandestine Service）、偵察機Ｕ－2や無人偵察機プレデターなどの開発を行なう科学技術本部、人事・経理・プレスリリースなどの後方支援を行なう行政本部などがある。

　国家秘密作戦本部は2005年に作戦本部（Directorate of Operation）から発展した組織であり、作戦担当副長官（Deputy Director of Operation）を長にヒューミント、シギントを含む国外情報の非公然収集活動の管理に関する第一義的な責任を保有している。国内活動においては国内の個人あるいは団体を通じた国外情報の公然収集の責任を担っている。

　ＣＩＡは過去に敵国指導者の暗殺、情報操作、宣伝および民衆扇動、反米的な政権に対するクーデターの支援、外国の親米政党に対する秘密援助など、数々の非公然活動への関与が指摘されている。ジョン．Ｆ．ケネディ大統領の暗殺にも関与していたとの噂がある。このほか、世界中の数多くの親米政府・ゲリラなどに人材および資金面で交流・援助してきたともいう。

　在日米国大使館には、「ＣＩＡ東京支局（東京ステーション）」が存在するとされ、東京支局長は米国大使館の参事官ポストの人物が就任し、内閣情報調査室や警察庁警備局などと接触を維持しているというが、実態は定かではない。東京支局には多くのケース・オフィサーが派遣され、東アジア地域の工作活動に従事しているという。「科学技術本部（ＤＳ＆Ｔ）」は在外公館に配置され、テレビやラジオの電波を傍受・翻訳する「国家情報長官公開情報センター」（最近まで、外国放送情報部：ＦＢＩＳと呼称）を運用しているとの情報もある[45]。

44　『世界のインテリジェンス』32頁
45　黒井文太郎「日本のアメリカ諜報機関と秘密工作」（『軍事研究』、2009年7月）

国防省系統

■国防情報局(DIA)

　DIAは1961年、各軍の情報活動の統合化を目的に設立された軍事情報機関である。国防次官補の指揮下で各種の情報活動を行なっている。人員は1万6500人以上であり、年間予算は20億ドル[46]と推定される。DIAは主として国防政策に資する情報の収集・分析を担任し、その活動範囲は国内外に及んでいる。マシント局を運営しているほか、統合軍事情報大学を運営している。

■国家安全保障局(NSA)

　NSAは1949年に軍保安局(AFSA)として設立され、1952年に米軍内の組織を改編する形で正式に発足。主な任務はシギント能力を保有し、電話、ファクス、テレックス、電子メールなどの海外における通信情報の傍受と分析、暗号解読および対防諜など。内部組織には、作戦部、情報システム保全部、支援業務部、事業部および科学技術・システム部がある。

　人員約3万人、予算は70億ドル[47]と推定。ただしNSAはその性質上、組織や活動内容、予算については明らかにされていない部分が多い。設立当初は組織の存在そのものが秘匿されていた。あまりに全貌が不明瞭なので「Never Say Anything（何も喋るな）」「No Such Agency（そんな部署はない）」の略だと揶揄されることもある。

　組織上は国家情報官の直轄であるが、歴代長官は現役の中将であることが示すとおり実態は国防省の傘下にある。1971年に、各軍の暗号使用権限を持つ部隊に対する監督のため、NSA傘下に中央保全局(CSS)が設置された。CSSはNSAと一緒になって国防省の下で国家情報活動の統合を行なう国家機関である。CSSは陸軍情報保安コマンド、海軍保安部、空軍情報部、海兵隊、沿岸警備隊からなりNSA長官と一体となって、シギント活動を展開している。

　NSAは冷戦期にはソ連などの東側諸国の盗聴を展開していた。KGBの活動に関する展示があるモスクワの博物館には、冷戦期にNSAが海底ケーブル経由の通信を傍受するためにオホーツク海の海底に設置した細長いドラム缶のような装置（アイビー・ベルズ）が展示されている。NSAはケネディ大統領の指示に基づき、キューバのカストロ殺害を目的に盗聴を実行したという。

---

46 『世界の諜報機関』（宝島社、2013年9月）16頁による。『世界のインテリジェンス』40頁では1万1000人、10億ドルと記述。
47 『世界の諜報機関』18頁。『世界のインテリジェンス』37頁では、本部に4万人、日本を含む海外傍受施設に2.5万人、予算はCIAと同規模の70億ドル程度と推定。このほか規模・予算がCIAの3倍以上との評価もあり。米ジャーナリスト、ジェイムズ・バムフォード『パズル・パレス』(1982年)によると、70年代末にCIAの作戦工作部員が4千人弱であった頃、6万8000人を擁していた。

ニクソン大統領の辞任後、CIAとNSAが不適切な電話盗聴を行なったとの容疑がかけられた。これが契機となり1978年には安易な盗聴を禁止する法律が制定された。2005年12月、『ニューヨーク・タイムズ』は「ホワイトハウスの圧力とブッシュ大統領の指示のもとで、NSAが国内から海外への電話による通話を裁判所の同意なしで、複数者を対象に盗聴した」と報じた。

　NSAの今日の活動は世界的規模で展開されており、こうした活動は従来から「エシュロン」の活動として注目されてきた。「エシュロン」はNSAが運営する軍事目的の通信傍受システムであるとされ、米国政府がその存在を認めたことはないが、公然の秘密となっている。

　英国、カナダ、オーストラリア、ニュージーランドの英連邦各国は第二次大戦中から敵国の通信傍受、暗号解読などで協力していた。これを受け継ぐ形で1946年、英国の政府通信司令部（GCHQ）が主導する英連邦シギント機関が設立された。1948年、米国は英国との間でUKUSA協約を締結し、相互に東側ブロックの傍受情報を提供することに合意した。そして東側ブロックを取り囲む形で、全世界10カ所に通信傍受施設が設置された。

　冷戦期の通信は、海底ケーブル経由の国際通信を除けば、軍事用および民間用ともに短波（HF）、超／極短波（U／VHF）などの周波帯が主体であった。これらの周波数は到達距離が短いため、米国は世界中に多数の傍受施設を必要とした。

　米国は通信傍受衛星を打ち上げ、ソ連のマイクロウェーブ通信の傍受を開始するが、通信傍受を行なうためには衛星から地上に向けて送り出される電波が届く範囲に傍受施設を置く必要があった。そのため英国以外の協力についても必要となった。そこで1970年代以降、米国はカナダ、オーストラリア、ニュージーランドをUKUSA協約に加盟させ、「エシュロン」という全世界通信傍受ネットワークを形成するに至ったという。

　NSAは現在、「エシュロン」を運用し、高周波通信の盗聴、衛星を利用したマイクロウェーブ・海底ケーブル・電子メールの盗聴、最先端の盗聴装備を使用した電話・ファックスおよび口座の追跡、航空機・艦艇の電波盗聴など、地球上のすべての通信を追跡監視しているという。まさに投網のように大量な通信データをすくい取る活動を展開し、ディクショナリーと呼ばれる高速コンピュータで有用なインテリジェンスを選別しているという。

■国家偵察局（NRO）

　米国ではイミントはNROが担当している。同組織は1961年に発足したが、1991年まで存在自体が機密扱いであり、政府が存在を認めたのは1994年である。人員は2700名で予算は米国の情報コミュニティ最大の60億ドルと推定される[48]。NROは

48　『世界のインテリジェンス』45頁

光学衛星、レーダー衛星を運用することが任務であり、衛星写真の分析などのインテリジェンス業務を行なわない。

> **エシュロンの世界的活動**
>
> 　2013年6月、元職員のエドワード・スノーデン容疑者が香港でＮＳＡの盗聴の実態と手口を告発した。同容疑者は秘密資料を民間メディアに提供し、「ＮＳＡがインターネット等の個人情報監視や、日本を含む38カ国の外国大使館の盗聴を行ない、米国の政策等に情報を活用している」と告発した。
>
> 　冷戦期のエシュロンの活動は、米国などによる東側の政治および軍事情勢の収集が主体であった。冷戦後は米・英企業の活動支援に主体が移ったとされ、それゆえに、エシュロンの活動が世界的注目を浴びるようになった。ＥＵは1999年にエシュロンに関する議会報告書を発表し、「プライバシーの侵害」「民間の自由競争の侵害」「欧州企業を対象とした産業スパイ」等の危険性について言及した。
>
> 　現在、エシュロンは米国、英国、カナダ、オーストラリア、ニュージーランドの5つのシギント機関を運用している。しかし、エシュロン加盟5カ国のほかに「サード・パーティ（第三者の国々）」と呼ばれる協力国の存在がある。米インテリジェンス専門家のジェフリー・リチャードソンによれば、日本、韓国、タイ、ドイツ、イタリアなどが「サード・パーティ」である。ただし「サード・パーティ」諸国はすべての情報にアクセスできるわけではなく、情報共有に制限があるとされる。
>
> 　　　　　　出典：産経新聞特別取材班『エシュロン』（角川書店、2001年12月）ほか

■国家地球空間情報局（ＮＧＡ）

　ＮＧＡはＮＲＯや空軍および民間衛星などから情報を入手し、地図や画像などの情報として提供する機関で、ＤＩＡやＮＳＡと同じく現役中将がトップとして就任する国防省管轄の組織である。前身は1996年にＣＩＡの地図情報部門から軍に吸収して創設された国家画像地図局（ＮＩＭＡ）である。2010年に初の女性民間人がトップに就任したことが話題となった。

国務省系統

■情報調査局（ＩＮＲ）

　1946年以来の歴史を誇るＩＮＲは、300名の規模だが、国務省の海外ネットワー

クを活かして高い能力を誇り、イラク大量破壊兵器に関しても手堅い分析を行なっていたと評価を高めた[49]。

　人員の25パーセントが在外要員であり、収集ではなく分析が任務である。年に200万通の報告を評価・解釈・伝達し、3500本の評価報告（assessment）を作成する。

司法省系統

■連邦捜査局（ＦＢＩ）

　ＦＢＩは逮捕権を持つ連邦警察であり（起訴権はなし）、純粋な情報機関ではない。国内の治安維持を一手に担い、外国勢力による諜報活動・破壊工作活動に対するカウンターインテリジェンス活動を行なっている。人員は3万人でインテリジェンス部門は約1万人と推定される[50]。ＦＢＩは1936年に設立され、大戦中の活動範囲は北米・南米大陸に及び、日本人の抑留や潜水艦で上陸したドイツのスパイ逮捕で成果を挙げた。

　ＦＢＩ捜査官のロバート・フィリップ・ハンセンの不祥事は組織としての存続に大きな損害をもたらした。彼は1979年以降、ソ連ＧＲＵのスパイとなり、一時期はスパイ活動を中止したが、1985年に再びソ連ＫＧＢのスパイとして働くようになり、ＫＧＢの崩壊後は、ＳＶＲに対してＮＳＡの新システムに関する機密を流し、2001年2月18日に逮捕された。

■麻薬取締局

　麻薬取締局の国家安全保障情報室（ＯＮＳＩ）は、2006年2月に、情報コミュニティのメンバーとなった。ＯＮＳＩは麻薬に関する情報を提供する任務を有している[51]。

国土安全保障系統

■沿岸警備隊

　沿岸警備隊は、国土安全保障省に属するが、コミュニティでは別の機関として取り扱われている。9.11テロ事件を受けて、海からのテロリストの侵入を防ぐことを主眼としてコミュニティのメンバーとなった[52]。

49　『世界のインテリジェンス』47頁
50　『世界のインテリジェンス』29頁
51　Jeffrey T. Richelson, The US intelligence community. 6th ed., Westview Press, 2012, 156頁.
52　『世界のインテリジェンス』46-47頁

情報・コミュニティの管理・監督機関

■国家安全保障会議（NSC）

　情報コミュニティを外部から管理・監督する機関であり、このような機関はNSCのほかに大統領対外情報諮問委員会、大統領情報監督委員会、上下両院情報特別委員会などがある。NSCは米国の情報活動の基本政策の策定および指示を行なう最高権限を持つ組織であり、国家レベルの対外情報活動のすべてを検討するという。

情報コミュニティの諮問機関

■国家情報会議（NIC）

　情報コミュニティの諮問機関で、米国と世界の将来像を戦略的に分析して政策立案に生かすために、米大統領に対して、15年～20年にわたる世界情勢の予測を報告する。同会議はCIAなど米政府の情報コミュニティによって組織され、報告書作成には大学教授やシンクタンク研究員なども参加している。世界的な金融危機の最中の2008年には『世界の潮流2025』を公表し、「米国の相対的な国力低下と多極化の時代の到来」を打ち出し注目を集めた。また情勢判断を総合的に記述した機密文書『国家情報見積（NIE）』の作成にも当たっている。

第5節　諸外国の情報機関

■英国の情報機関

　英国の情報機関は近代的情報機関として最も古い歴史と伝統を有する。すでにエドワード3世（1327年～1377年）の治世に、国家的な制度としての情報機関が設立された。
　16世紀以降、世界面積の4分の1を領有する大英帝国を築いたが、このためには対外インテリジェンスが必要不可欠であった。16世紀半ばのエリザベス1世の時代、英国情報機関創設の父であるフランシス・ウォルシンガムは、近代的な情報機関を立ち上げ、国内のカトリック教徒の陰謀阻止と、フランスによる諜報・謀略活動に対処した。植民地政策を強化した19世紀後半からは、陸軍情報部（MID）、海軍情報部（NIS）、外務省情報機関、ロンドン警察庁特別局（スペシャル・アイリッシュ・ブランチ）、暗号解読局などの情報機関が相次いで創設された。
　英国の情報機関は歴史的に国家的地位が極めて高い。第二次大戦時、日・独の情報将校の地位は作戦将校に比して格段に低く、軍事情報活動に対する理解が薄いと

いうのが実情であった。しかし英国では優れた情報官が採用され、情報官となることは誇りでもあった。それゆえに、情報官の大部分はケンブリッジ、オックスフォードなどの一流大卒によって占められてきた[53]（203頁参照）。これらの卒業生は哲学、古典、神学および科学に知悉していた。自尊心の強い一流大学卒業生が情報官に就任することから、伝統的にヒューミントを重視する傾向が強くなった。

現在の英国の主要な国家情報機関には、外務省が管轄する秘密情報部（SIS）と政府通信本部（GCHQ）、内務省が管轄する保安部（MI5）、国防省内の国防情報局（DIS）がある。これら情報機関は対等の立場にあって、それぞれ所属官庁が異なるが、報告は首相に直接行なう仕組みとなっている。

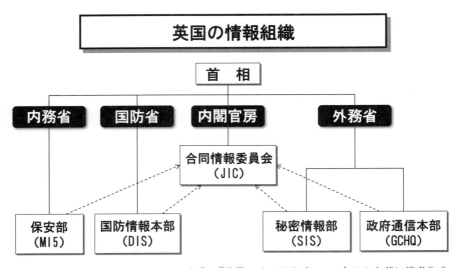

出典：『世界のインテリジェンス』ほかを基に筆者作成

SISはヒューミントおよびテキントを対象とする対外情報活動に従事している。その創設は1909年に陸軍省特別情報局の中に2つの新しい部局が創設されたことを契機にする[54]。1つがMI6であり、もう1つがMI5と呼ばれるカウンターインテリジェンス担当部署である。

MI6は1909年以来、対外情報活動を担ってきたが、2011年に国外情報に伝統と実力を有する外務省情報機関のなかに併合され、現在のSISに改編された。英

---

53 ウォルシンガムもケンブリッジ卒であった。
54 第一次大戦後の1909年に秘密活動局（SSB）が創設され、一時的に、陸軍情報部（MI）が創設された。MIの下部組織としてMI6、MI5、MI8（暗号解読）、MI11（秘密宣伝活動）があった。

国では伝統的に外務省情報機関が重視され、国外インテリジェンスに強いネットワークを有しており、その伝統がＳＩＳに引き継がれたとみてよい。人員は約2500人で予算は約３億ポンドと推定される[55]。

英国では歴史的に情報機関の保全がよく保たれてきた。ＭＩ６は1909年の設立以降、100年間にわたりその存在を隠蔽してきた。長官が誰であり、ロンドンの本部がどこにあるのかということさえ1990年初めまで国家機密とされてきた[56]。ＭＩ６が長期にわたって「存在秘」とされたのは、英国の保守的な国民性、情報活動の保全を伝統的に重視してきたこと、「Ｄ通告制度[57]」によって1900年代に報道の差し止めが行なわれてきたことが大きい。

ＧＣＨＱは1949年に設立されたシギント機関である。ただしシギント活動の歴史はそれ以前に遡る。第二次大戦時においてはＧＣＨＱの前身である政府暗号研究所が、国内の数学者、チェス・マン（チェスの名手）、大学教授、言語学者などを招集し、暗号解読に当たらせていた。同研究所がポーランドとの共同研究により、解読不能といわれたドイツの暗号「エニグマ」を解明したことは有名である。一般報道によればＧＣＨＱの人員は約5500人と推定され[58]、西側機関のシギント機関としては、米国ＮＳＡに次ぐ規模を誇る。ただし冷戦以降は予算規模でＮＳＡとの差が開き、ＮＳＡの従属的な組織に成り下がったとの指摘もある。

ＤＩＳは軍事情報機関であるが、国家のイミント活動を担任している。実際にはイミント活動は、ＤＩＳ隷下の情報地理資源部（ＩＧＲＳ）の国土地理画像情報局（ＤＧＩＡ：Defence Geographic and Imagery Intelligence Agency）が担当している。ＤＧＩＡは2000年に統合航空偵察センターと軍事測量国防局を統合して設立された新しい組織で、人員は約1700人、年間予算は約6700万ポンドと推定される。任務は国防政策、計画、作戦および訓練のための画像インテリジェンスと地理インテリジェンスの提供となっている。

---

55 『世界のインテリジェンス』68-74頁
56 1992年まで政府は公式にはMI6の存在を認めず、長官は「Ｃ」と呼ばれ、名前は極秘扱いであった。「Ｃ」はMI6の創設者であるマンスフィールード・スミス・カミング海軍大佐の頭文字に由来している。なおMI6の歴代長官はナイトの爵位を持つ。
57 1889年の官庁秘密法が発展し、1920年に成立した制度。国家の安全と国益に関しては報道の差し止め勧告ができるというものであり、勧告に拘束力はないものの実際に各編集者の報道規制に大きく影響したという。ただし、最近は、政府側の保全措置にも限界が見られ、マーガレット・サッチャー時代のピーター・ライトの『スパイキャッチャー』、2009年のゴードン・トーマス『秘密の戦争-英国諜報機関MI5とMI6の百年』などが刊行され、MI6、(SIS)、MI5などの活動も公開されつつある。
58 『世界の諜報機関』54頁

ＭＩ５は英国のカウンターインテリジェンス機関である。ただし、米国ＦＢＩのような逮捕権および強制捜査権は有していない。現在、英国情報機関のなかでも最も重点的に強化されている。英国はアイルランド独立運動に加え、冷戦後はイスラムテロの脅威が増大している[59]。ＭＩ５はパキスタンを源流とするイスラムテロ組織を重要な監視対象としている。調査活動の75パーセントがパキスタンと関連としているという。ＭＩ５はかつてオックスフォード、ケンブリッジ卒のエリートを採用する傾向にあったが、現在の職員は女性やマイノリティの比率が増加しているようだ。ＭＩ５は人員が約3500人で、予算は約2.4億ポンドと推定される[60]。

　英国では、これら各情報機関が「ストーブ・パイプス」とならないよう、各機関の長で構成される合同情報委員会（ＪＩＣ）が内閣府に設置されている。ＪＩＣには政策サイドから外務省、国防省、内務省、通商産業省、国際開発省、財務省、内閣官房の上級官僚が参加する。情報サイドからはＭＩ５、ＳＩＳ、ＧＣＨＱの各長官、評価スタッフ事務局長が参加する。
　ＪＩＣ委員長は情報担当の事務次官、副委員長は国防情報長官が務める。ＪＩＣは各情報機関による情報収集、分析、評価を指導監督するとともに、各情報機関に対し毎年の情報要求（年次情報要求）を発出している。また各情報機関から上がってきたインテリジェンスを評価・判定し、その結果を首相と内閣に報告し、各情報機関の長および各参謀本部に通報する役割を有している。
　このほか情報保安委員会（ＩＳＣ）という監視機関が存在している。ＩＳＣは各情報機関の運営方針、予算などを監査することが任務であり、上下両院の9名の任命議員からなる。このように英国においては政策サイドと情報サイドが相互に密接に連携し、戦略的インテリジェンスが国家政策を支える体制が整備されている。9.11同時多発テロ後の2002年、英国政府は情報機関の連携強化などを目的に安全保障およびインテリジェンス問題を担当する内閣常任秘書官（調整官）[61]を設置した。

　歴史的に、英国の情報機関は世界的に高く評価されてきた。とくにヒューミントに関しては「伝統的な強み」とされてきた。地域専門家が代々存在し、地域のインテリジェンスに関わる知的財産、蔵書、関連資料および人脈が、親から子、そして子から孫へと受け継がれているといわれている。
　しかし、2002年の調整官の設置などの試みにもかかわらず、英国の情報機関は亡

59　2011年現在の英国在住のイスラム教徒は150万～250万人と推定。その4分の3の祖国はパキスタンである。
60　『世界のインテリジェンス』68-74頁
61　調整官は同時に情報支出財務監督官（SIA）、情報機関常任秘書官委員会議長（PSIS）、公的安全保障委員会（Official Committee on Security）委員長、内務省付属非常事態秘書の顧問でもあり、JIC議長も調整官に従属する。

命イラク軍将校の話を鵜呑みにし、イラク情勢についての評価を誤った。つまり、2002年9月に英国政府名で公表した『イラクの大量破壊兵器－英政府による評価』において「イラク軍は命令一下、45分で化学兵器を使用できる態勢にある」との間違ったインテリジェンスを発信するという大失態を演じた。

ヒューミントにおける長い卓越した経験と伝統を有し、時代に応じて情報体制の整備を進展させてきた英国が、2003年のイラク戦争の開戦をめぐって大失態を演じたのである。その原因はいったいどこにあったのだろうか？

2004年7月、英国の独立調査委員会（バトラー委員長）は、「イラクの大量破壊兵器に関する、英国情報機関による情報評価は誤りであった」とする報告書を提出した。そして、この大きな原因は英国情報機関の対米依存にあったと指摘した。

米国情報機関が「イラク攻撃を行なうべき」との前提で、その証拠収集に血眼になっていたことを踏まえれば、英国情報機関による情報活動は米国の活動に影響され、追随していった可能性は高い。その結果、「大量破壊兵器の存在を示唆するインテリジェンスのみを受け入れる」という偏向性に走ったのであろう。つまり、情報機関による情報活動の独立性が確保できなかったため、英国は情報活動における手痛い失敗をおかしたのである。

■フランスの情報機関

フランスの情報機関も英国の情報機関と同様に長い歴史を有している。ナポレオン3世（1852～1870）の治下になって、政治および軍事インテリジェンスを担う恒久的な情報機関が設立された。しかし、当時は対外情報機関よりも、政府機関の存続を守るカウンターインテリジェンス機関に重点が置かれ、その中心的存在はパリ警視庁であった。

1870年の普仏戦争により対外情報活動の強化が図られた。フランスは普仏戦争でプロシア側の情報機関の活躍により敗北を喫したことから、ヒューミントおよびシギントを中心に対外インテリジェンス機能を強化した。ヒューミントにおいては多数のスパイをドイツ軍施設に潜入させて、組織に勤務させて秘密情報の収集に当たらせた。そうした努力により1944年のノルマンディ上陸作戦で、ドイツの軍事施設を破壊するための貴重なインテリジェンスを獲得した。

現在のフランスの情報機関は、国防省隷下の対外安全保障局（DGSE）、内務省隷下の国内情報中央局（DCRI）、国防省仏軍総参謀部隷下の軍事情報局（DRM）の三本柱で構成されている（次頁参照）。

DGSEは1982年に設立され、総合的なインテリジェンスの作成、ヒューミント、シギント、秘密工作を担当している。管理部、作戦部、戦略部、技術部などから構成されている。技術部はシギント担当専門部署であり、南アメリカ北東部の仏領ギ

アナ、大洋州の仏領ニューカレドニア、中東のアラブ首長国連邦およびジブチなどに通信傍受拠点を持っているという。パリ西部にある拠点では国際電話ファックスの通信傍受も行なっているという。

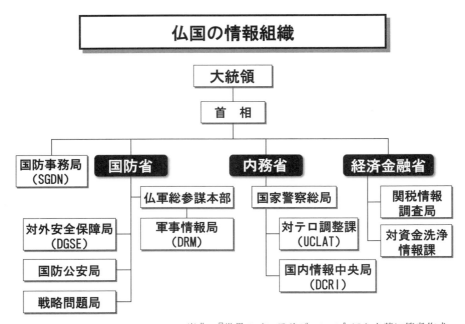

出典：『世界のインテリジェンス』ほかを基に筆者作成

　DCRIは、かつてカウンターインテリジェンスを担当していた国土監視局（DST）と中央総合情報局（RG）が2008年に統合して創設された。イスラムなどの対テロ、サイバー犯罪対策などの活動を行なっている。

　DRMは1992年に設立され、主として軍事インテリジェンスとイミントを担任している。また国防省隷下にあるが国家の対外情報活動（政治、戦略的インテリジェンス）についても担任している。

　フランスの情報機関も英国と同様にヒューミントを重視している。これは1870年の普仏戦争以降、海外におけるヒューミント網の構築を本格化したことに端を発する伝統的な傾向である。そうしたヒューミント網を活用し、テロ対策および経済インテリジェンスの収集に力を入れているという。2001年の9.11同時多発テロにおいてオサマ・ビン・ラディンのネットワークにスパイを潜入させて、ビン・ラディンが米国にテロを行なうことを事前予測していたという。

対外情報活動において、各国は、大統領または首相府、あるいは外務省が担当するが、フランスでは国防省が担当する。これは世界の趨勢から著しく異なった特徴である。
　フランスはシギントについて米国ＮＳＡに依存せず、自前のインテリジェンス能力の強化、すなわち独立性を保持している。かつて湾岸戦争での自前の情報収集能力の脆弱性を認識したフランスは、1995年にヘリオス衛星（分解能1メートル）を打ち上げた。またシギント船ベリー号の改修などを行ない、近年はルワンダ虐殺に関する政治指導者の会話内容の傍受に成功するなどの成果を挙げた[62]。フランスは「情報機関の独立性は外交の独立性でもある」と認識し、その独立性を保持することを最優先にしているのである。

■ドイツの情報機関

　ドイツは日本と同じ敗戦国であるが、情報機関を敗戦後に早期に復活することに成功した。それはラインハルト・ゲーレン将軍の功績である。1942年6月、ナチス陸軍参謀本部の東方外国軍課の課長に就任したゲーレン[63]は、ドイツ軍が敗戦すると見積り、「敗戦後はソ連共産主義の膨脹を防ぎ、ドイツの失地領土を回復し、再統一することが情報機関の新たな使命になる」と洞察した。
　ゲーレンはソ連に関する膨大な量の秘密情報を手土産に米軍に投降し、その提供と引き換えに米陸軍情報部から西ドイツの情報機関を再建する協力をえることに成功した。かくして1946年7月、かつての東方外国軍課の職員を中心とするゲーレン機関が創設された。同機関は1955年に連邦情報庁（ＢＮＤ）へと発展した。
　冷戦期にはＢＮＤは対ソ、対共産主義のカウンターインテリジェンスの砦となった。そして東ドイツの国家保安省（ＭＦＳ）やソ連ＫＧＢとの間でスパイの「植え込み」（プラント）合戦を展開した。
　対ＭＦＳとの戦いでは、西ドイツのブラント首相の秘書ギュンター・ギョームがＭＦＳの潜入スパイであったという手痛い失敗もあった。ＭＦＳ大尉であったギョームは難民として西ドイツに亡命して社会民主党に入党し、十数年を費やして首相秘書になり、首相の意思決定に大いに影響を与えた。これにより、ブラント首相は1974年5月に引責辞任することになる（222頁参照）。同時期には国内インテリジェンスを担任する連邦憲法擁護庁（ＢｆＶ）の主任捜査官のハンス・ティートゲが東ドイツの情報機関に籠絡され、同組織のインテリジェンスを漏洩し、最後には東ドイツに亡命するという事件も起きた。

62　『世界のインテリジェンス』248頁ほか。
63　1902年-1979年。第一次世界大戦後の1920年に18歳で軍に入り、1936年に参謀本部第1部の作戦課に配属。1942年に東方外国軍課の課長に就任。1945年、戦局が最終局面にあると報告し、ヒトラーの逆鱗に触れて解任される。

今日のドイツの情報機関は、国内インテリジェンスを担任する内務省のＢｆＶ、対外インテリジェンスを担任する首相府のＢＮＤ、軍事インテリジェンスを担任するする国防省の軍事保安局（ＭＡＤ）の三本柱からなる。

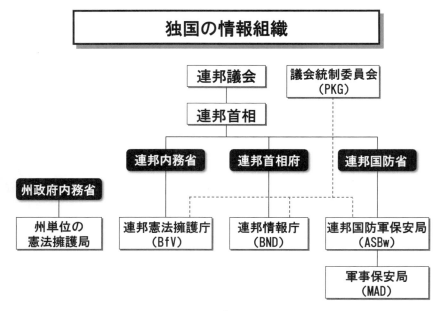

出典：『世界のインテリジェンス』ほかを基に筆者作成

　2005年時点ではＢｆＶが人員約2448人で予算1.37億ユーロ（212億円）、ＢＮＤが人員約6000人で予算4.3億ユーロ（約670億円）、ＭＡＤが人員約1300人で予算7200万ユーロ（約112億円）となっている[64]。

　シギントはＢＮＤの第２局が担任し、その規模は2000人程度と推定される。シギント活動はゲーレン機関時代に旧国防軍の情報将校をリクルートして開始された。1950年代から陸軍の通信大隊、空軍の通信連隊、海軍の通信連隊がそれぞれシギント収集を開始した。しかし、「ソ連が主たる収集対象だ」と主張するＢＮＤと、「中・東欧全域での通信傍受を行なうべきだ」と主張する国防軍とが競合し、結局はＢＮＤがシギントを主導した。

　ドイツのミュンヘン近郊のバートアイブリングには欧州大陸における米国の通信傍受・分析基地があるとされる。これに関してドイツ政府は「軍事通信を傍受するための拠点であり、民間通信を傍受できる設計にはなっていない。傍受した情報は

64　『世界のインテリジェンス』160-174頁

ＢＮＤにも提供されている」との公式発表を行なった。
　ＢｆＶは反政府運動等を取り締まる。冷戦期は東ドイツの工作活動に対する防諜を任務としていたが、現在はイスラム勢力によるテロの対処任務が重視されている。

　今日のドイツの情報機関はサダム・フセインのイラクの大量破壊兵器についても米国以上のインテリジェンスを持っていたとされ、その実力は世界的に高い評価を受けている。2006年1月のドイツの『シュピーゲル』誌によれば、米国ＤＩＡはＢＮＤに33回も情報提供を求め、ＢＮＤは少なくとも15回応じた。ＢＮＤ本部に伝えられたインテリジェンスには、フセイン大統領が立ち入るレストランやイラク軍の移動状況も含まれていたとされる。
　他方、ドイツは独自の情報活動を展開し、「イラクが大量破壊兵器を保有していない」と評価し、米・英によるイラク攻撃に反対した。その一方で諜報活動要員をイラクに潜入させるなどして、独自の情報活動を展開した。まさにドイツ情報機関の独立性が質の高い情報を生み出し、ドイツ情報機関の優秀さに世界が注目した。

■イスラエルの情報機関

　1948年の建国以前から、パレスチナ地方の共同体イシュブの軍事組織である「ハガナ」とその情報機関である「シャイ」が、英国と協力して情報活動を実施していた。建国と同時にハガナがイスラエル国防軍（ＩＤＦ）になるとともに、シャイが国防部作戦部情報課（アマン）、国防部保安局（シン・ベット）、外務省政治部の3つの情報機関に分離独立して情報活動を本格始動させた。その後、外務省政治部の活動が停滞したままであったために、中央集権的な情報機関の創設が叫ばれるようになった。かくして1949年に、外務省政治局に替わり諜報特務庁（モサド）が創設された。
　イスラエルの情報活動が国際的に認知されるようになったのはモサドの活躍による。初代モサド長官はルーヴェン・シロアであるが、モサドが今日のような大規模な組織として成長したのは第2代長官のイッサー・ハレルの功績による。ハレルは1954年に渡米して、アレン・ダレスＣＩＡ長官との会談の実現に成功し、ＣＩＡから情報のみならず技術協力もえて、モサドを世界的な情報機関へと発展させていくのである。
　現在のイスラエルの情報体制は、軍事インテリジェンスを担任する国防軍参謀本部諜報局（ＩＤＩ、アマン）、国内の保安を担任する総保安庁（ＩＳＡ、シャバック、※元シン・ベット）、対外インテリジェンスを担任する諜報特務庁（モサド）からなる。これら3つの機関の人員合計は1万2000人から1万5000人と推定される[65]。
　まず徴兵制でアマンに兵士として徴募され、その中から適格性のある者がモサド

65　『世界のインテリジェンス』299頁

やシャバックに移っていく。総人口700万人のイスラエル国家にとって情報機関全体の数が約1万5000人というのは非常に大規模である。3つの機関が相互に連携し、アラブ諸国に対する監視活動、反イスラエルを標榜するテロ組織に対する監視、テロ組織の主要メンバーに対する暗殺、国外に住むユダヤ人を隠密裏にイスラエルに帰国させる活動などを行なっている。

3つの機関の中ではアマンに人員および予算が最も集中している。アマンの人員は約8000人と推定される。アマンは軍事情報機関であるので、イスラエル軍の将軍

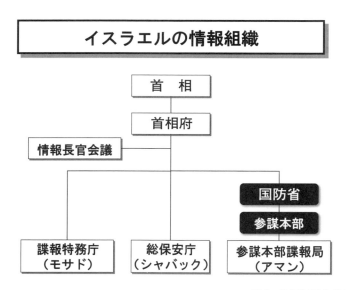

出典：各種資料を基に筆者作成

が長官に就任する。アマン長官は首相と内閣のインテリジェンス・オフィサーであり、イスラエルの安全保障政策と外交政策の立案決定に助言を与えるが、首相直属のモサド長官とシャバック長官とは異なり、国防相と参謀総長に隷属している[66]。

戦争に必要な軍事情報活動のほか国家的なシギントおよびイミントの両活動についてもアマンが担任している。イスラエルの衛星開発は1980年代に開始されたが、今日まで継続的に「オフェックス号」を打ち上げている[67]。

---

66 『イスラエル情報戦史』28頁
67 1988年には実験用の「オフェックス1号」、1990年に「オフェックス2号」、95年に「オフェックス3号」を打ち上げ、その後「オフェックス4号」は失敗したが、2002年5月「オフェックス5号」、2004年に暗視装置を備えた「オフェックス6号」を打ち上げた。『世界のインテリジェンス』310頁。

モサド長官は首相に直属している。人員は約2000人[68]にすぎないが、世界中に散在するユダヤ人協力者（サヤン）を活用して、米国ＣＩＡをしのぐ秘密工作を行なっている。モサドは1960年のアイヒマン誘拐作戦、1972年の「神の怒り作戦」、1987年のＰＬＯ有力者アブ・ジハドに対する暗殺など、世界を驚愕させる秘密工作を成功させた（225頁参照）。

　モサドの要員は、軍人として採用された者の中から、情報活動における適性を有する者が抜擢される仕組みとなっている。そのため、ほとんどが軍事将校であるが、軍隊の階級は使用しない。モサドへの要員採用は非常に厳格である。知識・技能、体力、品性、思想などを平均3年から4年間かけて徹底的に審査し、まさに少数精鋭の体制を作り上げるのである。

　対外機関であるモサドに対してシャバックは対内機関である。シャバック長官もモサド長官と同様に首相に直属している。その人員は2000人から5000人と推定される[69]。任務は主に国内の反社会的組織の取り締まりであるが、しばしば拷問が社会的批判として現れることがある。

　イスラエルでは3つの機関の情報活動の連携を図るため、1949年に首相府に情報長官会議が設置された。モサド長官、シャバック長官、アマン長官、警視総監、外務省政治分析センター長、テロ対策責任者が参加し、議長はモサド長官が務める。同会議は英国のＪＩＣ（合同情報委員会）に近い機能を保持しているが、歴史的にみても十分に機能しているとはいい難いと評価されている。

　イスラエルの情報機関は歴史的に根深い組織間対立を繰り返したとの指摘がある。モサドの最大功労者で1952年から1963年までモサドを指揮したハレルの自由奔放ともいえる活動に対し、アマンおよびシン・ベトは批判的であった。しかし、両機関の長は、ハレルに対して正面から立ち向かうことはできなかった。ところが、1962年にアマン長官に就任したメイア・アミトは、モサドの活動を公然かつ論理的に批判した。その後、アミト自身がモサド長官に就任したことで、長年の組織間対立に終止符が打たれた[70]。

　しかし、両情報機関の連携は長続きしなかった。次第にアマン長官であるエリ・ザイラ将軍の権限が拡大し、モサドの情報活動を軽視した独断行動が横行するようになった。1973年の第4次中東戦争（ヨム・キプール戦争）において、ザイラは「エジプトに開戦意志なし」との先入観に近い誤判断に固執し、多くの開戦兆候があっ

68　『世界のインテリジェンス』302頁
69　『世界のインテリジェンス』304頁
70　西ドイツ技術者がエジプトに移住してロケット開発を行なっているという問題の処理をめぐって、ハレルはベングリオン首相と対立して退任。後任のモサド長官にはアミトが就任し、アマン長官にはアマン次官のアーロン・ヤーリブが就任した。この人事処置はモサドとアマンの組織間対立を解消することが最大の狙いであり、この人事は功を奏した。

たにもかかわらず、10時間前までエジプト侵攻開始を国防軍に報告することができなかった。この責任をとるかたちで、ザイラ以下の4人のインテリジェンス指揮官が解任された。なおザイラ将軍は仮にアマン長官の任命を受けていなかったならば、イスラエル国防軍参謀長としてその軍歴を全うしたであろうことを誰しもが疑わなかったほど優秀な人物であった。イスラエルは大きな代償を払って「情報活動責任者は聡明なだけでは不十分である」ことを学んだ。

情報機関の組織間対立はしばしば組織の権力者によってもたらされる。そして組織間対立が正常な情報活動を妨げ、情勢判断を誤り、誤判断に執着し、政策の失敗を招くということである。一定程度の競争関係は相互の情報活動の有効な刺激剤となり、活動の独走を相互チェックするうえでも有用である。しかし度が過ぎると単なる足の引っ張り合いとなるということであろうか。

第三次中東戦争でのイスラエル情報機関の活躍

建国以後の組織間対立が解消されたことでイスラエルの国家として情報活動の成果が上がった。その最大の成果として語り継がれているのが1967年の第三次中東戦争(6日戦争)である。イスラエルは電撃作戦を展開してわずか6日間で勝負をつけた。この背後でモサドは開戦前の2～3週間前にイラクのミグ21戦闘機パイロットを買収し、1966年8月にソ連製最新鋭のミグ21戦闘機ごとイスラエルに亡命させるという快挙を成し遂げた。当時、ミグ21はエジプト、イラク、シリアの各国空軍で実戦配備についていたため、イスラエル空軍はミグ21が欲しくて仕方なかった。イスラエル空軍はミグ21の性能・諸元等を事前に研究し、アラブとの空中戦に大勝利した。

一方のアマンは地上偵察、空中偵察および電子偵察等により、エジプト軍の展開および攻撃計画を完全に探知し、アラブ側の警戒がゆるむ時間帯、警戒が薄い地域を分析し、開戦前のアラブ空軍基地に対する空爆を成功に導き、軍の陽動作戦と偽電によってエジプトの誤判断を誘うことに成功した。

出典:『イスラエル情報戦史』ほか

■ロシアの情報機関

ロシアの情報機関の発足は、1917年のロシア革命とともに誕生したチェーカーに遡る。チェーカーは「革命およびサボタージュに対する特別委員会」を意味する。初代長官はプロレタリア革命家であったジェルジンスキーである。チェーカーは対

外インテリジェンスの生成と、国内における反ボルシェビキ派の摘発・監視任務に従事した。その後、チェーカーは国家政治保安部（ＧＰＵ）、ソ連成立後の合同国家政治保安部（ＯＧＰＵ）、内務人民委員部（ＮＫＶＤ）、国家保安省（ＭＧＢ）などの変遷を経て、有名な国家保安委員会（ＫＧＢ）へと発展した。

スターリン党書記長の指令下では、さまざまな伝説のスパイマスターによる暗躍があった。イエゾフはＧＰＵ、ＯＧＰＵ長官として、ゲンリフ・ヤゴーダは初代ＮＫＶＤ長官としてトロツキー派の粛清などを行なってスターリン体制を支援した。イエゾフの後任のラヴレンチー・ベリヤは史上最も悪名高いＯＧＰＵ長官である。彼はメキシコに亡命していたトロツキーを暗殺したほか、ＮＫＶＤ改革に着手して

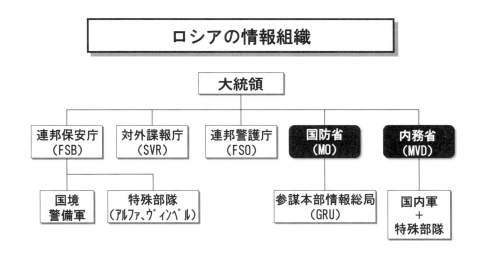

出典：各種資料を基に筆者作成

ＫＧＢへの発展基盤を築いた。しかし、彼はＫＧＢの創設を目の当たりする前に圧殺された。

ＫＧＢは東西冷戦の中でＣＩＡとの熾烈な情報戦を戦うなかで数々の秘密工作に手を染め、特殊部隊である国境警備隊も統制下においた。大戦後は主として中東で秘密工作を展開した。1954年、エジプト大統領に就任し、アラブ世界を世襲王政から解放するためフルシチョフ時代のソ連に接近するナセルを利用して、ＫＧＢはカイロに「エジプト協会」という特殊工作機関を設立した。その長として赴任したのがＫＧＢの伝説のスパイマスターであるセルブリアコフ大佐である。大佐はバルカン半島で特殊工作に従事していたが1950年にカイロに派遣され、6年後には50人規模の秘密工作組織を結成した。大佐は1950年代から1960年代初頭にかけてイラ

クでのクーデターを画策し、イエメン革命で功績を挙げた。ＫＧＢが冷戦期に一世を風靡できたのは、こうした中東における秘密裏の政治工作が成功したお陰である。

　ＫＧＢは冷戦期、西側情報機関のスパイを「二重スパイ」として運用していた（223頁参照）。代表的な二重スパイには米国ＦＢＩのロバート・ハンセン、米国ＣＩＡのオルドリッチ・エイムズ、英国ＳＩＳのキム・フィルビーらがいる。
　しかし、ソ連邦の崩壊とともにＫＧＢの栄光の歴史は終わりを告げ、1991年12月にＫＧＢは解体した。その後、幾多の変遷を経て、現在は対外諜報庁（ＳＶＲ）、連邦保安庁（ＦＳＢ）および連邦警備庁（ＦＳＯ）に分割された。
　ＳＶＲは旧ＫＧＢ第１総局を縮小・効率化して発足した。対外活動において政治、経済、外交、科学技術、軍事技術の収集および分析、宣伝活動や情報操作などの工作活動を任務とする。
　ＦＳＢは第８総局を始めとするＫＧＢの大部分の組織・機能を引き継いだ。現在、質実ともにロシア最大の情報機関である。第８総局はＫＧＢ時代から暗号などのシギントを扱っていたが、ソ連崩壊にともなうＫＧＢの分割・改編においてシギント任務はいったん新たに設立された政府通信情報庁（ＦＡＰＳＩ）に移された。しかし2003年にＦＡＰＳＩが分割され、その際に大規模部隊とともに重要な通信傍受、暗号解読機能が新たに設立されたＦＳＢに移された。現在のＦＳＢはインターネットの監視も行なっている。なおプーチン大統領は元ＦＳＢ長官である。
　ＦＳＯはＫＧＢ第９局を引き継ぎ、大統領等の政府要人および施設警備、対テロ対策を行なっている。

　一方、ロシアには赤軍第４部の流れを汲むロシア軍参謀本部情報総局（ＧＲＵ）がある。同局の設立は1920年で初代長官はベルジンである。なお有名なゾルゲはベルジンが派遣した工作員である（91, 201頁参照）。冷戦期にはＧＲＵはＫＧＢとの競合が指摘され、両組織を統一する提案が何度も出されたが、統一は行なわれなかった。
　ＧＲＵは冷戦後も、ほぼ従前の組織・機能をそのまま引き継いだ。ヒューミント、シギント、イミント能力を保有し、国防に関する戦略的インテリジェンス、安全保障に関わる政治、軍事、経済、科学技術などの情報収集と分析に携わっている。ＧＲＵは軍機関であるから、その所属員は軍人であり、特殊部隊も管轄している。2009年９月、防衛庁防衛研究所（当時）所属の３等海佐が秘密漏洩事件で逮捕されるという事件が発生したが、これはＧＲＵに所属するビクトル・ボガチョンコフ（大佐）による獲得工作であったことが判明している（202頁参照）。

　ソ連の崩壊によって開放的なロシアが出現したとのイメージが先行しがちである。

しかし、ロシアの情報機関はＫＧＢの財産を引き継いで、より活動を活発化させている。英国ＭＩ５のジョナサン・エバンス長官は 2012 年、「英国での素性を明かさないロシアのインテリジェンス担当官は減少しておらず、彼らや中国の活動に対処することがアルカイダに対する取り組みからリソースを奪っている」と報告した。つまり、中・ロの情報活動への対処のためにテロ対策が手薄になっているのである。
　ドイツのＢｆＶ（連邦憲法擁護庁）は「駐独ロシア外交官の３分の１はＳＶＲである」と発表し、2007 年 7 月ロシア大統領は「国際情勢における不均衡の拡大や国内政治利益のため、ＳＶＲの情報収集と分析を拡大しなければならない[71]」と述べている。2008 年 1 月、内閣情報調査室の職員が解雇される事件が生起したが、これはＳＶＲのスパイによって籠絡されたという（204 頁参照）。
　行為の非公然性や非合法性についても変化はない。2000 年 8 月のロシア原子力潜水艦「クルスク」の沈没事件では、クレバノフ首相と遺族との対面式において、興奮して泣き叫ぶ遺族の女性に対し、背後から一人の女が遺族女性をなだめるように近づき、注射器を"二の腕"あたりに突き刺した。遺族女性はとたんにその場にへたり込んでしまった。この女性はＦＳＢのスパイであったという。
　2006 年 11 月 23 日にアレクサンドル・リトビネンコが「ポロニウム 210」によって中毒死するという事件が発生した。これについてもＦＳＢの仕業であるとの見方が一般的だ。リトビネンコはＫＧＢ以来のＦＳＢ職員である。彼はプーチン首相がＦＳＢ長官だった当時にＦＳＢから暗殺を請け負っていた事実を告発した。このことにより、リトビネンコは当局から度重なる逮捕・投獄を受けていたという。彼は 2000 年 10 月に英国に亡命し、英国を拠点としてプーチン政権のチェチェン政策に対する非難を行なっていたが、これが暗殺の原因[72]になったとみられている。

■中国の情報機関

　中国では情報および謀略が歴史的に重視されており、情報機関が発足した歴史もまた古い。中国共産党の歴史に限っていえば、1927 年 11 月に上海で設立された中国共産党中央特別行動科（中央特科）が今日の中国の情報機関の草分けである[73]。その後、中央社会部（1939 年～1960 年頃）および中央調査部（1960 年頃～1983 年頃）が創設され、国内治安・インテリジェンスを担当する公安部や、軍組織の総参謀部第２部などを統括していた。
　文革後、毛沢東が死亡し、情報機関の黒幕であった康生も死亡した。鄧小平時代の訪れとともに、中国の情報機関の改編が開始され、中央調査部に代わって国家安全部が 1983 年 6 月に創設された。国家安全部は公安部と中央調査部が保有していた

71　茂田『インテリジェンス』398 頁
72　茂田『インテリジェンス』400 頁
73　郝在今『中国秘密戦』（作家出版社　2005 年）ほか。

インテリジェンス機能、カウンターインテリジェンス機能を統合した。

他方、1960年代の文化大革命で中央調査部および公安部の活動が停滞するなかでも、総参謀部第2部を始めとする軍情報機関は大きな影響を受けることなく活動を継続した。

現在の中国の情報機関は国家中央組織と同様に、政・軍・党の三系統に分類できる。政府系の情報機関としては、国内インテリジェンスおよび国外インテリジェンスの最大機関である国家安全部がある。このほか国内治安を担っている公安部、外交活動を行なっている外交部、軍事外交を担っている国防部、軍事科学技術の研究および開発を指導する国防科学技術工業局（前身は国防科学技術工業委員会）などがある。また国営報道機関である新華社は、国外活動においては国家安全部および総参謀部第2部と並ぶ重要な役割を担っている。

軍の情報機関には総参謀部隷下の第2部、第3部および第4部、総政治部隷下の保衛部および連絡部などがある。第2部（情報部）は国家安全部と並列する国家的な対外インテリジェンス機関であり、軍事インテリジェンスの統轄組織である。第3部（技術偵察部）はコミント、第4部（電子戦レーダ部）がエリントを担任している。これらシギント要員は10万人以上とされ、数的にはＮＳＡを上回る規模だとされている。このほか第3部はイミントも担任している。

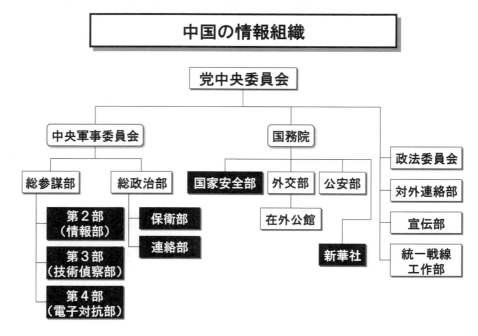

中国の情報組織

出典：各種資料を基に筆者作成

中国における軍の情報機関の活動範囲は旧ソ連のＧＲＵよりもはるかに広いとされる。それは軍事と軍事産業などの軍事部門に留まらず、政治情報、国防経済情報の収集・分析から、中国の海外駐在員および留学生対する監視活動まで幅広い領域を網羅するとみられている。

　党系統の情報機関としては、中央統一戦線工作部、中央宣伝部、中央対外連絡部などがあるが、これらは中国共産党の党活動全般を執行する機関である。かつて存在した党中央社会部あるいは党中央調査部（中央社会部の後継機関）のような、純然たる情報機関とはいえない。
　このほか、中国には党や政府の傀儡と揶揄される人民団体（民間団体）の存在がある。人民団体は関係国の中に友好団体を組織し、友好団体と一体となり、党および政府などの意向に沿う情報工作活を実施している。人民団体の活動は外交、経済、文化、出版、旅行、華僑事務などの分野に及んでいる。

　このように中国では、政府、軍、党、人民団体など各領域において多彩な情報機関が情報活動に携わっている。ただし、それぞれの情報機関が相互にどのような相互依存関係にあるのか、その詳細は明らかでない。
　中国の情報機関は国家の「安定」「発展」および「安全」の３つの国益を追求する情報活動を展開している。「安定」のためには、国内の反体制派組織、独立組織、宗教団体などを徹底的に監視し、不安定分子等の早期摘発に力を入れている。
　「安全」という観点からは、経済力を背景に軍事力を整備し、敵に対して軍事的に勝利できる戦略、戦術を構築することが必要になるため、軍事科学技術の取得と、敵対国家の（中国に対する）軍事的意図、軍事能力、弱点等を明らかにすることを重視しているとみられる。
　また「発展」のために「近代化建設」の原動力たる科学技術を西側先進諸国から獲得すること重視しているとみられる。このほか相手国、地域としては、米国、日本、朝鮮半島のほか、「祖国統一」のための台湾の政治・軍事情勢に関する情報収集や台湾統一に有利な国際環境を醸成するための各種の工作活動を展開しているとみられる。

　中国の情報活動の特徴の１つは、国内の安定のための活動が第一ということである。つまり、国内治安維持のための情報活動のみならず、海外における中国系民主化グループの活動を統制し、それが国内に波及しないよう最大限に配慮している。国家安全部の海外活動の重点は、この民主化波及阻止に置かれている。
　海外における情報活動では、民主化阻止関連の活動のほか、経済・軍事情報の収集や、台湾関連の情報活動が重視されている。その活動は、秘密情報の収集そのも

のよりも、留学生や研究員などを活用した幅広い知識（伝聞情報）の獲得を重視している。そのため当該国による摘発が困難なことが挙げられる。また、情報収集以上に、当該国の政権やマスコミに浸透し、親中政策や親中報道を促す積極工作を重視している点も大きな特徴として挙げることができる。

■北朝鮮の情報機関

1948年9月9日に建国された直後の北朝鮮は、国内の経済・政治体制を安定化することが主要課題であった。そのため情報機関は朝鮮労働党の存在を維持することを目的に、朝鮮労働党隷下の内務省が中心となり、国内反対派の粛清を主要任務としていた。

内務省は中央部局、一般警察、政治警察、国境警備隊、鉄道警備隊、町村の自衛部隊などを含む巨大な組織であった。中央部局の中で情報機関としての体裁を最もなしていたのが政治保衛局であった。同局は「米帝国主義と共謀する国内反動分子によって企てられた各種の諜報活動・謀略・破壊活動を予防・摘発、処罰する」ことが任務とされ、第1調査室から第5調査室、聴聞室および管理部から構成された。第1調査室が外国情報機関の活動に対するカウンターインテリジェンス、対南工作、対外工作および海外情報収集を任務とした。

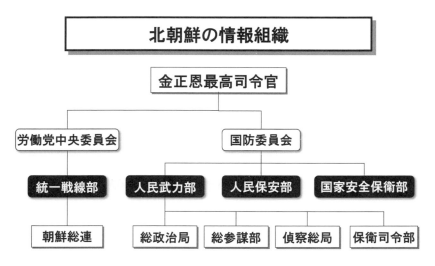

出典：各種資料を基に筆者作成

朝鮮戦争以後、北朝鮮情報機関は対南工作の準備および軍事科学技術の獲得などを目的に情報工作を展開した。そのなかで朝鮮労働党と朝鮮人民軍、国家秘密警察にそれぞれ隷属する情報機関が発達した。

　2009年以前は、朝鮮労働党の傘下には作戦部、対外連絡部、35号室および統一戦線部、という4つの情報機関があった[74]。作戦部は潜入工作を担任し、同部が管理する元山および清津の両連絡所はかつて日本への潜入作戦に従事していた。なかでも清津連絡所には、かつての対日浸透工作が恒常的であった時期には1200人の工作員が所属し、うち400人が対日侵入を主任務としていたという。2009年以降、作戦部は軍総参謀部偵察局と統合され、人民武力部隷下の朝鮮人民軍偵察総局に発展解消した[75]。

　対外連絡部（その前は社会文化部）は対韓国の主務部署であり、韓国内の要人暗殺、政治・経済・社会・軍事等の情報収集などを担任していた。このほか「救国の声放送」（第26連絡所）という対南心理戦、対外放送を担任していた。2009年以降は内閣付属の対外交流局に縮小改編された[76]。

　35号室はかつて対外情報調査部と呼ばれ、韓国および海外においてテロ、情報収集およびスパイ獲得工作などを行なってきた。日本、マカオ、香港、フランス、ドイツ、オーストリアなど国交のない国家に対しては、貿易商社または通商代表部を設置し、国際的な諜報活動を展開していた。対外情報調査部には対日情報調査課があり、同課は対日工作を主任務とした。大韓航空858機便の空中爆破事件、崔銀姫・申相玉夫婦拉致事件は対外情報調査部による犯行であったといわれている。同室は現在、作戦部とともに朝鮮人民軍偵察総局に吸収された。

　今日の北朝鮮の情報機関は、朝鮮労働党中央委員会隷下の組織と国防委員会隷下の組織に分かれている。中央委員会隷下の情報機関は統一戦線部のみとなり、同部は、海外の朝鮮人同胞（朝鮮総連、在中総連など）および在韓国左翼勢力の指導などを担任しているとみられる。かつては、統一戦線部には直接浸透課があり、同課は第三国経由で工作員を派遣していた。隷下の平壌学院は日本への浸透工作員の養成を担任していたとされるが、現在の状況は不明である。在日朝鮮総連の指導、監督については引き続き統一戦線部の任務になっているとみられる。

　現在の国家最高機関である国防委員会の隷下には人民武力部、人民保安部、国家安全保衛部の3つの主要組織がある。人民武力部は朝鮮人民軍の指導組織であり、隷下には総政治局、総参謀部、偵察総局、保衛司令部があり、それぞれ関連の情報

74　これら組織はすべて平壌市内の大成区にある3号庁舎と呼ばれる建物の中に所在し、相互に連携していた。全富億『北朝鮮のスパイ戦略』（2002年10月、講談社）195-215頁。
75　韓国『連合ニュース』2009年5月10日
76　韓国『連合ニュース』2009年5月10日

工作を指導している。形式上は人民武力部が各部および各局の上位に位置しているが、ただし人民武力部長よりも総政治局長や偵察総局長の序列の方がはるかに高く、人民武力部が実質的に総政治局等を指導・監督しているわけではない。

　偵察総局は2009年、朝鮮労働党の傘下にあった作戦部および35号室と、朝鮮人民軍総参謀部偵察局が統合して新設された。作戦部が行なってきた工作員に対する基本教育訓練、工作船および潜水艇を使用しての工作員の派遣および復帰、韓国に対する侵入ルートの開拓などを担任しているとみられる。有事の際に韓国に侵入し、ゲリラ活動を行なうことも総偵察局の任務となろう。

　総政治局は宣伝工作、軍内規律の維持、総参謀部は戦略・作戦情報、保衛司令部は軍内の盗聴、秘密監視などを行なっているとみられる。

　国家安全保衛部は警察機能を有する、いわば秘密警察である。前身は1973年に設立された国家政治保衛部である。主要任務は一般社会におけるスパイ、反体制派などの摘発、特別軍事裁判の実施などであり、脱北者の取り締まりも国家安全保衛部が行なっている。一時期、金正恩が部長に就任するなど、近年、急速に勢力を増しており、2013年12月の張成沢の粛清も同部が実行した。さらに日朝拉致協議の再開も国家安全保衛部が窓口となっていたようであるが、労働党組織部との内部抗争により権力失墜の状況も噂されている[77]。

　このほか、国防委員会隷下には警察を管轄する機関である人民保安部があり、同部は住民監視などを行なっている。

　北朝鮮情報機関はこれまで数々の攻撃的な秘密工作を行なったとされる。1980年代以降、韓国は急激な経済成長を続け、1988年のソウルオリンピック開催を目指して全世界に積極的な外交を展開した。一方の北朝鮮は経済苦境から脱出することができず、両者の世界的地位は決定的な格差がついた。こうした背景の下、人民武力部隷下の総参謀部偵察局が1983年、全斗煥・韓国大統領一行がビルマを訪問する時に爆殺を企てるラングーン事件を生起させた。これは、1982年8月の韓国によるアフリカ諸国歴訪に対する北朝鮮の苛立ち、韓国が北朝鮮の友好国であるビルマへ訪問するならば北朝鮮の外交的孤立は避けられないとの危機感に起因したとみられている。1987年11月にはソウルオリンピックの妨害を狙い、女性工作員・金賢姫による大韓航空機爆破事件が発生した（ただし、北朝鮮側は韓国による自作自演だと否定している）。

　このように北朝鮮情報機関の活動は、自らの政権存続の危機が韓国発で発生することに最大の注意を払ってきたとみられる。

　北朝鮮情報機関は日本に対しても、在日米軍の状況把握、潜在的防衛力の把握、

77　www.nippon.com 李英和「拉致再調査を踏み潰しながら、まだまだ揉める北朝鮮権力闘争」

対韓国工作のためのスパイ網の埋設などを目的に情報工作を展開してきた。その一環として1970年代以降、日本人拉致事件が発生した。拉致事件は強固な韓国の防諜網を突破するために北朝鮮スパイが日本人に偽装して韓国に公然入国することを狙いに、日本人の国籍取得や教育係の獲得などが主要な目的であったようだ。

第6節　日本が参考とすべき点

■情報活動の独立性の保持

　英国の情報機関は優秀なヒューミント機能の保持、各情報機関の調整・取りまとめ機能としての合同情報委員会と評価スタッフの存在など、わが国が教訓とすべき優れた点を多く持っている。しかし、既述のとおり、米国情報機関への過度の依存体質により、2003年のイラク戦をめぐって手痛い失敗をおかした。

　他方、イラク戦をめぐってドイツは諜報要員をイラクに潜入するなどして、独自の情報活動を展開し、質の高いインテリジェンスを生成したことに世界が注目した。

　フランスについても湾岸戦争での自前の情報収集能力の脆弱性を認識し、1995年にヘリオス衛星を打ち上げるなど、情報活動の独立性は外交の独立性でもあると認識し、その独立性を保持することを最優先としている。

　イスラエル情報機関も情報活動の独立性を伝統的に重視している。60年代にアマン、モサドで長官を務めたメイル・アミトは、「他人から気まぐれに与えられるパンくずで飢えをしのごうとするのはとても不自由で困難なことだ。独立独歩の力があれば、もう一段高みへと登っていける[78]」と発言した。これは激烈な国際政治闘争を展開しているイスラエルが、情報機関や情報活動の独立性を保持することの重要性を経験から認識しているからだといえよう。

　各国は自国の国益を最優先し、それに反する情報は同盟国といえども提供されることはない。米国は自国に有利とならないと判断した場合、軍事偵察衛星が撮影する特定の写真を第三国に配布しないのみならず、商業衛星が撮影したものでもその輸出を禁じる。これをシャッター・コントロールといい、日本の情報収集衛星の導入のための理由付けとなった（47頁参照）。

　わが国は独立性の観点から情報収集衛星を導入し、内閣衛星情報センターを立ち上げた。しかしながら、独自の収集能力はヒューミント、テキントの両方ともに不十分であり、今後はできるところから改善を図っていく必要がある。

　ヒューミントについていえば、外務省を中心とする在外公館の渉外（リエゾン）による情報交換機能に留まり、専門的な対外ヒューミント機能はない。しかし、わが国が周辺国に対するヒューミント機能を強化することは、情報活動の独立性を確

78　小谷『世界のインテリジェンス』334頁

保し、欧米情報機関との「ギブ・アンド・テイク」の関係を強化するうえで必要不可欠と思われる。

　ヒューミント要員は言語、文化、歴史などの造詣を深めるほか、技術的にも専門・特殊な教育・訓練を受ける必要がある。これは外務省のみに任せるのではなく、各情報機関が長期的な視野に立ってヒューミント要員を育成する心構えを確立し、まずは一定期間、所属の情報分析官を在外公館などに派遣して対外情報収集の経験を積ませていくことが大切であろう。

■取りまとめ・調整機能の強化

　英国は、各情報機関の活動の取りまとめ、調整を行なう方法としてＪＩＣと評価スタッフという制度を採用している。特筆すべきはＪＩＣの実動機関である評価スタッフの存在であろう。

　評価スタッフは各省庁・情報機関からの精鋭の出向者からなる40人規模の頭脳集団である。スタッフは各情報機関が保有する情報へのアクセス権を有し[79]、各省庁の利害を超えて国家としての情報評価を行なう。事実上、ここで英国の安全保障政策などを決定しているといっても過言ではない。

　わが国の内閣情報会議および合同情報会議は英国の評価スタッフのような実働機関がなかったために、これまで機能発揮が不十分であった。これに関し、国家安全保障会議を支える常設機関として新設された国家安全保障局が取りまとめ・調整機能としていかなる役割を果たすかが注目される。

　国家安全保障局が英国の評価スタッフのような存在となるためには、第1に各情報機関のエース級の情報分析官が呼集され、彼らには各情報機関の情報へのアクセス権を認める必要がある。また国家安全保障局への出向が一時的な"腰かけ"で終わるのではなく、国家安全保障局と所属の情報機関を往復しつつ昇任していくような人事管理が適切になされる必要があろう。

■政策サイドとの適切な関係の維持

　戦略的インテリジェンスの世界では、政策を実行する者および組織を「政策サイド」と呼称し、これに対し、政策を行なううえで必要なインテリジェンスを作成する側を「情報サイド」と呼ぶ。

　情報機関の研究では「両者がいかなる関係にある時が最も効率的な行動ができるか」という視点がしばしば採り入れられる。

　歴史的な情勢判断の失敗は情報活動の失敗よりも、政策サイドによる「こんなことはよもや起こらない」とのある種の思い込み、「情報分析を政策に従わせる」という圧力、政策立案に整合しないインテリジェンスの受け入れ拒否のほうが多いとい

79　手島、佐藤『インテリジェンス　武器なき戦争』180頁

われる（98頁参照）。

　1941年のバルバロッサ作戦[80]、1942年のシンガポール攻略、1968年のテト攻勢、1982年のフォークランド紛争は情報機関が適切なインテリジェンスを配布したにもかかわらず、政策サイドがこの受け入れを拒否したため、判断を誤ったというケースである[81]。

　政策や戦略に生かされて初めてインテリジェンスであるから、情報サイドには政策サイドが必要とするインテリジェンスを生成する使命がある。しかし、情報サイドが政策サイドに迎合する、政策サイドは自らが望む政策に整合しないインテリジェンスの受け入れを拒否する－この悪循環を遮断しなければ、過去と同じ過ちを繰り返すであろう。

　これに関し、イスラエル情報機関の元ＩＤＩ（アマン）長官は、部下分析官が長官に迎合する分析結果を提示するという傾向を防止するために、テルアビブ大学の中東問題専門家（「民間人」）を重要会議に参加させた[82]。

　わが国においても、情報保全という高い壁は存在するものの、インテリジェンスの客観・論理性を高めるという観点から、情報機関と民間シンクタンクとの可能な限りの交流を推進すべきであろう。

■カウンターインテリジェンス機能の強化

　内部からの情報漏れや、諸外国の情報機関からの諜報活動、秘密工作を防止する機能を強化する必要性は論を俟たない。情報保全を徹底することは諸外国情報機関との情報交換の基礎となる重要な課題でもある。

　しかしながら相手国の執拗な諜報活動および秘密工作から、我の情報活動を守るためには情報保全という受動的機能だけでは不十分である。相手国の情報活動に対する能動的解明とスパイ排除などを目的とするカウンターインテリジェンスが必要となる。

　世界各国は対情報機関を充実させている。これはいくら情報機関の対外情報収集機能や工作機能が強力であっても、相手側のカウンターインテリジェンス機関が強力な場合、ヒューミントが成果を上げることは不可能だからだ。

　わが国では警察機構が国家としてのカウンターインテリジェンス活動の中心となっている。しかし、警察機構は犯罪を立件しスパイを逮捕することが目的であり、捜査情報が外部に漏れることはない。この種の捜査情報が諸外国および国内の情報機関との情報交換に使われることもない。したがって警察機構から関連情報を知ら

80　この作戦に関する分析は岩島久夫『奇襲の研究』が興味深い。
81　Robert. M. Clark『A Target Centric Approach』を参照。
82　『イスラエル情報戦史』310-312頁。

されることはないため、結局、組織が相手国からの諜報活動、または秘密工作を受けていてもこれを甘受することになる。

わが国では現在、カウンターインテリジェンスの機能強化における取り組みが開始されているが、これは本来のカウンターインテリジェンス機能の強化とはほど遠い感がある（246頁参照）。結局、自らの組織と情報活動は自らが守るほかはなく、当面、各情報機関は自身でカウンターインテリジェンス機能を充実させる必要があろう。

■長期分析の重視

米国情報機関では現状分析（現状に関するインテリジェンス）と長期分析（長期的なインテリジェンス）は、しばしば競合関係にあるようだ。以下、『インテリジェンス、機密から政策へ』の記述を引用する。

「現状に関するインテリジェンスは1～2週間以内の問題に関する報告を指すが、これが情報コミュニティの要であり、成果物は使用者から最も要求され、読まれている。情報コミュニティは現状に関するインテリジェンスによって費用を正当化している。

多くの分析担当官は、現状に関するインテリジェンスに重点が置かれることに不満を抱いている。彼らは、特定分野の専門知識や技術を磨いており、その時々のニーズを超越した視点で、より長期的な分析を行いたいと考えているからである。長期的な問題についての資料を読んでくれるような政策決定者はほとんどいない。興味がないわけでなく、時間がないことに加え、短時間であっても懸案から目を離す余裕がないからである。ここから政策決定者が読まなければならないものと、分析担当者が作成したいと考える成果物の間に葛藤が生じる。」

以上は米国に限らず、各国情報機関の共通の課題であろう。各国の軍事情報機関では、毎日定時に情報会議を開催し、生起している軍事動向等に関する動態報告を行なうのが常である。そのため、要員は一刻たりとも気を抜かずに動態情報を収集し、過去データと照合し、定時にプロダクトを作成して情報会議に臨むことになる。

こうした要員にとって、相手国の歴史、文化および政治体制といった分野を勉強する余裕はほとんどない。したがって毎日の情報会議において、事象の背景、相手国の意図などに関する、やや深みのある質問をされたとしても的確な応答ができない。

そこで、長期分析を担当する情報分析官が現状分析に借り出されることになる。しかし、情報分析官が現状分析に没頭すれば、専門性の追求を怠り、次第に知識の蓄えがなくなり、分析力は低下していく。こうなれば、ほぼ間違いなく「真の分析

担当官ではなく、単なる日々の収集結果の報告者になってしまう危険性が出てくる。現状に関するインテリジェンスの実行だけの上に、真に深みのある専門性を築くことは難しい[83]」という弊害が生じる。

　専門性の高い情報分析官ほど自己の存在価値を喪失して、職場から去ることになる。情報機関はますます"素人集団化"し、「情報分析官には必ずしも専門性は必要ではない」「イミントやシギントにおける事実のみが必要である」「当たりもしない長期分析は必要ない」といった思考が支配する。

　こうした状況を防止するための配慮として、各国の情報機関は、現状分析と長期分析を行なう部署をそれぞれ設置し、両機能の効果的な発揮を行なうことを建前としている。しかし、ローエンタールが問題提起するように現実はそれほど甘くはない。

　この点、今日、高い分析力で注目を集めているドイツ情報機関の在り方は大いに参考になる。ドイツＢＮＤの第３局・評価分析局の中で最も重要な基礎が長期分析であるとされる。ドイツでは、首相府の指導の下、外務省・国防省・内務省・政府機関からなる合同委員会で、最低５年以上にも及ぶ長期分析の対象が決定される。参謀本部東方外国軍課の時代から、世界中から集めた図書・文書を収めた広大な図書室があり、恒久的な統計ファイルが絶えず最新なものに修正されてきたという[84]。

　「ＢＮＤ日報などの短期分析は、長期分析があって活きてくるものであって、長期分析と異なる短期的な動きが出てきた場合、短期分析は対象国がなんらかの行動に移るであろうという早期警戒的な役割を果たす[85]」という考え方で作成されている。

　ＢＮＤの今日の優秀さは長期分析を重視する組織文化にあるといっても過言ではないのである。

83　茂田『インテリジェンス』140-141 頁
84　『世界のインテリジェンス』166-167 頁
85　『世界のインテリジェンス』167 頁

付録1 インテリジェンスに関する格言

（過去、先輩諸氏から教わったこと、書籍で記憶に残ったものを順不同に記述。一部アレンジ）

■情報活動

- 情報とは「情（なさけ）に報いる」と書く。
- すべての戦略の基礎には、良質の情報と正確な情勢判断がある。（岡崎久彦）
- 功あれど自ら誇ることなく、その功を詳（つまび）らかにする人もなし。倒れても顧みる人もなし。
- インテリジェンスは毒である。しかし、これは社会の安全を守るために必要な「毒」である。（大森義夫）
- インテリジェンスは一国のリーダーが命運をかけて下す決断の拠り所となる。（手嶋龍一）
- よく戦う者の勝つや、智名（知名度）なく勇功もなし。（孫子）
- 情報活動の成功は準備の周到にある。
- 国家に同盟国はあってもインテリジェンスに同盟国なし。インテリジェンス組織はライバルでもあるし、協力者でもある。それはナショナリティを問わない。
- 情報戦には「戦時・平時」の区別や設想がない。すべてがリアルである。
- インテリジェンスとは知恵の戦いである。
- 鋭い牙がないのなら、長い耳を持て。
- 情報活動は紳士の行なうべき仕事である。
- 情報活動は理解されること最も少なく、誤解されること最も多い。（ダレス）

■情報収集

- 森羅万象すべてが対象、何でも疑い。何でも食いつけ、ダボハゼのごとく。
- 最も重要な情報は一般公開される資料にある。（ドノバン）
- 多くの人は自分の持っている情報の価値に気がつかない。上手に聞くと良い返事が返ってくる。下手な質問は怒りを買う。
- 君が必要とする情報はそこにある。ただ情報は存在を主張しないからそれに気づ

かないだけである。
- 能力のある人のもとには自然と情報が集まる。
- 情報は買うか、盗むか、交換するかだ。
- 伝聞情報ではなく、自分の目で確かめよ。
- 「何がわかっており、何が知りたいのか」が情報収集のスタートラインである。
- 相手の能力や立場を見極めて質問せよ。知らないことを聞かれても答えられない。知っていても答えられない立場もある。

■情報分析と処理

- 情報は素材である。腐りやすい。すぐに処理せよ。
- 嘘の中にも事実があり、事実の中にも虚構あり。常に疑う気持ちを持て。
- 膨大な情報が玉石混交・種々雑多、しかも順不同でやってくる。
- 集めた情報だけでは正しい結論はえられない。過去の集積されたデータ、常識の助けが必要である。
- 司令官にとって最も大切なことは、5パーセントの重要な情報を95パーセントのどうでもいい情報から見分けることだ。(マッカーサー)
- 過去〜現在〜未来は断ち切れぬ絆。歴史的観察による先見洞察力の養成が必要。
- 役に立たない報告書だということを見つけるために読め(情報の有用性の判断)。
- 情報の蓄積が物事の変化を教えてくれる。ただし、集められた情報の整理が不十分で引き出しが開かないケースが多い。
- 情報はキャッチボールし、組み合わせて精度を上げろ。
- 情報を善悪で評価してはならない。真偽をもって評価すべきである。
- 新聞記事(マスコミ)には事実があるが、部分的事実である。錯誤、意図的な誇張と矮小がある。
- 眼光紙背に徹し、背後にある本質を読む習慣と力を養え。
- 己の常識や理論のこだわり捨てろ。相手になりきれ。多角的、複眼的に見ろ。
- 情報とは必ず疑ってかからねばならない。決して希望的観測を入れてはならない。(堀栄三陸軍中佐)
- よくよく分析せよ。いくら分析してもさらに分析できる。
- 予測を誤ったことのないという者は危険だ。一寸先は闇である。(岡崎久彦)
- 分析とはトンネルの出口を見つけるような行為である。自らのストーリーライン、キーワード、こだわりを持ってトンネルの出口を見つけ出せ。そうでなければ情報の整理・分析作業はただの切り抜き作業に終わってしまう。(成田重行)
- 分析とは平面的に展開したデータの大群に方向性を見いだす作業である。
- 分析とは、無機質な個々のデータに泥臭い人間的・感傷的要因をはめ込んでいく

作業である。
- 1つのデータに5つの「なぜ」をぶつけろ。データを理論的に考察し、因果関係を明らかにせよ。
- 一般的な見方と対局にある見方、表と裏、西洋的思考行動と東洋的思考行動、論理と直感、マクロとミクロの見方に留意せよ。
- ベテランや専門家の勘・ヒラメキを大事にせよ。
- インテリジェンスはアートである。想像力と創造力で創るものである。
- 事象ではなく、その原因に注目せよ。表流にとらわれず底流を見ろ。
- 歴史的ビジョンを持って、原理原則を知ることを怠るな。
- おびただしい数の信号の中から、自分の求める信号の特徴だけを識別する。これが情報作業の本質である。

■情報の配布

- 情報活動の良し悪しは、単に諸君が正しかったからだということではなく、諸君が作戦や調査に従事している人たちに対して正確な判断の尺度を与えるよう、うまく説き伏せるかことができたかどうかにある。(プラット)
- インテリジェンスは政策に反映されなければ、それはまったく意味がない。
- インテリジェンスは自分の言葉で語れ。(大森義夫)
- 最も早い時点でのインテリジェンスが求められているのである。
- 不必要な情報も集まってくる。しかし、それを必要とする人もいる。
- 君が良いインテリジェンスを提供しても「上司がそれを採用するか否か」は日頃の君の行状にかかっている。
- 良きインテリジェンスは力であり、またダイナマイトでもある。両方とも賢明に取り扱わないと危険である。
- 短いのを書いている時間がないから長いのを書いている(短文の重要性)。

■情報の保全とカウンターインテリジェンス

- 八方に見えざる敵あり。時として、その敵は旧友のごとく姿を現す。
- 魚は大海のどこにでもいるわけではない。魚はポイントにいる。スパイも同じだ。ＶＩＰや重要情報を持っている人の周辺にいる。
- 相手は君のことを調べ尽くして近づく。
- 情報源を保護せよ。情報はアレンジせよ。さもなければ、きみは情報源を失う。
- 暗号を解読していることを絶対に敵に気づかせてはならない。(アーネスト.J.キング米海軍元帥)

付録2 各情報手段の利点と欠点

収集手段	利　点	欠　点
ヒューミント	・相手の意図、計画の読み取りが可能 ・オシントではえられない貴重な秘密がえられる ・比較的安価 ・技術的制約にかかわらず収集可能	・生命、政治的影響のリスクが高い ・情報源の獲得、確認に長期を要す ・おとり、欺騙、二重スパイの可能性あり ・情報操作される可能性 ・収集先、収集元の信頼性に依存 ・タイムリー性に欠ける場合もあり
イミント/ジオイント	・写実的、説得力あり ・使用者にとって馴染あり ・いくつかの目標、とくに軍事演習に対して使用可能 ・遠隔地から使用可能 ・肉眼で見えないものも観測可能 ・非活動目標も探知可能 ・一般的に信頼性大	・過剰な写実と説得力 ・技術レベルに左右（解像度、入手所要時間） ・ある時間のスナップショットで静態的（現在進行形の事象や、将来の事象の証拠にはなりがたい） ・天気、欺騙の影響を受ける ・高価
シギント	・相手の計画・意図の読み取り可能 ・膨大な対象の情報収集が可能 ・軍事目標は定期的なパターンで通信する傾向があり、傍受可能 ・活動レベルを把握可能 ・遠隔地から安全に使用可能 ・一般的に信頼性大	・暗号化の信号は解読が必要 ・技術レベルに左右（解析度、解析時間） ・対象が膨大 ・通信の停止、秘匿通信、欺騙通信などの危険性 ・高価
マシント	・拡散などの問題には非常に有効	・あまり理解されていない ・多大な処理、活用が必要
オシント	・容易に利用可能 ・あらゆる収集手段の開始段階において基本的な視座がえられる ・収集活動に危険性を伴わない ・収集意図の秘匿が可能 ・経済的にも安上がり	・膨大な量 ・重要なものと重要でないものが混在 ・秘密情報からえられるものをおそらく提供できない

出典：ローエンタール『インテリジェンス』133頁ほかを基に作成

付録3 情報源の信頼性評価における着意事項

ヒューミント	●報告には複数の視点が存在するか？ ●報告者を書いたのはどの組織の誰か？語学能力や専門的知識に問題はないか？ ●報告者および取扱者は報告に自分の意見や分析を加味していないか？ ●取扱者は情報提供者（情報源）が意図したことを正しく解釈したか？ ●報告の中で情報提供者はどのように評価されているか？ ●情報提供者はいかなる視点を持っているか？報告された情報に関してどのような立場にあり、どのようなアクセスを持っているか？ ●過去の報告から情報提供者の履歴、動機および背景にはどのようなことが考えられるか？
イミント	●異なる画像分析を用いた方が地形や活動をより効果的に探知できないか？ ●関心地域・領域に対する特別の収集活動が着手されているか？ ●収集担当者は、その分野での豊富な経験を有しているか？ ●画像地理データの日付はいつか？有効期間はどのくらいか？ ●地理情報システムおよび画像情報の情報分析官はどのような経験を有しているか？
コミント	●通信内容・会話の翻訳者は誰でどこに所属するか？語学力に問題ないか？ ●翻訳者はその事象に関する口語、俗語および技術語を理解しているか？
エリント	●収集に用いられたプラットフォームは、どのような種類のものか？ ●収集において何らかのトラブルや不自然な状況が生起しなかったか？ ●収集には装備上の限界、環境上の制約要因はなかったか？ ●傍受地点における発信機は信号情報（シグナル）の探知に適したものか？ ●受信機はシグナルを適切に特定したか？シグナルは新しいものか既知のものか？ ●どの程度の収集範囲の対象をいかなる精度で位置評定できるか？
マシント	●いかなるプラットフォームが収集に用いられたか？ ●そのプラットフォームには収集上の限界はないか？ ●データの分析者は、どの組織の誰が行なったのか？ ●分析者はデータの意味・重要性を理解しているか？どの程度の能力を有しており、同種類の問題を扱った経験があるか？ ●どの程度の時間・期間をかけて収集を行なったか？収集の頻度と実施した時間・期間、実施した曜日は？ ●どの程度の収集範囲の対象を、いかなる精度で位置評定できるか？ ●どの程度の頻度でそのデータにアクセスできるか？

	● データの追加採取は行なわれているか？
オシント	● 報告には複数の視点が含まれているか？それらは、誰のどのような視点か？ ● 外国語文献の場合、翻訳はどの組織の誰が行なったものか？翻訳者は口語・俗語の理解能力はあるか？豊富な経験を有するか？ ● 報告は、どのような組織の誰が著述／出版したのか？ ● 過去の報告から見て、著者および出版社はどのような履歴があるか？著者の視点、背景、目的および動機はどのようなものか？ ● 著者には特別の偏見があるか？

出典：『DIA 分析手法入門』11～12 頁を基に作成

付録4 情報の正確性評価（着意事項）

ヒューミント	● 報告者を書いたのは誰か？どの組織に属しているか？ ● 最初に収集されたデータから、どのような事項が変更されたか？ ● 収集担当者は報告に含まれる情報をどのように評価しているか？ ● 情報提供者の目的は何か？それは情報から見極められるか？ ● その情報は一次情報源に基づくものか？それとも二次、三次情報源に基づくものか？ ● その情報が正しいことを示す、ほかの種類の情報は存在するか？ ● その情報と過去の情報、またはインテリジェンスとの間に一貫性はあるか？ ● その情報には錯誤・欺騙の要素が存在していないか？存在しているとすれば、いかなる理由が考えられるか？
イミント	● その情報にはイミント的価値が認められるか？ ● 収集の頻度と実施した時間・機関、実施した曜日は？データの追加採取は行なわれているか？ ● 情報の対象は上空から撮像される可能性を認識しているか？ ● その場所、活動の分析でイミントに基づく兆候は活用されているか？
コミント	● その情報は通信内容の忠実な翻訳か？それとも処理を加えたものか？ ● その報告は長い会話の一部を切り取ったものか？ ● 収集における問題点により通信の全文の捕捉が妨害されたことがわかるか？
エリント	● その電波は事象、または活動に関するものか？ ● 収集はどの程度の時間・期間行なわれたか？いかなる頻度でいつ行なわれたか？追加的に行なわれた電波の収集はあるか？ ● この情報をもたらした発信機から、別の異なる情報がもたらされているか？ ● その活動は、ほかの種類の情報によって確認されるか？

出典：『DIA 分析手法入門』16 頁を基に作成

主な参考文献

日本書籍
石原莞爾『最終戦争論』（中央文庫、1993年7月）
岩島久夫『奇襲の研究』（ＰＨＰ研究所、1984年11月）
江畑謙介『情報と国家』（講談社、2004年10月）
江畑謙介『日本に足りない軍事力』（青春出版、2008年9月）
江畑謙介『強い軍隊、弱い軍隊』（並木書房、2001年3月）
大森義夫『日本のインテリジェンス機関』（文藝春秋、2005年9月）
岡崎久彦『国家と情報』（文芸春秋、1980年12月）
岡崎久彦『国際情勢の見方』（新潮社、1994年）
落合浩太郎『ＣＩＡ　失敗の研究』（文藝春秋、2005年6月）
加藤龍樹『国際情報戦―情勢判断をはこうしてつくられる』（ダイヤモンド社、1978年4月）
加藤千幸『国際情勢の読み方』（講談社、1986年12月）
柏原竜一『世紀の大スパイ　陰謀好きの男たち』（洋泉社、2009年2月）
柏原竜一『インテリジェンス入門』（ＰＨＰ研究所、2009年8月）
仮野忠男『亡国のインテリジェンス』（日本文芸社、2010年7月）
川上和久『イラク戦争と情報操作』（宝島社新書、2004年）
北岡元『ビジネス・インテリジェンス』（東洋経済新報社、2009年1月）
北岡元『仕事に役立つインテリジェンス―問題解決のための情報分析入門』（ＰＨＰ研究所、2011年3月）
北岡元『インテリジェンス入門』（慶応義塾大学出版社、2009年10月）
北川衛『謀略日本列島』（財界展望新社、1969年6月）
小林良樹『インテリジェンスの基礎理論』（立花書房、2011年3月）
菊池宏『戦略基礎計画』『戦略基礎理論』（内外出版、1985年）
熊谷直『詳解 日本陸軍作戦要務令』（朝日ソノラマ、1995年5月）
熊谷徹『顔のない男』（新潮社、2007年8月）
黒井文太郎『日本の情報機関　知られざる対外インテリジェンスの全貌』（講談社、2007年9月）
栗栖弘臣『私の防衛論』（高木書房、1978年9月）
古森義久『国際潮流のつかみ方』（日本文芸社、1983年11月）
小泉修平『予想理論　早わかり読本』（ＰＨＰ、1992年9月）
小谷賢『インテリジェンス』（ちくま学芸文庫、2012年1月）
斉藤充功『諜報員たちの戦後』（角川書店、2005年7月）
手嶋龍一、佐藤優「インテリジェンス　武器なき戦争」（幻冬舎新書、2006年11月）
谷光太郎『情報敗戦』（ピアソン・エデュケーション、1999年10月）
谷沢永一、渡部昇一『孫子　勝つために何をすべきか』（ＰＨＰ研究所、2004年4月）
塚本勝一『現代の諜報戦争』（三天書房、1986年3月）
塚本勝一『自衛隊の情報戦－陸幕第二部長の回想』（草思社、2008年10月）
佐島直子ほか『現代安全保障用語事典』（信山社出版、2004年）
佐藤優、高永喆『国家情報戦略』（講談社、2007年7月）
志方俊之『世界を読み解く鍵―現代の軍事学入門』（ＰＨＰ研究所、1998年6月）
中西輝政『情報亡国の危機』（東洋経済新報社、2010年10月）

中西輝政、小谷賢『世界のインテリジェンス』（ＰＨＰ研究所、2007年12月）
成田重行『実戦戦略学』（ダイヤモンド社、1993年4月）
野田敬生『ＣＩＡスパイ研修─ある公安調査官の体験記』（現代書館、2000年3月）
松本重夫『自衛隊「影の部隊」情報戦秘録』（アスペクト、2008年12月）
松村劭『オペレーショナル・インテリジェンス─意思決定のための作戦情報理論』（日本経済新聞社、2006年2月）
山本武利『特務機関の謀略』（吉川弘文館、1998年12月）
吉田一彦『知られざるインテリジェンスの世界』（ＰＨＰ研究所、2008年12月）
防衛大学校安全保障学研究会編『安全保障学入門』（亜紀書房、1998年2月）
『陸軍中野学校』（中野学校校友会、1978年2月）
『諜報宣伝勤務指針』（中野学校校友会図書刊行部、1956年3月）
『統帥綱領』大橋武夫解説（建帛社、1972年2月）
産経新聞特別取材班『エシュロン』（角川書店、2001年12月10日）

翻訳書籍

アーネスト・ボルクマン『情報帝国ＣＩＡの崩壊』（教育社、1987年4月）
アレン・ダレス『諜報の技術』鹿島守之助訳（鹿島研究所、1965年9月）
アモス・ギルボア、エフライム・ラピッド『イスラエル情報戦史』佐藤優監訳、河合洋一郎訳（並木書房、2015年6月）
ウィリアム.V.ケネディ大佐ほか『諜報戦争』落合信彦訳（光文社、1985年2月）
ゲルフ・ブッフハイト『諜報─情報機関の使命』北原収訳（三修社、1982年8月）
シャーマン・ケント『米国の世界政策のための戦略情報』法務府特別審査局翻訳（プリンストン大学、1952年6月）
ジョン・ヒューズ=ウィルソン『なぜ、正しく伝わらないのか』柿本学佳訳（ビジネス社、2004年11月）
ジョン・ベイリス/ジェームズ・ウィルツ/コリン・グレイ『戦略論』石津朋之監訳（勁草書房、2012年9月）
ナイジェル・ウエスト『スパイ伝説』篠原成子訳（原書房、1986年11月）
フリーマントル、『ＫＧＢ』新庄哲夫訳（新潮選書、1983年10月）
マーク.M.ローエンタール『インテリジェンス』茂田宏監訳（慶應義塾大学出版会、2011年5月）
ラインハルト・ゲーレン『諜報・工作』赤羽竜夫訳（読売新聞社、1973年3月）
ラディスラス・ファラゴー『知恵の戦い-WAR OF WITS』(日刊労働通信社、1956年4月)
ワシントン・プラット『戦略情報』田畑正美訳（東洋政治経済研究所、1963年7月）
H.E.マイヤー『CIA流戦略情報読本』中川十郎、米田健二訳（ダイヤモンド社、1990年9月）
P.M.チャイルズ『CIA 日本が次の標的だ』賀川洋訳（NTT出版、1993年11月）
豪甦『NOC、CIA見えざる情報官』金連縁訳（中央公論新社、2000年7月）
全富億『北朝鮮のスパイ戦略』（講談社、2002年10月）
朱逢甲『間書』守屋洋訳（徳間書店、1982年3月）

辞典・月刊誌等

『北朝鮮＆中国の対日工作』（ワールド・インテリジェンス 軍事研究 2006年11月）
『歴史読本』臨時増刊 特集 謎のスパイ（新人物往来社、1988年6月）
『軍事研究』2009年7月/2012年6月号/2012年7月号
『日本の情報体制の変革』日本の情報体制 変革へのロードマップ（PHP総合研究所、2006年6月）

『防衛関係用語集』（防衛研究所、1952年）
『国防用語辞典』（朝雲出版社、1980年12月）
『世界のスパイ―驚くべき真実』（別冊宝島、2006年12月）
『世界のスパイ＆諜報機関バイブル』（笠倉出版社、2010年12月）
『世界スパイ大百科99』（双葉社、2008年7月）
『世界の諜報機関』（宝島社、2013年9月）

英文書籍・資料
『A Tradecraft Primer：Basic Structured Analytic Techniques』（DIA、2008年3月）
『Structured Analytic for Intelligence』Richards J. Heuer, Jr., and Randolph H. Pherson
以下はいずれも現在インターネットで入手可能。
『A Tradecraft Primer：Structured Analytic Techniques for Intelligence Analysis』US Government CIA、2009年3月）
『Intelligence Analysis :A Target Centric Approach』Dr.Robert Clark
『Red Teaming Guide』（Ministry of Defense、2013年1月）
『Intelligence Analysis』(Headquaters,Department of The Army、2009年7月)
『Open-Sorce Intelligence 』(Headquaters,Department of The Army、2012年1月)
『More Advace Praise for Structure Analytic Techniques for Intelligence Analysis』（CQ Press, a division of SAGE、2011年）

中国語文献
郝在今『中国秘密戦』（作家出版社、2005年）
『中国軍事百科全書』（軍事科学院出版社）
張暁軍『軍事情報学』（軍事科学出版社、2001年10月）
閏晋中『軍事情報学』（時事出版社、2002年1月）

おわりに

　私は30年以上にわたる防衛省および陸上自衛隊での勤務をほぼ第一線の情報将校として奉職した。前半は主として第一線の情報部隊に勤務した。後半は国際情勢、主として中国情勢を分析してインテリジェンスを生成する情報分析官、国際情勢などを教育する情報教官として勤務した。それは、決して華々しくもなく、日々生起する国際情勢と淡々と向き合う単調で、そもそもが不可能の領域である将来予測を求められる厳しい毎日ではあったが、想像力と創造力が掻き立てられる楽しい毎日でもあった。

　在職間、少しでも分析能力を高めたい、真実を明らかにしたいとの個人的願望から、アフターファイブを活用しては、インテリジェンス関連書籍を漁り、自己流の研究ノート（読書ノート）を作成してきた。この間、さまざまな有用な書籍と出会った。シャーマン・ケントやワシントン・プラットの翻訳本、インターネットサイトで入手できる米国情報機関発行の『分析マニュアル』などは私の研究ノートに多くの足跡を残してくれた。わが国の国家情報機関の指揮官などが退職後にインテリジェンス関連書籍を出版されており、これらの書籍からは情報分析官としての心構えについて学んだ。本書で再三引用した大辻隆三氏の『生き抜くための戦略情報』は、筆者が戦略的インテリジェンスの基礎を学ぶうえで大いに活用させていただいた。

　筆者が定年退職するまで残り３年を切った頃であったろうか。ある若手情報分析官から「インテリジェンスを学びたい。分析手法のマニュアル本を紹介してほしい」との相談を受けた。ちょうどこの頃、米国でもっともよく読まれている「インテリジェンス教本」ということで、マーク.M.ローエンタール著『インテリジェンス』が発売された。筆者も早速購入して読んでみたが、米国における国家的なインテリジェンス教育の取り組みに感銘を受ける一方で、内

容的には米国仕様であって正直いえば理解が容易ではなかった。しかも分析手法については網羅されていなかった。

　そこで、筆者自身がこれまで培ってきたノウハウを、退職を機に、より直接的に、より多くの読者（若手情報分析官、これから情報分析官を目指す学生など）に伝えたいとの恣意的野望に火がつき、本書を書くことを思い立った。

　本書についてあらためて説明を加えたい。まず本書は筆者が在職時に所属した組織やその活動についていっさい触れるものではないし、本書で紹介する分析手法は組織的にオーソライズされたものでもない。秘密に携わった者にはその職を離職しても秘密事項を遵守する義務がある。よって本書には職務上知りえた秘密に該当するものはいっさい含んでいない。すべてが公刊書籍に基づく基礎的かつ一般的な事項であり、在職時の部内教範・資料などの引用もいっさいない。そして記述にあたっては、読者の後学のための便宜を図るため、常識となっている事項以外はできる限り資料源を明記することとした。

　以上の点から、本書は格段の珍しさ、斬新さはない。内容もやや固く、一部の読者には期待はずれであったかもしれない。ただし、筆者が情報分析官としての経験から若手情報分析官として知っておくべき必要最小限のことは網羅したつもりである。むろん、インテリジェンスに関する理論や法則を解説する学問書とはならないが、若手情報分析官にとっての実学書としては役立つと信じて疑わない。また、インテリジェンスに関心を持たれる一般読者にとっても「インテリジェンス・リテラシー」向上の書として一読の価値があると確信している。

　ただし、お断りしておかねばならない。本書に書かれている思考法や分析手法を一読されたからといって、分析能力が飛躍的に向上することなどありえないし、使用者を納得させるプロダクトが作成できるわけでもない。現実に生起している事象を題材に、教育現場などで各種の分析手法を用いた実習を繰り返すことが理想であろうが、そうした教育環境の確立や適切な指導教官を育成・確保することは容易ではないだろう。

結局のところ、情報分析官個人が現実に生起している事象に日々対峙するなかで、本書で紹介した各種の分析手法を意識して活用し、あれこれ悩み、もがき、苦しみ、想像力と創造力を働かせ、真剣に分析業務と向き合う以外に方法はないのであろう。その過程で私の「研究ノート」を踏み台に、これを超える個人の研究ノートを積み上げていただければ、私の本望である。

　本書の完成は山中祥三氏の協力なしには考えられない。山中氏は私と同じ退職自衛官であり、在職時から米国のインテリジェンスについて研究され、退職後も大学院にて研究を続けられた。同氏には、全章にわたる構成の見直し、記述内容の修正、加筆などをお願いした。また、本書の最大の売りである分析手法についても、同氏からご教授いただいたものが含まれている。その意味で本書は山中氏との共著と称しえるものである。あらためて同氏にこの場を借りて感謝申し上げる。

元 防衛省情報分析官　上田篤盛

上田篤盛（うえだ・あつもり）
1960年広島県生まれ。株式会社ラック「ナショナルセキュリティ研究所」シニアコンサルタント。元防衛省情報分析官。防衛大学校（国際関係論）卒業後、1984年に陸上自衛隊に入隊。87年に陸上自衛隊調査学校の語学課程に入校以降、情報関係職に従事。92年から95年にかけて在バングラデシュ日本国大使館において警備官として勤務し、危機管理、邦人安全対策などを担当。帰国後、調査学校教官をへて戦略情報課程および総合情報課程を履修。その後、防衛省情報分析官および陸上自衛隊情報教官などとして勤務。2015年定年退官。著書に『中国軍事用語事典（共著）』（蒼蒼社）、『中国の軍事力 2020年の将来予測（共著）』（蒼蒼社）、『戦略的インテリジェンス入門―分析手法の手引き』『中国が仕掛けるインテリジェンス戦争』『中国戦略"悪"の教科書―「兵法三十六計」で読み解く対日工作』『情報戦と女性スパイ』『武器になる情報分析力』（いずれも並木書房）、『未来予測入門』（講談社）。

戦略的インテリジェンス入門
―分析手法の手引き―

2016年1月15日　1刷
2020年12月10日　3刷

著　者　上田篤盛
発行者　奈須田若仁
発行所　並木書房
〒104-0061東京都中央区銀座1-4-6
電話(03)3561-7062　fax(03)3561-7097
http://www.namiki-shobo.co.jp
印刷製本　モリモト印刷
ISBN978-4-89063-336-4